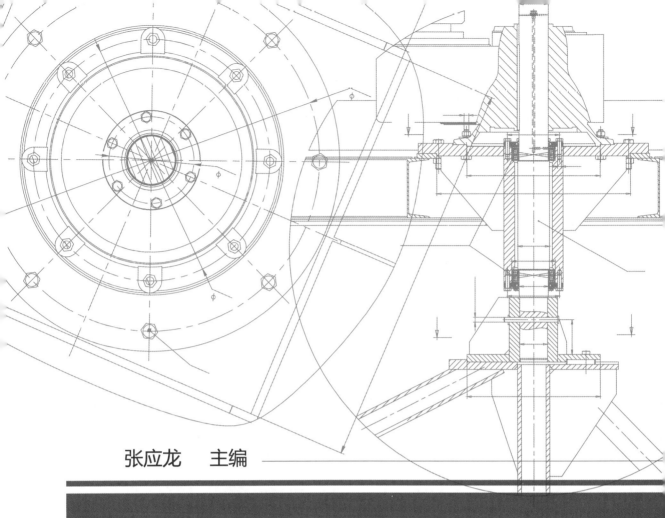

张应龙　主编

机械制图规范画法
从入门到精通

U0376486

化学工业出版社
·北京·

内容简介

　　本书以相关机械制图国家标准为编写指导，以作者长期以来从事机械设计制图和教学培训经验为心得，以在国内应用广泛、操作便捷的CAXA绘图软件为载体，在介绍了机械制图相关标准、机械图绘制的基本原理等机械制图基本知识的基础上，针对如何绘好零件图和装配图，从图面布置、结构表达、尺寸与公差配合标注、表面粗糙度标注、其他技术要求五方面，涵盖图幅与绘图比例设置、标题栏设置与填写、结构设计与视图选择、尺寸设计与标注、公差与配合标注、表面粗糙度标注、材料选择与要求、热处理与表面防护等各个要素，针对不易掌握和比较容易疏忽的地方和细节，逐一讲解制图知识点和重点、难点。同时，在书中穿插介绍了钢丝螺套、唐氏螺纹等新知识，优先数与优先数系等重要理论，测绘与二次设计理念。

　　本书以迫切需要进一步提高制图水平的机械工程技术人员和本、专科院校学生等为主要对象，内容丰富、重点突出、通俗易懂、密切联系实际，可作为企事业单位机械类工程技术人员的培训教材，也可作为相关院校机类、近机类专业学生的教材，还可作为广大工程技术人员的学习、参考用书。

图书在版编目（CIP）数据

　　机械制图规范画法从入门到精通/张应龙主编．—北京：化学工业出版社，2023.6
　　ISBN 978-7-122-42983-4

　　Ⅰ.①机… Ⅱ.①张… Ⅲ.①机械制图 Ⅳ.①TH126

中国国家版本馆 CIP 数据核字（2023）第 028484 号

责任编辑：张燕文　张兴辉　　　　　　　　　装帧设计：张　辉
责任校对：李　爽

出版发行：化学工业出版社（北京市东城区青年湖南街 13 号　邮政编码 100011）
印　　装：高教社（天津）印务有限公司
787mm×1092mm　1/16　印张 16¼　字数 420 千字　　2023 年 5 月北京第 1 版第 1 次印刷

购书咨询：010-64518888　　　　　　　　　售后服务：010-64518899
网　　址：http://www.cip.com.cn
凡购买本书，如有缺损质量问题，本社销售中心负责调换。

定　　价：79.00 元

前　言

本书以最新的机械制图国家标准为编写指导，将标准化始终贯穿于制图的各个环节；以国产化绘图软件 CAXA 电子图板为载体，将提升广大读者的机械制图水平与学习掌握一种高效便捷的计算机二维制图技能融为一体；将设计的理念融入其中，注重制图理论与实际操作相结合。全书脉络清晰、结构严谨、内容详实，为作者长期以来从事机械设计制图、工艺编制和培训教学经验之心得。

本书首先介绍了 CAXA 制图的特点和基本操作，结合实例介绍了图纸电子文档的归类存储、图纸的更改标识、图号的编制等图纸管理的基本知识，介绍了机械零件常规材料与机械加工工艺方面的相关知识；介绍了机械制图的相关标准、机械图绘制的基本原理。然后从图面布置、结构表达、尺寸与公差配合标注、表面粗糙度标注、其他技术要求等方面，介绍了图幅与绘图比例设置、标题栏设置与填写、零件结构与视图选择、尺寸设计与标注、公差与配合标注、表面粗糙度标注、热处理与表面防护要求标注等制图的操作要点，并在书中穿插介绍了钢丝螺套、唐氏螺纹等新知识，优先数与优先数系等重要理论，测绘与二次设计理念；详细介绍了螺纹、键槽、轴承挡、轴挡、孔挡等配合结构，锥度、斜度、中心孔、退刀槽与砂轮越程槽等经典结构，铸件、锻件、焊接件、钣金件等毛坯形式的零件，弹簧、齿轮、蜗轮、蜗杆、带轮、链轮、液压块等常用件，机械设计过程中经常涉及的零件图的绘制要点，针对不易掌握和比较容易疏忽的地方和细节，逐一讲解，并将重要的设计资料及其出处穿插其中，以方便读者查阅。最后用一章的篇幅介绍了装配图中标准件的图库调用与画法、常用件的规定画法和特殊画法、尺寸标注与装配尺寸链计算、零件序号的注写、零件明细表的编制、装配图中的其他技术要求注写，以及与图纸设计相配套的零件目录与标准外购件清单的编制。

根据现行国家标准 GB/T 131—2006/ISO 1302：2002《产品几何技术规范（GPS）技术产品文件中表面结构的表示法》，在标注复杂零件的"表面结构要求"时很不方便，虽然新标准已颁布十几年，但到目前为止，在很多企业的图纸中，当只需标注表面粗糙度的轮廓算术平均偏差 Ra 时，并没有采用现行国家标准中的完整图形符号来标注零件"表面结构要求"，而均采用简单标注符号（扩展图形符号），即仍采用上一版图家标准 GB/T 131—93《机械制图　表面粗糙度符号、代号及其标注》中的表面粗糙度的注法来进行标注，只在需要标注粗糙度的轮廓最大高度 Rz 及其他特征时，才采用最新标准的标注符号（完整图形符号）来进行标注。同样，在很多企业的技术文件中，也没有采用"表面结构要求"这一技术术语，仍采用"表面粗糙度"这一技术术语，本书也作如此处理。关于此点，还请年轻读者予以特别关注，并加以学习运用。

现行国家标准 GB/T 14691—93《技术制图 字体》颁布于 1993 年，当时国内还未采用基于 Windows 操作系统及交互式绘图软件的计算机制图，主要针对手工绘图而制定，与现在采用计算机软件绘图，标注尺寸等技术要求时使用各种字体的情景已完全不同，标准中关于字体书写的许多规定，在不同的计算机以及不同的绘图软件中有些已不能实现，或实现比较困难，在绘图时也不必强求，但必须保证达意和易懂的原则，避免出现歧义，做到比例适中、间隔均匀、排列整齐，使图面尽量美观，应尽可能地按标准进行规范，本书在选择插图时也充分考虑到了这一点。

本书由张应龙担任主编和统稿工作，汪光远、顾佩兰、马鹏飞、储晓猛、张松生、冯伟玲、陈雪峰以及岑春海、何鹏、徐激波、陈毅强等参加了有关章节的编写工作。在编写过程中，参阅了有关资料，在此对有关作者表示衷心感谢。

在本书的编写过程中，江苏大学王宏宇教授、吕翔副研究员、王维新高级工程师给予了精心的指导和热情的帮助，提出了许多宝贵的意见，全书由江苏大学王维新高级工程师担任主审，在此谨向他们表示衷心感谢。

本书以迫切需要进一步提高其制图水平的机械工程技术人员和本、专科院校学生等为主要对象，内容丰富、重点突出、通俗易懂、密切联系实际，可作为企事业单位机械类工程技术人员的培训教材，也可作为相关院校机类、近机类专业学生的教材，并可作为广大工程技术人员的学习、参考用书。

由于编者水平所限，书中疏漏之处在所难免，恳请读者批评指正。

编　者

目　录

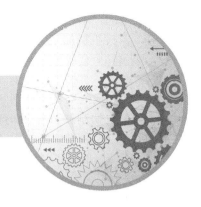

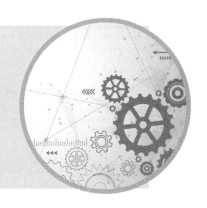

1 机械图的绘制与常用绘图软件

1.1 机械图的种类与内容

工程技术上，根据投影原理、标准或有关规定表示工程对象，并附有必要的技术说明的图称为图样。图样是现代生产中重要的技术文件，诸如机械、建筑、电子、航天、造船、土木工程、轻工等行业都要绘制或使用图样。机械制造行业生产中所用到的图样主要有装配图、零件图和工序图三种。

1.1.1 装配图

任何机器或部件都是由若干零件按一定的技术要求装配而成的。表达整台机器或部件的工作原理、装配关系、连接方式及结构形状的图样称为装配图。装配图既表达了产品结构和设计思想，又是生产中装配、检验、调试和维修的技术依据和准则。表示一台完整机器的装配图称为总装配图，表示机器中某个部件的装配图称为部件装配图。

图 1-1 所示为车床尾座装配图。

（1）装配图的作用

装配图主要有以下作用。

① 用来表达机器或部件的工作原理、零件间装配和连接关系，主要零件的形状、结构，以及装配体在装配、安装、检验、使用等环节的技术要求等。

② 在新产品的设计过程中，通常先设计并画出装配图，然后根据装配图拆画出零件图；而对比较复杂的装配体和零件，一般在零件图设计完成后，再将设计好的零件图拼接成最终装配图。

③ 在生产过程中，根据拆画出的零件图制造零件，再依据装配图将零件装配成机器或部件。

④ 在使用过程中，装配图可帮助使用者了解机器或部件的结构特点，为安装、检验和维修提供技术资料。

（2）装配图的内容

从图 1-1 中可以看出，一张完整的装配图包含如下几方面内容。

① 一组图形：表示各零件之间的相互位置、连接方式、装配关系，主要零件基本结构、形状，能够根据视图分析机器或部件的运动情况、工作原理和装拆顺序等。

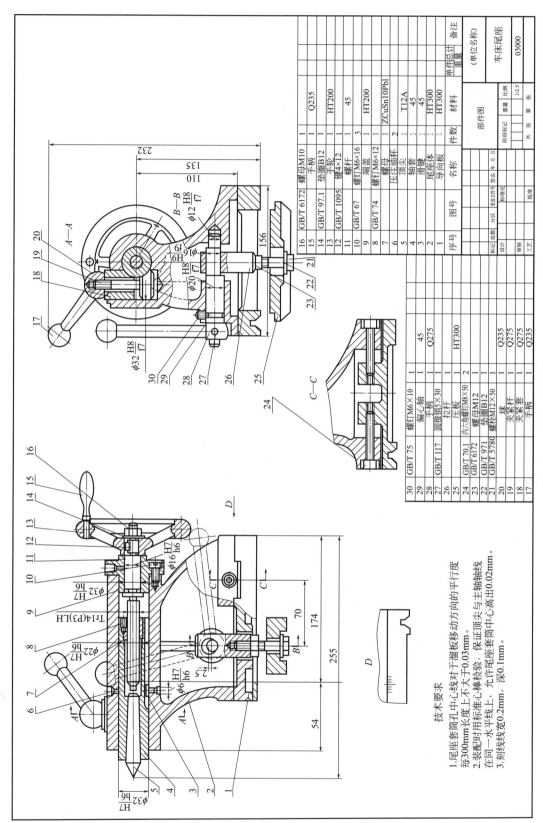

图 1-1　车床尾座装配图

技术要求

1. 尾座套筒孔中心线对于溜板移动方向的平行度每300mm长度上不大于0.03mm。
2. 装配时用标准心棒检验，保证顶尖与主轴轴线在同一水平线上，允许尾座套筒中心高出0.02mm。
3. 刻线线宽0.2mm，深0.1mm。

序号	图号	名称	件数	材料	备注
16	GB/T 6172	螺母M10	1	Q235	
15	GB/T 97.1	垫圈B12	1		
14		手轮	1	HT200	
13	GB/T 1095	键4×12	1		
12		螺杆	1	45	
11		螺钉M6×16	3		
10	GB/T 67	端盖	1	HT200	
9	GB/T 74	螺钉M6×12	1		
8		螺母	1	ZCuSn10Pb1	
7		压注油杯	2		
6		顶尖	1	T12A	
5		轴套	1	45	
4		滑套	1	45	
3		尾座体	1	HT300	
2		导向板	1	HT300	
1					

部件图

					(单位名称)
					车床尾座
					03000

单件总计 重量
比例 12.5
阶段标记　第　张
共　张　第　张

序号	图号	名称	件数	材料	备注
30	GB/T 75	螺钉M6×10	1		
29		偏心轴	1	45	
28		手柄	1	Q275	
27	GB/T 117	圆锥销5×30	1		
26		拉杆	1	HT300	
25		压板	1		
24	GB/T 70.1	内六角螺钉M8×30	2		
23	GB/T 6172	螺母M12	1	Q235	
22	GB/T 97l	垫圈B12	1	Q275	
21	GB/T 5780	螺栓M12×50	1	Q275	
20		块	1	Q235	
19		夹紧杆	1	Q275	
18		夹紧套	1	Q275	
17		手柄	1	Q235	

标记　处数　分区　更改文件号　签名　年月日
设计
审核　　标准化
审核
工艺　　批准

② 必要尺寸：在装配图中要标注与机器或部件规格、性能及装配、安装等有关的尺寸。

③ 技术要求：用文字或符号说明机器或部件的装配、调试、验收和使用要求等。

④ 零件序号、明细表、标题栏：用以表明零件的序号、名称、数量、材料等信息。

1.1.2 零件图

任何机器或部件都是由若干零件按一定的装配关系和技术要求装配而成的，表示单个零件结构、尺寸及技术要求的图样称为零件图。零件结构是指零件的各组成部分及其相互关系，而技术要求是指为保证零件功能在制造过程中应达到的质量要求。图 1-2 所示为端盖零件图。

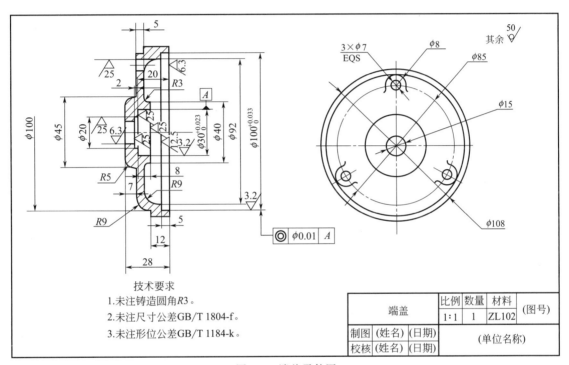

图 1-2 端盖零件图

（1）零件图的作用

零件图是设计人员根据机器或部件对零件提出的要求而提供给生产部门的技术文件，是制造和检验零件的主要依据，是设计和生产过程中的重要技术资料。从零件的毛坯制造、机械加工工艺路线的制定、毛坯图和工序图的绘制、工装夹具和量具的设计到加工检验等，都要根据零件图来进行。

（2）零件图的内容

零件图是直接指导生产制造和产品检验的图样。一张完整的零件图通常应有以下一些内容。

① 图形：用一组视图、剖视、断面及其他规定画法，正确、完整、清晰地表达零件的各部分形状和结构。

② 尺寸：用一组尺寸正确、完整、清晰、合理地标注零件制造、检验时的全部尺寸。

③ 技术要求：用符号和文字标注或说明零件制造、检验、装配、调整过程中要达到的一些技术要求，如表面粗糙度、尺寸公差、形状和位置公差、热处理要求等。

④ 标题栏：用标题栏说明零件的名称、材料、数量、比例、签名和日期等内容。

1.1.3 工序图

工序是产品制造过程中的基本环节，也是构成生产的基本单位，即一个或一组工人，在一个工作地点，对同一个或同时对几个工件所连续完成的那一部分工艺过程。表示该部分工艺过程的加工内容、定位基准、装夹方式、尺寸及技术要求的图样称为工序图。

工序图常用于机械加工工序卡片中，为某一道工序所绘制，它更详细地说明了各个工序的要求，用来具体指导工人操作，一般用于大批大量生产的零件。

在机械加工工序卡片中，常包括工序图、零件的材料、重量、毛坯种类、工序号、工序名称、工序内容、工艺参数、操作要求以及采用的设备和工艺装备等，各企业可根据自己的需求设计本企业内部通行的机械加工工序卡片格式。

图 1-3 所示为某零件下部模拟环内环的机械加工工序卡片，工序卡中央位置所示即为该零件第 020 工序的工序图。

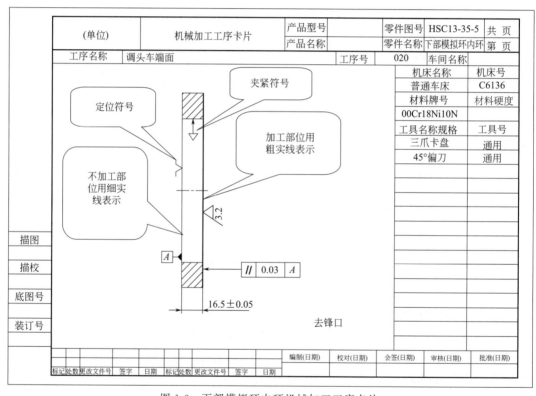

图 1-3 下部模拟环内环机械加工工序卡片

对比解析

在工序图中，加工部位用粗实线表示，不加工部位用细实线表示，不加工的部位可不标注尺寸和相关技术要求。

而在零件图上，可见轮廓线采用粗实线表示，不可见轮廓线采用细实线表示，并且所示尺寸和技术要求标注不得有遗漏。

与零件图相比，工序图中还有非常重要的一点不同：在工序图中，注有定位和夹紧符号。

重点提示

JB/T 5061—2006 规定了机械加工定位支承符号（简称定位符号）、辅助支承符号、夹紧符号和常用定位、夹紧装置符号（简称装置符号）的类型、画法和使用要求。适用于机械制造行业在设计产品零部件机械加工工艺规程和编制工艺装备设计任务书时使用。

1.2 CAXA 制图

CAXA 电子图板是具有完全自主知识产权、拥有众多正版用户、经过大规模应用验证、稳定高效、性能优越的二维 CAD 软件。可以零风险替代各种 CAD 平台，比普通 CAD 平台设计效率提升 100% 以上；可以方便地为生产准备数据；可以快速地与各种管理软件集成。

CAXA 读作"卡萨"，是由 C—Computer（计算机）、A—Aided（辅助的）、X—（任意的）、A—Alliance、Ahead（联盟、领先）四个字母组成的，其含义是"领先一步的计算机辅助技术和服务"（Computer Aided X Alliance-Always a step Ahead）。

继 CAXA 的 EB97、2000、V2、XP、2005、2007、2009、2011、2013、2016 等版本之后，北京数码大方科技股份有限公司（前身为北京北航海尔软件有限公司）又推出了 CAXA 电子图板的最新版本 2021 版。

目前使用者用得较多的为 2016 版，考虑到电子工程制图的特点，本书以 2016 版为例进行介绍，其他版本的具体应用可通过自学掌握。

1.2.1 CAXA 软件的安装

① 启动 Windows7/10，将拷有 CAXA CAD 电子图板 2016r1 完整版的 U 盘插入计算机 USB 插口，选中 CAXACAD2016r1 图标，点击图标打开，在目录中找到 setup.exe 文件，并双击运行，跳出如图 1-4 所示的版本选择对话框，选择 64 位或 32 位，点击确定按钮，跳出如图 1-5 的欢迎界面。

图 1-4 版本选择对话框

② 欢迎界面。选择电子图板运行时的语言，默认中文简体，单击【下一步】继续安装程序。

③ 选择要安装的组件。在各个模块前的复选框内打钩确认是否要安装，单击【开始

安装】。

④ 在确认上述操作后，开始安装。安装完成后，将自动弹出电子图板的启动文件夹。

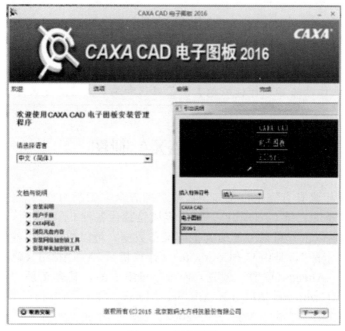

图 1-5 欢迎界面

1.2.2 CAXA 软件工具栏

在正常安装完成时，在 Windows 桌面会出现 CAXA 电子图板的图标，双击 CAXA 电子图板图标运行该软件，出现软件工作界面。软件工作界面包括绘图区、菜单系统、工具栏、状态栏等。CAXA 电子图板有两种工作界面，即选项卡模式界面和经典模式界面，分别如图 1-6 和图 1-7 所示。选项卡模式界面通过菜单系统的主菜单访问命令或其他菜单按钮快速启动工具栏访问命令；经典模式界面通过菜单系统的下拉菜单和工具栏访问命令。按F9 键，可在两种界面之间进行切换；也可通过操作相应按钮进行两种界面的切换。

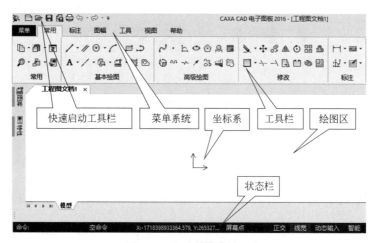

图 1-6 选项卡模式界面

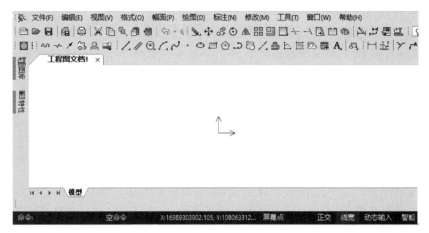

图 1-7　经典模式界面

（1）绘图区

绘图区是用户进行绘图设计的工作区域，如图 1-6 所示的空白区域。它位于屏幕的中心，并占据了屏幕的大部分面积。绘图区为显示全图提供了空间。在绘图区的中央设置了一个二维直角坐标系，该坐标系称为世界坐标系，它的坐标原点为（0.0000，0.0000）。CAXA 电子图板以当前用户坐标系的原点为基准，水平方向为 X 方向，并且向右为正，向左为负。垂直方向为 Y 方向，向上为正，向下为负。在绘图区用鼠标拾取的点或由键盘输入的点，均为以当前用户坐标系为基准。

（2）菜单系统

菜单系统位于屏幕的顶部，它由一行菜单条及其子菜单组成，在经典模式界面和选项卡模式界面略有不同。无论是经典模式界面，还是选项卡模式界面，菜单项的特点相同，使用鼠标单击菜单项即可执行相应命令。

在经典模式界面，主菜单包括【文件】【编辑】【视图】【格式】【幅面】【绘图】【标注】【修改】【工具】【窗口】【帮助】菜单项，如图 1-8 所示。单击其中任一菜单项，即可弹出相应的下拉菜单。

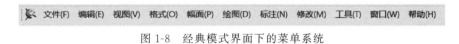

图 1-8　经典模式界面下的菜单系统

在选项卡模式界面，菜单系统包括【菜单】【常用】【标注】【图幅】【工具】【视图】【帮助】菜单项，如图 1-9 所示。

图 1-9　选项卡模式界面下的菜单系统

用鼠标单击【菜单】按钮，可调出主菜单，包括【文件】【编辑】【视图】【格式】【幅面】【绘图】【标注】【修改】【工具】【窗口】【帮助】菜单项。

用鼠标单击【菜单】按钮以外的菜单项按钮，可将相应的子菜单置于工具栏区。

（3）工具栏

工具栏由一些命令按钮排列而成，每一个图标都形象地表示了一条 CAXA 电子图板的命令。单击某一个按钮，即可调用相应的命令。如果把鼠标指针指向某个按钮并停顿一下，屏幕上就会显示出该工具按钮的名称和功能。

在经典模式界面，系统默认的工具栏包括【绘图工具】【绘图工具Ⅱ】【标注】【标准】【编辑工具】【常用工具】【设置工具】【颜色图层】等。工具栏位于绘图区的上部或两侧，可以在工具栏的空白处单击鼠标并拖动，将工具栏移动到所需位置。使用时应记住这些工具栏的名称，以便根据自己的习惯和需求打开和关闭工具栏。常用打开和关闭工具栏的方法如下。

将鼠标指向任意工具栏并右击，弹出如图 1-10 所示的快捷菜单，移动鼠标指针至【工具条】命令，出现子菜单。在该子菜单中列出了所有工具栏的名称，若名称前带有"√"符号，则表示该工具栏已经打开。选择菜单上某一选项，就可以打开或关闭相应的工具栏。

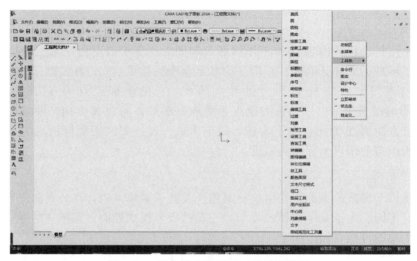

图 1-10　经典模式界面下工具栏的设置

选项卡模式界面下的工具栏如图 1-11 所示。与经典模式界面下的工具栏相比，经典模式界面下的工具栏按行陈列，选项卡模式界面下的工具栏按块陈列，每块有个名称，比较直观，容易寻找。

图 1-11　选项卡模式界面下的工具栏

用鼠标单击绘制工具栏中的任意一个按钮，系统会在屏幕的左下角弹出一个立即菜单，并在状态栏的左侧显示相应的操作提示和执行命令状态，如图 1-12 所示。

立即菜单描述了该项命令执行的各种情况和使用条件。用户根据当前的作图要求，正确地选择某一选项，即可得到准确的响应。

在立即菜单环境下，使用空格键，屏幕上会弹出工具点菜单，如图 1-13 所示。可以根据作图需要从中选取特征点进行捕捉。

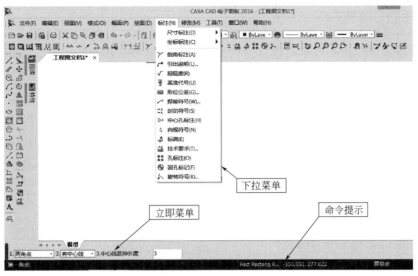

图 1-12　立即菜单

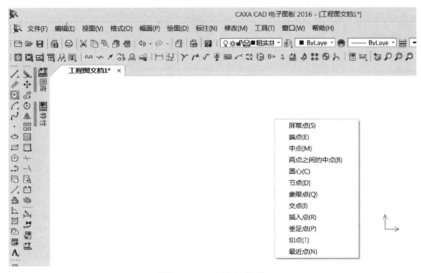

图 1-13　工具点菜单

（4）状态栏

CAXA 电子图板提供了多种显示当前状态的功能，它包括屏幕状态显示、操作信息提示、当前工具点设置及拾取状态显示等。

① 当前点坐标显示区　位于屏幕底部状态栏的中部，当前点的坐标值随鼠标光标的移动动态变化。

② 操作信息提示区　位于屏幕底部状态栏的左侧，用于提示当前命令执行情况或提醒用户输入。

③ 工具菜单状态提示区　当前工具点设置及拾取状态提示位于状态栏的右侧，自动提示当前点的性质以及拾取方式。例如，点可能为屏幕点、切点、端点等，拾取方式为添加状态、移出状态等。

④ 点捕捉状态设置区　位于状态栏的最右侧，在此区域内设置点的捕捉状态，分别为

自由、智能、栅格和导航。

⑤ 命令与数据输入区　位于状态栏左侧，用于由键盘输入命令或数据。

⑥ 命令提示区　位于命令与数据输入区和操作信息提示区之间，显示目前执行功能的键盘输入命令的提示，便于用户快速掌握电子图板的键盘命令。

（5）图库与特性菜单

在绘图区的左上角边框处有两个菜单按钮，分别为【图库】和【特性】。将鼠标置于【图库】菜单按钮上，立即出现各种标准件、常用件、常用图形、符号等的选择按钮，如图 1-14 所示。双击所选择的各类按钮，可以逐层打开菜单，最终根据设定的参数选定想要的图符粘贴到绘图区。将鼠标置于【特性】菜单按钮上，立即出现图层和各种线型的选择按钮，如图 1-15 所示。通过此菜单可设置图层和线型的颜色、种类、粗细等。

图 1-14　图库菜单

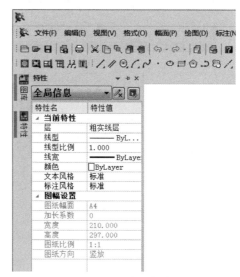

图 1-15　特性菜单

1.2.3　绘图基本操作

CAXA 电子图板提供了功能齐全的绘图方式，要使用 CAXA 电子图板绘制图纸，必须首先掌握软件的基本操作。这些基本操作包括常用键的功能、调用和终止命令的方法、立即菜单的操作、点的输入、对象捕捉以及图形的显示控制等。

（1）常用键

在 CAXA 电子图板中，所有的绘图、编辑、标注等工作都是通过鼠标和键盘完成的，因此，鼠标和键盘是不可缺少的工具，尤其是鼠标，灵活使用可以加快绘图速度。鼠标及键盘常用键的功能见表 1-1 和表 1-2。

表 1-1　鼠标的功能

名称	功能
左键	①拾取（选取）实体 ②选取菜单项 ③单击命令按钮，执行相应命令 ④输入点

名称	功能
右键	①确认拾取 ②终止当前命令 ③重复上一条命令(在命令刚结束状态下) ④弹出右键快捷菜单(在空命令状态下拾取元素后)
滚轮	①转动滚轮,可以动态缩放当前图形 ②按住滚轮并拖动鼠标,可以动态平移当前图形 ③双击滚轮,可以实现显示全部

表 1-2 键盘常用键的功能

名称	功能
Enter 键	①重复上一条命令 ②结束数据的输入
空格键	①弹出工具点菜单(输入点状态) ②重复上一条命令 ③结束数据的输入
PageUp 键	放大显示图形
PageDown 键	缩小显示图形
方向键(↑)、(↓)、(←)、(→)	平移显示图形
F1 键	请求系统的帮助
F2 键	拖画时切换动态拖动点的坐标值
F3 键	显示全部
F4 键	指定一个当前点作为参考点,用于相对坐标的输入
F5 键	当前坐标系切换开关
F6 键	点捕捉状态切换开关,即进行自由、智能、栅格和导航四种捕捉状态的切换
F7 键	三视图导航开关
F8 键	正交与非正交切换开关
F9 键	工作界面切换开关
Esc 键	取消命令
(Alt+1)~(Alt+9)组合键	激活立即菜单中的相应数字所对应的选项,以便选择或输入数据

(2) 调用和终止命令

用软件绘图时,必须给它下达命令,系统才能按照给出的命令进行操作,这是调用命令。终止命令则是结束某个命令,以便接着执行新的命令。

① 调用命令 在 CAXA 电子图板中,调用命令的方式主要有命令按钮方式、菜单方式和键盘方式三种。

命令按钮方式是在绘图时最常用到的方法。面板上的每一个图标都形象地表示了一条 CAXA 电子图板的命令。例如,给 CAXA 电子图板下达绘制直线的命令,直接用鼠标单击【直线】按钮✎,即可执行绘制直线的命令,如图 1-16 所示。

② 终止命令 绘制一张图纸,一般需要综合运用多种命令,所以要经常地结束某个命令,接着执行新的命令。有些命令在完成时会自动结束,如矩形、椭圆等,但有些命令需要人工去结束,如直线、圆等。CAXA 电子图板终止命令的方法主要有以下几种。

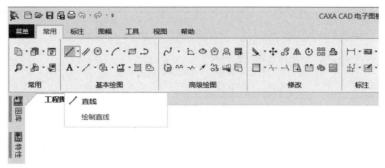

图 1-16　调用命令

a. 当一条命令正常完成时将自动终止。

b. 在执行命令过程中，右击鼠标可中止当前操作。

c. 在执行命令过程中，按 Esc 键可终止该命令。

d. 在执行命令过程中，调用另一命令（透明命令除外），绝大部分命令可终止。

（3）立即菜单

CAXA 电子图板提供了立即菜单的交互方式，用来代替传统的逐级查找的问答式交互。立即菜单是 CAXA 电子图板的一个特色，其交互过程更加直观和快捷。

① 立即菜单的组成　输入某些命令后，屏幕左下角的操作信息提示区会出现一行菜单条，这就是立即菜单。选择的命令不同，系统弹出的立即菜单也不同。立即菜单描述了该命令执行的使用条件，用户根据当前的作图要求，正确地选择立即菜单的各种选项，即可得到准确的响应。立即菜单由一个或多个窗口构成，每个窗口前标有数字序号，显示当前命令的各种选项及有关数据，用户可根据需要改变窗口的内容。根据内容不同，立即菜单的窗口分为选项窗口和数据窗口，如图 1-17 所示。

图 1-17　立即菜单的窗口

a. 选项窗口　窗口显示的是各种选项，用鼠标单击该窗口可以改变窗口的选项。若该窗口只有两个选项，则直接切换；若有多个选项，会在其上方或下方弹出一个选项菜单，用鼠标上下移动选择所需选项后，该窗口的内容即被改变。

b. 数据窗口　窗口显示的是数据，则该窗口为一个文本框。激活文本框，用鼠标单击该文本框可使之处于可编辑状态。当文本框处于可编辑状态时，通过键盘输入所需数据即可改变文本框中的内容。

② 立即菜单的操作　通过设置立即菜单各项，可以确定当前绘制编辑图形的条件。下面以直线命令为例，说明立即菜单的功能及操作方法。

单击【直线】✐按钮。在屏幕左下角的操作信息提示区出现绘制直线的立即菜单，如图 1-18(a) 所示。该立即菜单有两个选项窗口，显示当前绘制直线的方式为"两点线/连续"，其各项含义如下。第 1 项为"两点线"，说明当前绘制直线的方式是给定两点确定一条直线。第 2 项为"连续"，说明系统可绘制出连续的直线段（每条直线段相互连接，前一直线段的终点为下一直线段的起点）。

立即菜单第 2 项，是"连续"和"单根"的切换窗口。单击第 2 项的窗口，即可切换，如图 1-18（b）所示。此时，当前绘制直线的方式为"两点线/单根"，"单根"指每次绘制的直线段相互独立，互不相关。

(a) 连续直线段绘制命令　　　　　　　　(b) 单根直线段绘制命令

图 1-18　直线的立即菜单

单击立即菜单第 1 项，其上方弹出一个选项菜单，如图 1-19 所示。提供了 7 种绘制直线的方式："两点线""角度线""角等分线""切线/法线""等分线""射线"和"构造线"，每一项都相当于一个转换开关，负责指定当前绘制直线的类型。

选择"角度线"，系统将弹出相应的立即菜单，如图 1-17 所示。该立即菜单第 1、2、3 项为选项窗口，第 4、5、6 项为数据窗口，其各项含义如下。

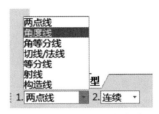

图 1-19　选择角度线方式

a. 第 1 项为"角度线"，说明系统当前绘制的是成一定角度的直线。

b. 第 2 项为"X 轴夹角"，说明给定的条件是直线与 X 轴的夹角。

c. 第 3 项为"到点"，说明终点位置是在指定点。

d. 第 4 项为"度"，输入角度。窗口显示系统自测值，要改变这个数值，只要单击该文本框，使之处于可编辑状态，再通过键盘输入所需数据即可。

e. 第 5、6 项为"分""秒"，其操作同第 4 项。

单击立即菜单第 2 项，可选取夹角类型为"X 轴夹角""Y 轴夹角"或"直线夹角"，如图 1-20 所示。单击立即菜单第 3 项，可切换终点方式为"到点"或"到线上"。

图 1-20　角度线的立即菜单

（4）对象捕捉

绘图过程中，当系统提示输入点时，对象捕捉可把点精确定位到可见实体的某特征点上。特征点是指在作图过程中具有几何特征的点，如圆心、切点、垂足、中点、端点和交点等。对象捕捉在精确绘图中是十分重要的，为了迅速、准确地作图，CAXA 电子图板提供了两种对象捕捉模式：临时捕捉和固定捕捉。临时捕捉模式是一种临时性的捕捉，一次只能捕捉一个点，可利用弹出工具点菜单进行临时捕捉。固定捕捉模式是自动执行所设置的捕捉，直至关闭，固定捕捉模式的操作如下。

① 捕捉模式设置　如图 1-21 所示，单击【工具】选项卡→【选项】面板→点击【捕捉设置】．按钮，启动捕捉设置命令。系统弹出如图 1-22 所示的【智能点工具设置】对话框，选择其中的【对象捕捉】选项卡，设置固定捕捉模式，其各选项含义如下。

图 1-21 【捕捉设置】按钮

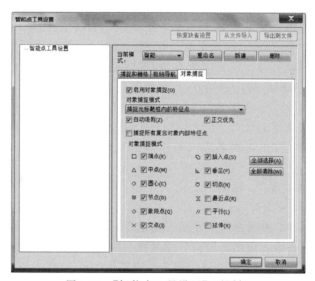

图 1-22 【智能点工具设置】对话框

a.【当前模式】下拉列表　单击可选择自由、智能、栅格或导航状态作为当前的固定捕捉模式。用户还可通过旁边的按钮，根据需要新建一个固定捕捉模式，并可重命名或删除。

b.【启用对象捕捉】复选框　可以打开或关闭固定捕捉模式。采用对象捕捉后，可以选择【捕捉光标靶框内的特征点】和【捕捉最近的特征点】两种方式。

c.【自动吸附】复选框　设置对象捕捉时光标的是否自动吸附。

d.【正交优先】复选框　设置对象捕捉时正交位置上的特征点是否优先捕捉。

e.【对象捕捉模式】选项组　该区内有 12 种特征点方式，根据需要选中所需特征点前的复选框，即可形成一个固定捕捉模式。

重点提示

固定捕捉模式中，特征点不宜设得过多，一般根据需要选择常用的特征点，如端点、中点、圆心、交点、垂足、象限点等即可。

图 1-23　捕捉状态选项菜单

② 设置当前捕捉状态　可按 F6 键进行切换，也可单击屏幕右下角的点捕捉状态设置按钮，在弹出的选项菜单中选择点的捕捉状态，即自由、智能、栅格和导航四种状态，如图 1-23 所示。

CAXA 电子图板捕捉方式包括栅格捕捉、极轴导航和对象捕捉，这三种方式可以灵活设置并组合为多种捕捉状态，如自由、智能、栅格和导航等，各捕捉状态说明如下。

a. 自由状态　选择该状态，相当于关闭了所有捕捉方式。鼠标在绘图区内移动时，不自动吸附到任何特征点上，点的输入完全由当前光标的实际定位来确定。

b. 智能状态　选择该状态，相当于开启固定捕捉模式。鼠标在绘图区内移动时，如果它与某些特征点的距离在其拾取范围之内，那么它将自动吸附到距离最近的那个特征点上，这时点的输入是由吸附上的特征点坐标来确定的。可以吸附的特征点包括端点、中点、圆心、象限点、交点、切点等，通过【智能点工具设置】对话框的【对象捕捉】选项卡设置。

c. 栅格状态　在绘制工程草图时，经常要把图绘制在坐标纸上，以方便定位和度量，CAXA 电子图板提供了类似这种坐标纸的功能。栅格是显示在屏幕上的一些等距离点，点间的距离可以进行设置。栅格捕捉是一种间距捕捉，在设置了间距并开启后，十字光标只能在屏幕上等距离跳跃。

栅格和栅格捕捉可以通过选择【智能点工具设置】对话框的【捕捉和栅格】选项卡设置。

d. 导航状态　选择该状态，相当于同时开启【极轴导航】和【对象捕捉】方式。系统可通过光标对若干种特征点进行导航，如线段端点、线段中点、圆心或圆弧象限点等，以保证视图之间符合一定的投影关系。在使用导航的同时也可以进行智能点的捕捉，以便增强捕捉精度。

③ 靶框的设置　对象捕捉时，要移动十字光标靠近目标所在的对象才能捕捉到目标点。那么光标要离目标点多远才能捕捉到目标点呢？这主要取决于搜索区域的大小，这个搜索区域称为靶框。

靶框的设置方法：单击【工具】选项卡→【选项】面板→【捕捉设置】按钮，弹出【智能点工具设置】对话框，选择【捕捉和栅格】选项卡。在【靶框大小】中移动滑块可以设置捕捉时拾取框的大小。选中【显示自动捕捉靶框】复选框，可以设置自动捕捉时显示靶框。根据需要设置后，单击【确定】按钮。

在以后的捕捉过程中，光标将会变成带有一个小方框的十字光标，这个方框就是靶框，如图 1-24 所示。当鼠标在绘图区内移动拾取图形元素时，凡是与靶框相交且符合拾取过滤条件的图形元素都有可能被拾取上。当有多个实体穿过该靶框时，系统将会自动捕捉到离靶心最近的目标点。

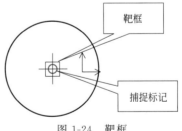

图 1-24　靶框

（5）图形显示

① 显示全部　图形的显示控制对绘图操作，尤其是绘制复杂视图和大型图样时具有重要作用，在图形绘制和编辑过程中要经常使用它们。显示命令只改变图形在屏幕上的显示方法，而不能使图形产生实质性的变化。它们允许操作者按期望的位置、比例、范围等条件进行显示，但操作的结果既不改变原图形的实际尺寸，也不影响图形中原有实体之间的相对位置关系。简而言之，显示命令的作用只是改变了主观视觉的效果，而不会引起图形产生客观的实际变化。

CAXA 电子图板在【视图】菜单中提供了多种显示功能，从菜单系统的【视图】菜单项，或选项卡模式界面的【常用】菜单项进去，找到【显示全部】 🔍 按钮（图 1-25），单击该按钮，可将当前绘制的图形全部显示在绘图区内。

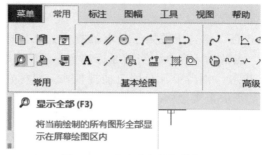

图 1-25　【显示全部】按钮

重点提示

　　显示控制命令是一种透明命令，它可以插入到另一条命令的执行过程中执行，而不退出该命令，因此在绘图过程中，可以根据需要随时调用。

---

　　② 动态平移　【动态平移】命令的功能是拖动鼠标，平行移动视图。其功能类似于【显示平移】，但【动态平移】移动图形更加方便。按下鼠标滚轮，此时，光标变成【动态平移】命令的图标 🖐。此时，按住鼠标滚轮并拖动，可使整个视图跟随鼠标动态平移，松开滚轮可以结束动态平移操作。

　　【动态平移】命令是一种透明命令。它可以插入到另一条命令的执行过程中执行。例如，使用【直线】命令绘图过程中，选择【动态平移】命令后光标变成 🖐，此时按住鼠标滚轮并拖动，可移动显示对象，松开滚轮取消【动态平移】命令后，又回到【直线】命令状态，可以继续绘制直线。

　　③ 动态缩放　【动态缩放】命令的功能是滚动鼠标滚轮，动态放大或缩小显示视图。滚轮向前滚动为放大，向后滚动为缩小。

1.2.4　图形编辑命令

　　编辑命令是绘制工程图样必然要使用的，是绘制高质量图形的技术保证。CAXA 电子图板提供了功能齐全、操作灵活方便的编辑修改功能，可以移动、复制和修改图中的对象。

　　CAXA 电子图板的编辑修改功能包括基本编辑和图形编辑。基本编辑是一些通常的编辑功能，如复制、剪切和粘贴等；图形编辑则是对各种图形对象进行平移、裁剪、旋转等操作。基本编辑命令设置在【编辑】主菜单，图形编辑命令设置在【修改】主菜单。在选项卡模式界面中，编辑命令均以图标的形式放置在功能区【常用】选项卡上，基本编辑命令设置在【常用】面板上，图形编辑命令设置在【修改】面板上，如图 1-26 所示。

图 1-26　编辑命令

在绘制工程图过程中使用编辑命令，用户一般需要给系统提供以下三个方面的信息，不同的命令出现不同的提示，用户可根据系统的提示操作。

① 输入命令　如平移命令、旋转命令、阵列命令等。

② 根据需要设置立即菜单　如旋转命令，用户需要在立即菜单第一项中指定旋转的方式是"旋转角度"还是"起始终止点"，在第二项中切换"旋转"与"拷贝"。

③ 拾取需要编辑的实体　使用编辑命令时，一般系统提示"拾取元素"或"拾取添加"等，此时拾取要编辑的实体，如需要旋转的图形元素，右击确认。

（1）平移图形

在一张图中，经常会出现一些相同或类似的实体。用【平移复制】命令可将任意复杂的实体复制到图纸某个地方。对拾取到的实体进行平移操作可使用【平移】和【平移复制】命令，两者的操作相似，区别是【平移】命令移动原对象，而【平移复制】命令不改变原对象的位置并复制多个。

（2）镜像图形

在机械图样中，经常会遇到一些对称的图形。如某些底座、支架等，可以绘制出对称图形的一半，然后用镜像命令将另一半对称图形复制出来。

【镜像】命令的功能是以某一条直线为对称轴，对拾取到的实体进行对称复制。图 1-27 所示为镜像的示例，可以看出，利用镜像功能绘制对称图形非常方便。

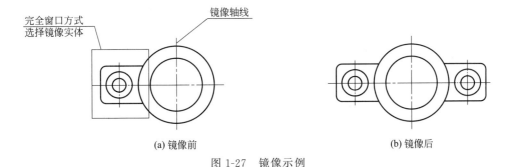

(a) 镜像前　　　　　　　　　　　　　(b) 镜像后

图 1-27　镜像示例

（3）旋转图形

绘制工程图时，有时需要把图形旋转一个角度。在 CAXA 电子图板中，可以用【旋转】命令将图形旋转或旋转复制，满足绘图要求。

【旋转】命令用于对拾取到的实体进行旋转或旋转复制。图 1-28 所示为旋转和旋转复制的示例。

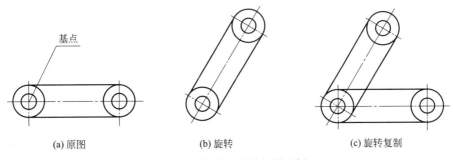

(a) 原图　　　　　　　　　　(b) 旋转　　　　　　　　　　(c) 旋转复制

图 1-28　旋转和旋转复制示例

（4）阵列图形

绘制工程图时，经常会遇到一些呈规则分布的图形，在 CAXA 电子图板中，可以使用【阵列】命令，快捷准确地绘制。阵列是一项很重要的操作，在绘制机械工程图样时经常使用。

【阵列】命令的功能是通过一次操作可同时生成若干个相同的图形，以提高绘图速度。图 1-29 所示为常用的"圆形阵列"和"矩形阵列"。

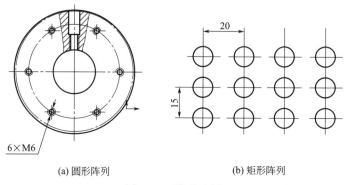

(a) 圆形阵列　　　　　　　　(b) 矩形阵列

图 1-29　阵列示例

（5）生成等距线

【等距线】命令在绘制双向平行线、多份平行线、同心圆、等距圆弧等实体时，方便快捷，会收到事半功倍的效果。

【等距线】命令的功能是以等距方式生成一条或同时生成数条给定曲线的等距线。CAXA 电子图板具有链拾取功能，它能把首尾相连的图形元素作为一个整体进行等距，这将大大加快作图过程中某些薄壁零件剖面的绘制。

图 1-30 所示为绘制的等距线示例。

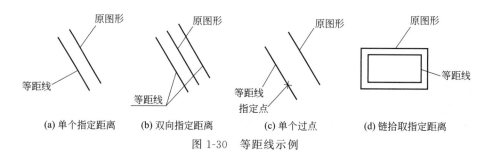

(a) 单个指定距离　　(b) 双向指定距离　　(c) 单个过点　　(d) 链拾取指定距离

图 1-30　等距线示例

（6）裁剪图形

绘图过程中，经常遇到实体超出边界的情况，这时需要把多余的部分剪掉。在 CAXA 电子图板中，使用【裁剪】命令编辑实体，达到绘图目的。

【裁剪】命令的功能是在两条或多条曲线相交的情况下，对所拾取的曲线进行局部删除，剪掉多余的部分。

裁剪有"快速裁剪""拾取边界"和"批量裁剪"三种方式。

图 1-31 所示为常用的快速裁剪示例。快速裁剪时，用鼠标直接拾取被裁剪的曲线，系统自动判断边界并做出裁剪响应。快速裁剪一般用于边界比较简单的情况，具有很强的灵活

性，在实践过程中熟练掌握将大大提高工作效率。快速裁剪过程中，拾取同一曲线的不同位置，将产生不同的裁剪结果。

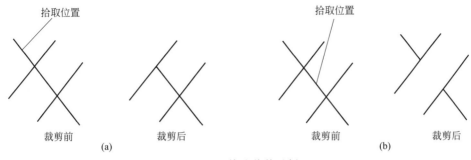

图 1-31　快速裁剪示例

（7）延伸和拉伸

当实体绘制后，需要改变其长度，在 CAXA 电子图板中，可以使用【延伸】或【拉伸】命令编辑实体，达到绘图目的。

① 延伸　【延伸】命令的功能是以一条曲线为边界对一系列曲线进行延伸或裁剪。【延伸】命令的立即菜单有"齐边"和"延伸"两种选择，系统默认是"齐边"，一般不要进行选择。

采用"齐边"方式时，系统先后提示拾取"剪刀线"（即边界线）和"要编辑的曲线"。如果拾取的曲线与剪刀线有交点，则系统按【裁剪】命令进行操作，即裁剪所拾取的曲线至剪刀线位置。如果拾取的曲线与剪刀线没有交点，则系统将把曲线按其本身的趋势（如直线的方向、圆弧的圆心和半径均不发生改变）延伸至边界。

要注意的是，圆或圆弧可能会有例外，这是因为它们无法向无穷远处延伸，它们的延伸范围是以半径为限的，而且圆弧只能以拾取的一端开始延伸，不能两端同时延伸。图 1-32 所示为用【延伸】命令编辑的示例。

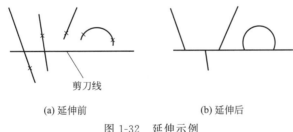

(a) 延伸前　　　　　　　　　(b) 延伸后

图 1-32　延伸示例

② 拉伸　【拉伸】命令的功能是对单条曲线或曲线组进行拉伸操作。拉伸有"单个拾取"或"窗口拾取"两种拾取方式。

单个拾取可在保持曲线原有趋势不变的前提下，对曲线进行拉伸或缩短。启动命令后，系统提示"拾取曲线"，这时可用鼠标拾取直线、圆、圆弧或样条曲线等进行拉伸。

窗口拾取时只移动窗口内图形的指定部分，即将窗口内的图形一起拉伸。窗口拾取时，可以选择"给定偏移"或"给定两点"方式。

（8）圆角和倒角

绘图中常会遇到圆角和倒角结构，例如内、外倒角是轴套类零件常见结构；铸造圆角是铸造零件常见结构，这些在 CAXA 电子图板中，可使用【过渡】命令绘制。【过渡】命令的立即菜单选项包括"圆角""多圆角""倒角""多倒角""内倒角""外倒角"和"尖角",可以根据作图需要从中选择。

① 圆角 在直线与直线、直线与圆弧、圆弧与圆弧之间进行圆角过渡。单击【过渡】按钮,根据系统的提示进行选择和设置,拾取要进行过渡的两条曲线,即可在两条曲线之间生成一条光滑过渡的连接弧。

圆角过渡有"裁剪""裁剪始边""不裁剪"三种方式。如图1-33所示,"裁剪"指裁剪掉图形过渡后所有边的多余部分;"裁剪始边"是只裁剪掉起始边的多余部分,起始边也就是用户拾取的第一条曲线;"不裁剪"指执行过渡操作以后,原线段保留原样,不被裁剪。

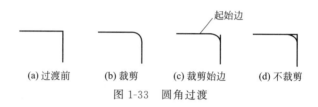

图1-33 圆角过渡

② 倒角 在两直线间进行倒角过渡。倒角过渡也有"裁剪""裁剪始边""不裁剪"三种方式,操作方法及各选项的功能与圆角过渡相同。

倒角有"长度和角度方式"和"长度和宽度方式"两种(图1-34),但一般都是按"长度和角度方式",如C1(即1×45°)、1×30°等。倒角操作时,在立即菜单输入相应长度和角度后,按系统的提示,拾取要进行过渡的两条曲线即可。

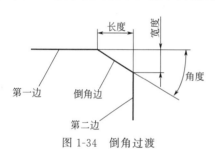

图1-34 倒角过渡

(9) 打断对象

绘图过程中,有时需要把实体打断成两部分。在CAXA电子图板中,可以使用【打断】命令编辑实体,达到绘图目的。

【打断】命令的功能是将一条曲线在指定点处打断成两条曲线。打断有"一点打断"和"两点打断"方式,常用的是"一点打断"。

"一点打断"是使用一点打断实体。打断操作时,用鼠标拾取一条待打断的曲线,拾取后该曲线呈虚像显示。系统提示变为"选取打断点",根据当前作图需要,移动鼠标在曲线上选取打断点,曲线即被打断。

曲线被打断后,屏幕上显示的图形与打断前没有区别,但实际上,原来的一条曲线已经变成了两条独立曲线。此外,打断点最好选在需打断的曲线上,为作图准确,可充分利用对象捕捉。

(10) 分解对象

当一组实体是一个整体时,不能对其某一部分进行编辑,需要把整体分解成一个个单独的实体。例如,用【矩形】命令绘制的矩形、【多边形】命令绘制的六边形等,CAXA电子图板中提供了【分解】命令进行分解操作。

【分解】命令可将多段线、标注、图案填充或块参照等合成对象转变为单个的元素。操作时,单击【分解】菜单命令,选择要分解的对象并确认即可。

1.2.5 绘图准备工作

采用CAXA电子图板绘图,绘制图纸之前还要进行一系列的初步设置,这样会在绘制图纸时更加得心应手，绘制的图纸也会更加美观，同时适合不同的用途，如绘图区主背景的颜色、绘图临时文件的存储、绘图格式等。

（1）绘图区颜色设置

在软件安装好后绘图区的颜色，默认是黑色。采用黑色的背景绘图可以减轻眼睛的疲劳，但绘出的图纸在经计算机截屏后是黑色的，不适合插入到 Word 等文档中，这时就要将绘图区设置成白色再绘制，或绘图后将绘图区的颜色设置成白色，具体操作如下。

从主菜单的【工具】菜单项进去，在弹出的下拉菜单中，点击【选项】子菜单按钮，再点击【显示】选项卡，出现图 1-35 所示的【显示】选项卡。

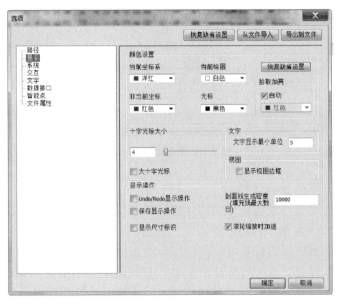

图 1-35 【显示】选项卡

在"颜色设置"中，将"当前绘图"由"黑色"改为"白色"，将"光标"由"白色"改为"黑色"，点击【确定】按钮，绘图区就由黑色变为白色。反之，绘图区就由白色变为黑色。

（2）备份文件设置

备份文件的作用是，当绘图者由于误操作删除了原来绘出的文件或是删除了一部分，或是因为意外原因使原图文件不能正常打开了，备份文件（bak 文件）会保留更改之前的内容。这样保证不会因为误操作或是系统不稳定使自己的劳动成果完全丢失或尽量少丢失。

CAXA 电子图板在软件安装好后，默认"生成备份文件"。如果不想有这个备份文件，从主菜单的【工具】菜单项进去，在弹出的下拉菜单中，点击【选项】子菜单按钮，再点击【系统】选项卡，出现图 1-36 所示的【系统】选项卡，将"生成备份文件"前面的"√"去掉就可以了。

为防止所绘图纸被误删及意外损坏，可在【系统】选项卡中，在"生成备份文件"前面的方框打上"√"。绘图时，CAXA 生成的备份文件和原文件保存在同一目录下，想要恢复原文件时，可先关掉程序，进入保存文件的文件夹，找到后缀是 bak 的同名文件，把 bak 改成 exb。

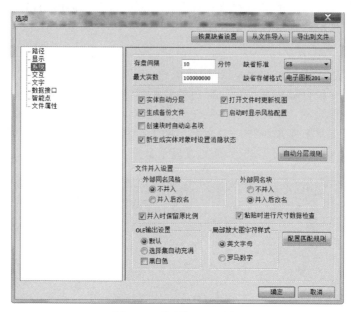

图 1-36 【系统】选项卡

（3）图层设置

图层是使用交互式绘图软件进行结构化设计不可缺少的图形绘制环境，也是区别于手工绘图的重要特征。CAXA 电子图板绘图系统同其他 CAD/CAM 绘图系统一样，为用户提供了分层绘图功能。掌握图层的操作可以使绘图者更加方便、快捷地绘制和编辑工程图。

一幅机械工程图样包含有各种各样的信息，有确定实体形状的几何信息，有表示线型、颜色等属性的非几何信息，也有各种尺寸和符号等。这么多的内容集中在一张图纸上，必然给设计绘图工作造成很大的负担。如果能把相关的信息集中在一起，或把某个零件、某个组件集中在一起单独进行绘制或编辑，当需要时又能够组合或单独提取，那将使设计绘图工作变得简单而又方便。

图层相当于一张张没有厚度的透明薄片，图形及其信息就存放在这种透明薄片上。不同的图层上可以设置不同的线型和不同的颜色，也可以设置其他信息。

CAXA 电子图板具有智能分层功能。使用 CAXA 电子图板某些命令绘制的内容，能自动放置到所属图层中。例如，使用【中心线】命令时，系统自动在中心线层上绘制中心线；使用【剖面线】命令时，系统自动在剖面线层上绘制剖面线；使用【文字】及【尺寸标注】等标注命令时，系统自动把所标注的内容放在尺寸线层，这样大大方便了绘图。

根据绘制工程图的实际需要，CAXA 电子图板预先定义了八个图层。这八个图层的层名分别为 0 层、中心线层、虚线层、粗实线层、细实线层、尺寸线层、剖面线层和隐藏层。各图层具有相同的坐标系和显示缩放系数，层与层之间完全对齐并重叠在一起，各层组合起来就是一幅完整的图。除了 CAXA 电子图板预先定义的 8 个图层外，用户可以根据自己的绘图需要创建新图层，创建的新图层可以被删除。

① 设置图层　为了操作上的方便，CAXA 电子图板将有关图层的命令，集中安排在【常用】选项卡的【属性】面板上。该面板包括【图层设置】【颜色设置】【线宽设置】【线型设置】四个按钮和【当前层设置】【当前颜色设置】【当前线宽设置】【当前线型设置】四个下拉列表框，如图 1-37 所示。通过【属性】面板可以方便直观地对图层、颜色、线型和线

宽进行管理。设置图层主要通过【图层设置】命令完成。

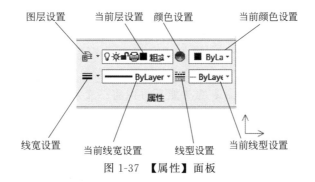

图 1-37 【属性】面板

【图层设置】命令用于对各图层进行设置，其操作内容包括设置当前层、重命名、新建、删除、打开/关闭、冻结/解冻、设置颜色、设置线型、设置线宽、层锁定、层打印等。通过【图层设置】命令对图层属性内容进行修改后，图层上所有对象的属性均会自动更新。

单击【图层设置】按钮系统弹出【层设置】对话框，如图 1-38 所示。【层设置】对话框是实现图层设置的主要方式，不仅可以修改图层的属性，还可以对图层进行控制，如设置当前层、创建图层、删除图层等。图 1-38 中，上方是当前图层显示和按钮区，左侧是图层列表，显示现有图层，右侧是图层属性设置区。

图 1-38 【层设置】对话框

每个图层都对应一组层属性，层属性可以根据需要修改。图层的属性包括层名、线型、颜色、线宽、打开/关闭、冻结/解冻、锁定、打印和层描述等。在屏幕上，定义了属性的图层容易从众多图层中区分开，如将图层颜色定义为红色，那么很快就可以了解到红色图层对应的图形结构。

② 设置当前层　【当前层】就是当前正在进行操作的图层，当前层也可称为活动层。将某个图层设置为当前层，随后绘制的图形元素均放在此当前层上。系统只有唯一的当前层，其他的图层均为非当前层。系统启动后的初始当前层为粗实线层。

设置当前层最方便快捷的方式是通过【属性】面板，进行当前层的操作，包括切换当前层、设置当前层的颜色、设置当前层的线型、设置线宽。

（4）实体图层控制

CAXA 电子图板不仅可以对整个图层进行操作，使该层上的全部实体均发生变化，还提供了面向实体的层操作，可以对任何一层上的任何一个或一组实体进行控制，改变所选定实体的图层及颜色、线型等属性。

① 特性匹配　【特性匹配】命令的功能是可以将一个对象的某些或所有特性复制到其他对象。

单击【常用】选项卡→【常用】面板→【特性匹配】🖱按钮或选择【修改】→【特性匹配】菜单命令，系统弹出立即菜单，可以切换选择"匹配所有对象"和"匹配同类对象"。然后根据提示，先拾取源对象，再拾取要修改的目标对象即可。如图 1-39（a）所示，矩形在粗实线层、线型为粗实线、颜色为黑色。特性匹配修改后，矩形改为在中心线层、线型为细点画线、颜色为红色，如图 1-39（b）所示。

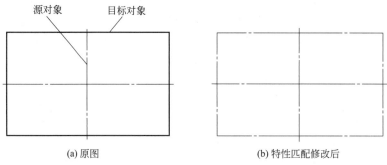

(a) 原图　　　　　　　　　　　　　　(b) 特性匹配修改后

图 1-39　特性匹配示例

特性匹配功能除了可以修改图层、颜色、线型、线宽等基本属性外，也可以修改对象的特有属性，例如文字和标注等对象的特有属性。

②【特性】工具选项板　如图 1-40 所示，【特性】工具选项板位于绘图区的左上角，使用【特性】工具选项板可以编辑对象的属性。属性包括基本属性如图层、颜色、线型、线

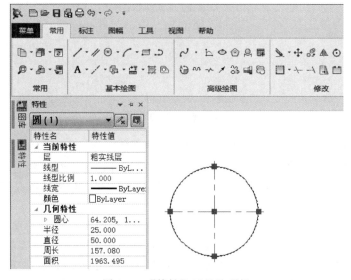

图 1-40　【特性】工具选项板

宽、线型比例，也包括对象本身的特有属性，例如圆的特有属性，包括圆心、半径、圆直径等。

（5）标注样式设置

不同制图标准及环境下对标注的需求不同，通过设置标注样式可以控制各种标注的外观参数，使图面更加清晰和美观。

CAXA电子图板的标注样式包括尺寸样式、文字样式、引线样式、形位公差样式、粗糙度样式、焊接符号样式、基准代号样式、剖切符号样式等。这些样式可以在【格式】菜单的下拉菜单中进行选择和设置，如图1-41所示。

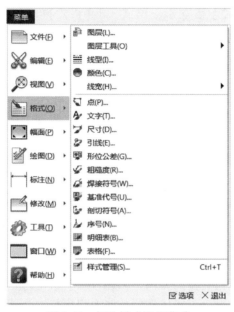

图1-41　标注样式设置菜单

1.3　其他绘图软件与图纸格式

CAD即计算机辅助设计，是通过计算机和CAD软件对设计产品进行分析、计算和仿真，产品结构、性能调整与优化和绘图，把设计人员所具有的最佳设计特性（创造性思维、形象思维和经验知识、综合判断和分析能力）同计算机强大的记忆和检索信息能力、大量信息的高速精确计算和处理能力、易于修改设计、工作状态稳定而且不疲劳的特性综合起来，从而大大提高设计的速度和效率，提高设计质量并降低设计成本。

常用的绘图软件除了具有完全自主知识产权的国产化软件CAXA外，还有AutoCAD、UG NX等。

1.3.1　AutoCAD

AutoCAD是美国Autodesk公司为计算机开发的一个交互式绘图软件，它基本上是一个二维工程绘图软件，具有较强的绘图及编辑功能，也具备部分三维造型功能。此外，它还提供了多种二次开发工具。

Autodesk 公司在 1982 年推出了 AutoCAD 的第一个版本 V1.0，在这以后的时间里，AutoCAD 产品在不断适应计算机软、硬件发展的同时，自身功能也日益增强且趋于完善。早期的版本只是绘制二维图的简单工具，画图过程也非常慢，但现在它已经集平面作图、三维造型、数据库管理、渲染着色、互联网等功能于一体，并提供了丰富的工具集。所有这些使用户能够轻松快捷地进行设计工作，还能方便地复用各种已有的数据，从而极大地提高了设计效率。

AutoCAD 在机械、建筑、电子、纺织、地理、航空等领域得到了广泛的使用。在不同的行业中，Autodesk 公司开发了行业专用的版本和插件，一般没有特殊要求的服装、机械、电子、建筑行业大都使用 AutoCAD 的通用版本，对于机械行业，也有相应的 AutoCAD 机械版。AutoCAD 的文件格式主要有 dwg 格式、dxf 格式和 dwt 格式三种，而 dwg 格式文件是工程设计人员交流思想的公共语言。

1.3.2　UG NX

UG NX 是面向制造行业的一款集 CAD/CAE/CAM 于一体的交互式三维参数化软件，集合了概念设计、工程设计、分析与加工制造的功能，实现了优化设计与产品生产过程的组合。UG NX 功能非常强大，涉及工业设计与制造的各个层面。UG NX 整个系统由大量的模块构成，其中 CAD 模块拥有很强的 3D 建模能力，CAD 模块又由许多独立功能的子模块构成，常用的有以下模块。

（1）MODELING（建模）模块

该模块提供了 SKETCH（草图）、CURVE（曲线）、FORMFEATURE（实体）、FREEFORMFEATURE（自由曲面）等工具。

草图工具适合于全参数化设计；曲线工具虽然参数化功能不如草图工具，但具有整合基于约束的特征建模和显示几何建模的特性，因此可以自由使用各种特征实体、线框架构等功能；自由曲面工具是架构在融合了实体建模及曲面建模技术基础之上的超强设计工具，能设计出如工业造型设计产品的复杂曲面外形，这个工具也是该软件中应用范围最广的。

（2）DRAFTING（制图）模块

该模块使设计人员方便地获得与三维实体完全相关的二维工程图。3D 模型的任何改变会同步更新工程图，从而使二维工程图与 3D 模型完全一致，同时也减少了因 3D 模型改变而更新二维工程图的时间。

（3）ASSEMBLIES（装配）模块

该模块提供了并行的自上而下或自下而上的产品开发方法，在装配过程中可以进行零部件的设计、编辑、配对和定位，同时还可对硬干涉进行检查。

（4）WAVE（产品系列工程）模块

UG WAVE 产品设计技术把参数化建模技术应用到系统级的设计中，使参数化技术不仅仅局限于单个部件内，而且能在部件和产品间建立联系，从而便于整个产品的设计控制。

（5）MOLDWIZARDS（模具设计）模块

该模块提供了一个与 UG 3D 建模环境完全整合的模具设计工具，引导使用者进行模具设计工作。3D 模型的每一改变均会自动地关联到型腔和型芯。

（6）SHAPESTUDIO（工业设计）模块

该模块可以协助工业设计师快速而准确地评估不同设计方案，提高创造能力。

1.3.3 图纸的存储与格式转换

不同的办公软件，其默认的存储和打开格式通常是不一样的，每一种文件格式通常会有一种或多种扩展名可以用来识别。扩展名是指文件名中，最后一个点（.）号后的字母序列。

doc(docx) 是计算机文件常见扩展名的一种，20 世纪 90 年代，微软在文字处理软件 Word 中，使用了 doc 作为扩展名，并成为流行的格式，doc 是 Word2003 以前版本的文本文档，自 Word2007 之后为 docx。

jpeg(jpg) 是 JPEG 标准的产物，该标准由国际标准化组织（ISO）制定，是面向连续色调静止图像的一种压缩标准。JPEG 格式是最常用的图像文件格式，后缀名为 .jpg 或 .jpeg。

pdf 是可携带文档格式，由 Adobe Systems 用于与应用程序、操作系统、硬件无关的方式进行文件交换所发展出的文件格式，无论在哪种打印机上，pdf 文件都可保证精确的颜色和准确的打印效果，会忠实地再现原稿的每一个字符、颜色以及图像。

dwg(dxf) 是 AutoCAD 以及基于 AutoCAD 软件保存设计数据所用的文件格式，可以用 CAD 打开，也可以用 CAXA 电子图板 2016 打开。

exb 是 CAXA 电子图板生成的文件格式，可以用 CAXA 电子图板打开，不能用 AutoCAD、Acrobat Reader、PHOTOSHOP 等软件打开，但是可以用 CAXA 软件将 exb 格式转换成 dwg 或 dxf 格式，用 AutoCAD 打开；转换成 jpg 格式，用 PHOTOSHOP、位图等软件打开；转换成 pdf 格式，用 Acrobat Reader 软件打开。

如图 1-42 所示，打开 CAXA 电子图板【文件】主菜单，点击【另存为】按钮，在【另存文件】对话框中，选择"保存类型"，可以将所绘图纸另存为后缀名为 .dwg/.dxf 的格式文件，这样采用 AutoCAD 绘图软件就可以打开和编辑了。

图 1-42 CAXA 电子图板 2016 将 exb 格式转换成 dwg 或 dxf 格式

如图 1-43 所示，打开 CAXA 电子图板【文件】主菜单，点击【打印】按钮，在【打印】对话框中，点击打印机"名称"，可以将所绘图纸另存为 pdf/jpg 格式文件，这样就可以分别采用 Acrobat Reader 和 PHOTOSHOP 等软件打开看图。

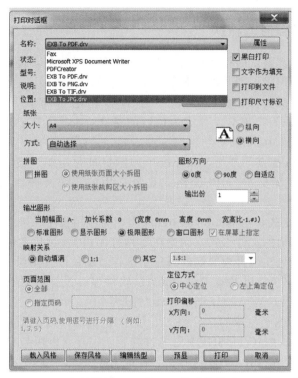

图 1-43　CAXA 电子图板 2016 将 exb 格式转换成 pdf 或 jpg 格式

1.4　图纸输出与管理

1.4.1　图纸的输出

CAXA 电子图板的绘图输出功能，采用了 Windows 的标准输出接口，因此可以支持任何 Windows 支持的打印机，在电子图板系统内无需单独安装打印机，只需在 Windows 下安装即可。单击快速启动工具栏内的【打印】按钮，系统弹出图 1-44 所示的【打印】对话框，该对话框各主要选项的含义说明如下。

① 打印机设置区：在此区域内选择需要的打印机型号，并且相应地显示打印机状态。

【属性】按钮：单击该按钮，系统弹出相应对话框，从中可以对打印机进行设置。

【文字作为填充】复选框：在打印时，设置是否对文字进行消隐处理。

【黑白打印】复选框：在不支持无灰度的黑白打印的打印机上，达到更好的黑白打印效果，不会出现某些图形颜色变浅看不清的现象。

【打印到文件】复选框：选中该复选框，系统将控制绘图设备的指令输出到一个扩展名为 pm 的文件中，用户可单独使用此文件，在没有安装 EB 的计算机上输出。

②【纸张】选项组：设置纸张大小、纸张来源及选择图纸方向为横放或竖放。

③【图形方向】选项组：设置图形的旋转角度为 0°或 90°并设置输出份数。

④【输出图形】选项组：指定待输出图形的范围。

【标准图形】选项：输出当前系统定义的图纸幅面内的图形。

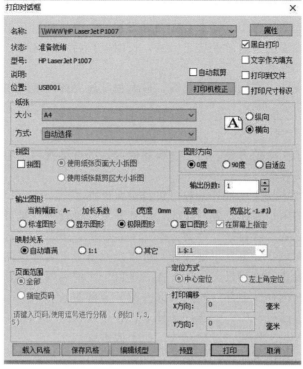

图 1-44 【打印】对话框

【显示图形】选项：输出在当前屏幕上显示出的图形。

【极限图形】选项：输出当前系统所有可见的图形。

【窗口图形】选项：当选中【在屏幕上指定】复选框时，系统会要求用户输入两个角点，将输出此两角点所确定矩形框内的图形。

⑤ 【映射关系】选项组：指图形与图纸的映射关系，即屏幕上的图形与输出到图纸上的图形的比例关系。

【自动填满】选项：输出的图形完全在图纸的可打印区内。

【1∶1】选项：图形按照 1∶1 的比例关系进行输出。如果图纸幅面与打印纸大小相同，由于打印机有硬裁剪区，可能导致输出的图形不完全。

【其它】选项：图形按照用户自定比例进行输出。

⑥ 按钮区：位于【打印】对话框最下方一排。

【预显】按钮：单击此按钮后，系统在屏幕上模拟显示真实的绘图输出效果。

【打印】按钮：所有选项设置好后，单击此按钮，系统将图纸发送到相应的打印机上，打印图纸。

1.4.2 图纸的存储与更改

对于工程技术人员及企业而言，图纸等设计资料是非常重要的技术文件，其保存方式可以电子文档的形式进行存储，也可打印出来以纸质形式保存。这些资料，可能是过程性的，几易其稿有多种版本，也可能是最终资料，进行归档后不再修改；更多的是许多设计图纸在使用过程中，会历经多次修改、增补和删减；有的是外来图纸，可能是纸质的，也有可能是电子的。

随着信息化进程的推进，图纸管理越来越受到企业的重视，逐渐成为国内外业界研究的热点，但是企业在管理的过程中，经常会碰到以下问题：海量资料存储，管理不规范，查找缓慢、困难；图纸版本混乱，有效性缺乏保障，长期保存后不易区分；图纸命名随意，没有规范，无法有效协作共享等。

为了能够科学、规范、有效地管理图纸，最大程度地发挥图纸的作用，给图纸管理工作提出了新的要求。

（1）图纸文件的存储

在计算机中，为了工作的方便，便于查找和使用，图纸可按一定的分类原则，设置多级目录文件夹，进行分类存储。

在根目录下，可按产品或项目等设置一级目录文件夹。

在一级目录文件夹内，是新开发产品的，可按开发阶段设置二级目录文件夹；是老产品的，可按产品版本号设置二级目录文件夹。

在二级目录文件夹内，如果是小型设计，可直接按图号＋名称存储图纸；如果是大型设计，可再按部件类别设置三级目录文件夹，在三级目录文件夹内，包含有总装图、多个部件文件夹等，部件文件夹内存储各部件相应的部件图、零件图。

产品设计和项目实施过程中，会有许多外来、客户资料图纸，可在一级目录下设置一个单独的二级目录外来资料文件夹，进行存放，便于检索。

设计工作中，除会利用纸质设计资料外，也需会利用网络检索、查找、保存大量的电子设计资料，这些设计资料对于工程技术人员来说是非常重要的，可并行一级目录，设置一个单独的一级目录设计资料文件夹，进行集中存放，在该文件夹内也可根据需要再新建多个二级目录文件夹，将下载的设计资料分类存放。

设计资料的文件夹名称前可加一个字母"A"，这样，可将设计资料文件置于该盘的前面，便于查找。

图 1-45 所示为某计算机中存放的图纸文件。

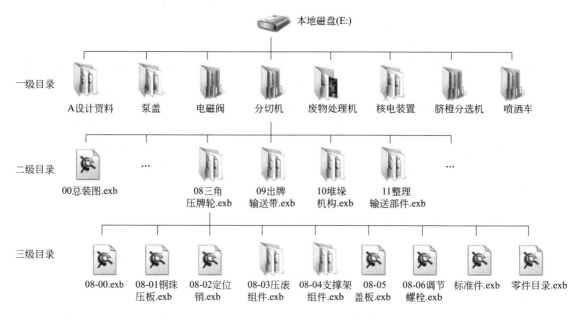

图 1-45　图纸文件的分类存储

（2）电子图纸的更改

图纸在使用过程中，会进行更改、增加和删减。图纸的更改包括两种类型：一种是图形更改，即零件结构发生变化；另一种是标注更改，包括名义尺寸、尺寸公差、几何公差和其他技术要求等。

① 图形更改　更改图形时，对于正式生产用图，一般将原图留存，在新复制的图纸上进行更改，更改后的图纸要重新编制图号，可在原设计图号后加"a"表示，以示与原图的区别。

对于试制和新设计图纸，如是个别图纸的设计错误，可直接对原图进行更改，但要注意要将原图全部收回；如果图纸更改的张数比较多，以及图纸有增减，可将原文件夹重新复制一份，在新的文件夹中进行修改，备注文件夹更改日期，并在图纸上标识新的图纸版本号。

② 标注更改　更改标注时，如果是图纸上个别的设计错误，一般可直接更改原图标注；如因工艺方案改变或改进设计而进行更改，应将原图复制，在复制的图纸上进行更改，并注明修更改日期。

（3）纸质图纸的更改

纸质图纸的更改，主要用于图纸上个别的标注更改，包括设计错误和设计改进；如图纸上要更改的地方比较多，必须更改原设计的电子图。

更改纸质图纸时，一般采用划改的方法，即用黑色的水笔将原标注划去，在划去的标注旁注上新的标注，并注上更改标记，第一次更改的用ⓐ表示，第二次更改的用ⓑ表示，依此类推；并在图纸的标题栏相应位置注上更改标记、每次更改的处数、更改人员和更改日期等，如图 1-46 所示。

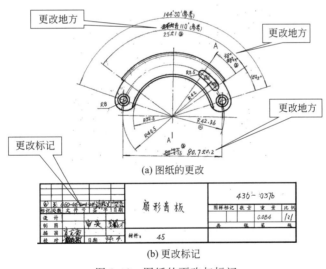

(a) 图纸的更改

(b) 更改标记

图 1-46　图纸的更改与标记

重点提示

在每个产品图纸文件夹内建一个文件目录，是进行图纸管理的一个比较好的措施。文件目录宜采用 Excel 表格形式，表格内注明图纸的图号、名称、设计日期、修改日期、更改内容等，具体可根据需要而定。

1.4.3 图纸图号的编制

图号编制是企业产品设计、工艺准备、生产组织、经营管理、财务统计的基础信息代码和依据。系统性地将图纸按一定的顺序予以系列化管理，形成合理的分类体系，对提升企业核心竞争力将起到一定的促进作用。

计算机辅助设计和计算机辅助制造、产品数据管理、企业资源计划等现代管理技术的应用，要求图纸编码信息更加合理规范，因此更有必要规范产品图号的编码，以适应现代企业信息管理的需要。

常用的图纸图号，一般由拉丁字母（A～Z，O、I 除外）、阿拉伯数字（0～9）及符号（"-"短横线、"."圆点、"/"斜线）组成，其编制的基本原则主要有以下几项。

① 每个产品、部件、零件的图样均应有独立的且唯一标识的图号。

a. 同一产品、部件、零件的图样用数张图纸绘制时，各张图样标注同一图号。

b. 借用件的编号应采用被借用件的图号。

② 图号格式必须统一。

③ 图样和文件的编号要有分类编号和隶属编号，要能分清隶属关系，属于哪种产品、哪个部件，位于哪个组件中等。

④ 图号编制的具体位数要与企业产品的构成、产品种类数量、企业的发展等因素相适应，以满足在较长时间内不改变编码原则为前提，尽可能地减少总位数。

⑤ 图样和文件的编号还要与企业计算机辅助管理的要求相协调，具有可延续性和拓展性，为信息化管理创造条件。

图号的编制，常用的有两种方法：一是以数字为主、字母为辅编制图号；二是以字母＋数字编制图号。

（1）以数字为主、字母为辅编制图号

135 系列柴油机是我国第一台自行设计、完全国产化的高速柴油机，按缸数分为 2135型、4135 型、6135 型和 12V135 型，常用的柴油机有 4135 型、6135 型和 12V135 型三种。图 1-47 和图 1-48 所示为 4135 型柴油机的外观结构。135 系列柴油机按用途分为通用型、农业及工业用、工程机械用、汽车用、发电用、船舶用六种。

135 系列柴油机的结构主要包括以下七个部分。

① 机体组件　包括机体、气缸套、气缸盖和油底壳等。这些零件构成了柴油机的骨架，所有运动件和辅助系统都安装在上面。

② 曲柄连杆机构　包括活塞、连杆、曲轴和飞轮等。它们是柴油机的主要运动件。

③ 配气机构和进、排气系统　包括进气门组件、排气门组件、挺柱与推杆、凸轮轴、传动机构、进气管、空气滤清器、排气管等。其作用是定时地控制进气与排气。

④ 燃料供给和调节系统　包括喷油泵、喷油器、输油泵、燃油滤清器和调速器等。其作用是定时、定量地向燃烧室内喷入燃油，并创造良好的燃烧条件。

⑤ 润滑系统　包括机油泵和机油滤清器等。其作用是将润滑油输送到柴油机运动件的各摩擦表面，以减少运动件的摩擦阻力和磨损。

⑥ 冷却系统　包括水泵、机油冷却器和节温器等。其作用是利用冷却水将受热零件的热量带走，保证柴油机各零件在高温条件下正常地工作。

⑦ 启动系统　包括启动电机、继电器和启动按钮等。其作用是借助于外部能源（电力）带动柴油机转动，使柴油机实现第一次点火。

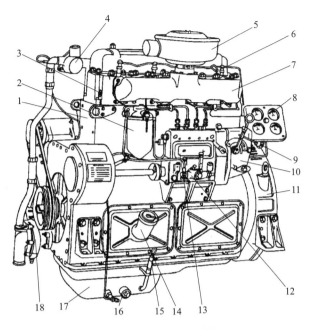

图 1-47　4135 型柴油机外观结构（正面）

1—机体；2—燃油滤清器；3—气缸盖；4—节温器；5—空气滤清器；6—喷油器；7—进气管；
8—仪表盘；9—操纵装置；10—调速器；11—飞轮罩壳；12—手动输油泵；13—喷油泵；
14—通气管；15—油标尺；16—机油放油口；17—油底壳；18—水泵

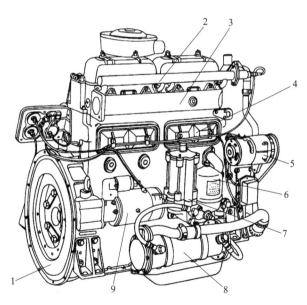

图 1-48　4135 型柴油机外观结构（反面）

1—飞轮；2—回油管；3—排气管；4—推杆机构观察口盖；5—发电机；
6—机油离心精滤器；7—机油粗滤器；8—机油冷却器；9—启动电动机

135 系列柴油机的机型分为四大类，有 60 多个型号，每个机型有 40 多个结合组件（部件），由近 2000 种零件组成，但图号编制非常科学、合理，值得学习、借鉴。

135 系列柴油机的图纸是以数字为主、字母为辅编制图号的，具体见表 1-3～表 1-5。

表 1-3   135 系列柴油机型-图号对照表（部分）

类别	用途	型号						
		气缸直径×活塞行程				气缸直径×活塞行程		
		135×140				135×150		
基本型	通用	2135G 721G-00	4135G 741G-00	6135G 761G-00	12V135 771-00	4135AG A741-00	6135AG A761-00	12V135AG A771-00
				6135ZG 761Z-00	12V135Z 771Z-00			
变形及配套	农业及工业用	2135B 726-00	4135T 747-00	6135T 767-00		4135AT A747-00	6135AT A767-00	
		2135T 727-00	4135T-1 747A-00	6135T-1 767A-00		4135AT-1 A747A-00	6135AT-1 A767A-00	
	工程机械用	2135K-1 725A-00	4135K 745-00	6135K-1 765A-00		4135AK A745-00	6135AK-1 A765A-00	

注：表格内上面为柴油机型号，下面为柴油机图纸代号。

表 1-4   135 系列柴油机图号分配表（部分）

结合组件/总成/偶件名称	结合组件图号			
	2135	4135	6135	12V135
喷油泵	239 等	233 等	229A 等	252G 等
柱塞偶件	2126-10 等	2126-10 等	2126-10 等	2126-10 等
喷油嘴偶件	3127-10	3127D-10	3127-10、3127D-10	3127-10、3127D-10
调速器	436 等	440 等	436 等	445B 等
输油泵	521	521、521A	521、521A	514、515
散热器总成	643-00-000 等	641A-00-000 等	642A-00-000 等	无
机体结合组件 油底壳结合组件 气缸盖结合组件 ⋮ 喷油器	721-02-000 等 721-03-000 等 721-04-000 等 ⋮ 761-28-000	741-02-000 等 741-03-000 等 741-04-000 等 ⋮ 761-28F-000	761-02-000 等 761-03-000 等 761-04-000 等 ⋮ 761-28D/E/F/G/H/I-000	771-02-000 等 771-03-000 等 771-04-000 等 ⋮ 761-28E/F/I-000
出油阀偶件	8026-10 等	8026-10 等	8026-10 等	8026-10 等
喷油自动提前器	无	无	935-000(个别机型用)	无
涡轮增压器	无	无	10ZJ-2	10ZJ-2

表 1-5   135 系列柴油机零件/部件图号组成（部分）

部件名称	部件图号	组成零件/部件	零件图号	数量	备注
机体机加工部件	761G-02-070b	机体 喷油泵支架 凸轮轴衬套(偶) 凸轮轴衬套(奇)	761G-02-001d 761-02-062a 761-02-078b 761-02-079b	1 1 3 3	由 4 种零件组成
喷油泵调速器组件 （喷油泵总成）	229A-436	喷油泵 调速器 输油泵 ⋮	229A-000 436-000 521-000 ⋮	1 1 1	由多个部件＋零件组成

部件名称	部件图号	组成零件/部件	零件图号	数量	备注
调速器部件 （调速器总成）	436-000	调速转子装配部件 驱动齿轮装配部件 调速杠杆装配部件 ⋮	436-030 436-040 436-070 ⋮	1 1 1 ⋮	由多个部件＋零件组成
调速转子装配部件	436-030	飞铁装配部件 飞铁座架机加工部件 托架 封油圈	436-010 436-020 436-012 436-079	2 1 1 1	由2个部件＋零件组成
飞铁装配部件	436-010	飞铁衬套 飞铁	436-004a 436-003	1 1	由2种零件组成
飞铁座架机加工部件	436-020	飞铁座架 衬套 飞铁销 飞铁销锁环	436-008a 436-009 436-011 436-061	1 1 2 4	由4种零件组成

在编制图号时，将起始数字2、3、4、5、8分配给由油泵分厂及其下属配套厂家生产的燃油喷射系统组件及部件，包括喷油泵、调速器、柱塞偶件、喷油嘴、出油阀偶件、输油泵，起始数字6、9、10分配给配套厂家生产配套的零部件，起始数字7为主机厂自己使用，用于主机及绝大部分的柴油机结合组件（部件）及零部件。其图纸采用三段数字编号，编号规则如下。

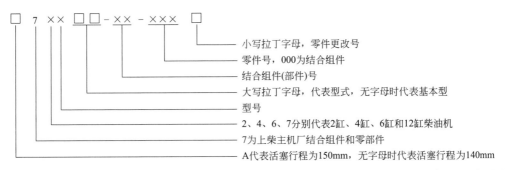

散热器及水箱由配件厂制造，其图号6字打头，图纸也采用三段数字编号，编号规则如下。

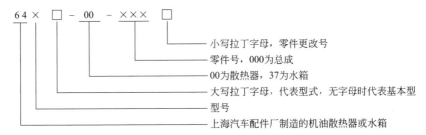

喷油泵调速器组件，又称喷油泵总成，由喷油泵和调速器两部分组成。柱塞偶件、出油阀偶件、输油泵是喷油泵调速器组件上非常重要的三个零部件，位于喷油泵端。喷油泵总成及其上面的零部件和喷油嘴偶件一起都是易损件，需要经常维修及更换，为方便用户采购、维修，单独分配了图号。

喷油泵由2打头，调速器由4打头，均采用两段数字编号，具体编号规则如下。

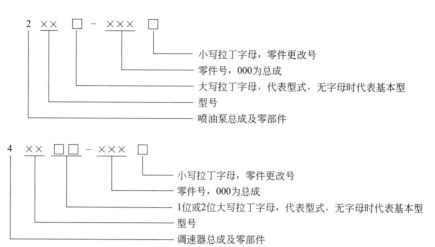

小写拉丁字母，零件更改号
零件号，000为总成
大写拉丁字母，代表型式，无字母时代表基本型
型号
喷油泵总成及零部件

小写拉丁字母，零件更改号
零件号，000为总成
1位或2位大写拉丁字母，代表型式，无字母时代表基本型
型号
调速器总成及零部件

柱塞偶件由 2 打头，出油阀偶件由 8 打头，均采用两段数字编号，具体编号规则如下。

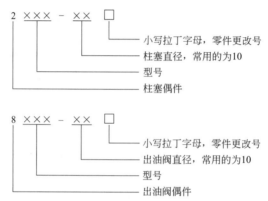

小写拉丁字母，零件更改号
柱塞直径，常用的为10
型号
柱塞偶件

小写拉丁字母，零件更改号
出油阀直径，常用的为10
型号
出油阀偶件

由表 1-4 和表 1-5 可知，为了缩短图号，方便用户，便于销售管理，以数字为主编制零件图号时，可以采用两段数字，如 436-008a，前段数字表示型号，后段数字表示零件号，总成为 000，如 436-000，表示 436 调速器总成；部件为 010、020 等，用结尾为 0 的数字串表示，如 436-020，为飞铁座架机加工部件；零件以结尾为非 0 的数字串表示，如 436-008a，为飞铁座架零件；部件中套部件（组件）的，用后一个结尾为 0 的数字串表示最终部件，如 436-030，里面包含了 436-010、436-020 两个部件（组件）及其他零件。

也可以采用三段数字编制零件图号，如 761G-02-001d，第一段数字表示型号，第二段数字表示部件号，第三段数字表示零件号，结合组件（部件）为 000，如 721-02-000 为机体结合组件；零件用 001、019 等尾数为非 0 数字串表示，如 761G-02-001d 为机体零件；部件中套部件（组件）的，组件用结尾为 0 的数字串表示，如 761G-02-070b 为机体机加工部件。

图 1-49　连动真空包装机

（2）以字母＋数字编制图号

许多企业，产品品种和型号比较简单，编制图号时，往往采用字母＋数字编制图号，简单易记，又便于生产管理。

图 1-49 所示的连动真空包装机是真空包装机的一种，主要用于食品的真空包装，以延长食品的保质期。真空包装机按结构可分为台式真空包装机、两工位真空包装机和连动真空包装机；按功能可分为单纯型抽真空包装机、充

气型真空包装机。

在编制零件图号时，可用字母 A 表示台式真空包装机，用字母 B 表示两工位真空包装机，用字母 C 表示连动真空包装机；用 01 表示单纯型抽真空包装机，用 02 表示充气型真空包装机。这样，就可以采用三段数字编制真空包装机的零件图号，第一段数字表示型号，第二段数字表示部件号，第三段数字表示零件号，数字段前面用拉丁字母表示产品类型，具体如下。

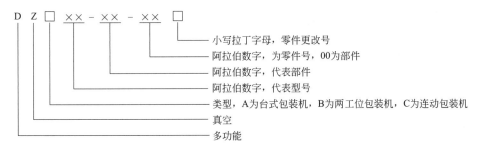

根据上述真空包装机的零件图号编制方法，组成 01 型连动真空包装机的五个部件，即上箱部件、传动部件、气路部件、机架部件和电气控制部件，可分别用 DZC01-01-00、DZC01-02-00、DZC01-03-00、DZC01-04-00 和 DZC01-05-00 表示。

每个部件里所有零件的图号在该部件号段内由小到大按顺序排列，如 DZC01-01-01 为 01 型连动真空包装机上箱部件里面的"上箱"零件，DZC01-01-02a 为 01 型连动真空包装机上箱部件里面的"上垫板"零件，该零件经过一次更改。

个别的在部件下面还有组件的，该组件由多个零件组合而成，或有的零件由多个零件焊接拼接而成，这些组件或零件可以采用四段数字编制零件图号，具体如下。

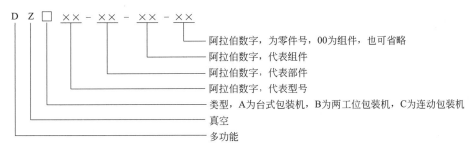

例如，DZC01-02-08-00 为 01 型连动真空包装机传动部件里面的"导轮"组件，该"导轮"组件由 5 个零件装配组合而成，DZC01-02-08-01 为其中的"定位座"零件。

零件的图号编制，关键是要结构清晰，便于使用和管理，企业可以根据自身的产品结构和企业特点，制定适合企业需求的产品图号编制规范。

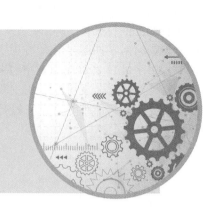

2 机械零件的材料选用与加工工艺

零件材料合理选用和零件结构满足机械加工工艺要求是机械设计与制图中非常重要的环节。材料选择的原则主要有使用性原则、工艺性原则和经济性原则，正确选用材料是保证零件正常工作和使用寿命的首要条件。各种机械零部件必须在满足使用要求的前提下，具有合理的机械加工工艺结构，满足机械加工工艺要求，保证合理的制造成本，以及产品制造过程顺利进行。

2.1 机械零件常用材料

2.1.1 金属材料的分类

金属材料是最重要的工程材料，包括金属和以金属为基的合金（即在一种金属中加入其他元素所形成的金属材料）。工业上又把金属材料分为两大类：一类为黑色金属，包括铁、锰、铬及其合金，其中以铁基合金（即钢和铸铁）应用最广；另一类为有色金属，是指除黑色金属以外的所有金属及其合金。

碳含量大于 2.11% 的铁碳合金称为铁。

钢是碳含量在 0.0218%～2.11% 之间的铁碳合金。为了保证其韧性和塑性，钢中的碳含量一般不超过 1.7%。钢的主要元素除铁、碳外，还有硅、锰、硫、磷等元素，其中 S、P 对钢的性能危害很大，属于杂质元素。

钢的种类很多，按照钢的化学成分、品质、冶炼方法和用途等的不同，可对钢进行多种分类。按化学成分钢分为碳素钢和合金钢；按品质，即根据硫、磷含量的多少，分为普通钢（S≤0.050%，P≤0.045%）、优质钢（S、P≤0.035%）和高级优质钢（S≤0.030%，P≤0.035%）；按用途分为结构钢、工具钢和特殊性能钢。

有色金属按化学成分可分为铜和铜合金、铝和铝合金、铅和铅合金、镍和镍合金、钛和钛合金等。

2.1.2 常用钢的牌号及规格

按照 GB/T 221—2008《钢铁产品牌号表示方法》的规定，我国钢铁产品牌号通常采用大写汉语拼音字母、化学元素符号和阿拉伯数字相结合的方法表示。为了便于国际交流和满足贸易的需要，也可采用大写英文字母或国际惯例表示符号。即：

① 牌号中化学元素采用国际化学元素表示；

② 采用汉语拼音字母或英文字母表示产品名称、用途、特性和工艺方法时，一般从产品名称中选取有代表性的汉字的汉语拼音的首字母或英文单词的首字母，当和另一产品所取字母重复时，改取第二个字母或第三个字母，或同时选取两个（或多个）汉字汉语拼音或英文单词的首字母，采用汉语拼音字母或英文字母，原则上只取一个，一般不超过三个；

③ 产品牌号中各组成部分的表示方法应符合相应规定，各部分按顺序排列，如无必要可省略相应部分，除有特殊规定外，字母、符号及数字之间应无间隙；

④ 产品牌号中的元素含量用质量分数表示。

（1）碳素钢

碳素钢的性能主要取决于碳含量的高低，随着碳含量的增多，碳素钢的强度、硬度提高，塑性和韧性降低。根据碳含量的多少，碳素钢分为低碳钢（C≤0.25%）、中碳钢（0.25%＜C≤0.6%）和高碳钢（C＞0.6%）。低碳钢的强度、硬度低，塑性、韧性好，常用于受力较小的冲压件（如带轮罩壳、垫圈、自行车的挡泥板等）、焊接件等；高碳钢的强度高，塑性低，常用于受力较大的弹簧等零件；中碳钢既有一定强度，也有一定塑性，常用于制备受力较大、较复杂的轴类零件等。

工业上根据用途不同，将碳素钢分为碳素结构钢、碳素工具钢和和易切削结构钢三类。

碳素结构钢主要用于各种结构件。根据钢的质量（即 S、P 含量）不同分为普通碳素结构钢和优质碳素结构钢。

① 普通碳素结构钢　其牌号通常由四部分组成。

第一部分：前缀符号＋强度值（以 N/mm² 或 MPa 为单位），其中通用结构钢前缀符号为代表屈服强度的拼音的字母 Q，专用结构钢前缀符号可参见 GB/T 221—2008。常用的普通碳素结构钢为 Q235（旧牌号为 A3），其屈服强度为 235MPa，具有良好的焊接性能，受力不大、不重要零件常用 Q235 制造，如一般的螺钉、螺母、冲压件、焊接件等。属于这类钢的还有 Q195、Q215、Q255、Q275 等。

第二部分（必要时）：钢的质量等级，用英文字母 A、B、C、D、E、F……表示。

第三部分（必要时）：脱氧方式，即沸腾钢、半镇静钢、镇静钢、特殊镇静钢，分别以 F、b、Z、TZ 表示。镇静钢、特殊镇静钢符号通常可以省略。

第四部分（必要时）：产品用途、特性和工艺方法，可参见 GB/T 221—2008。

重点提示

Q235 是常用的普通碳素结构钢，常以板材的形式供货，钢材市场上板材常见的厚度规格有 1mm、1.5mm、2mm、2.5mm、3mm、6mm、8mm、10mm、12mm、16mm、20mm、25mm、30mm、40mm、50mm、60mm、70mm、80mm、90mm、100mm 等。

---

② 优质碳素结构钢　常经热处理后使用，其牌号通常由五部分组成。

第一部分：以两位阿拉伯数字表示平均碳含量（以万分之几计）。例如 45 钢，表示该钢的平均碳含量为 0.45% 左右。常用的优质碳素结构钢有 10 钢、20 钢、45 钢和 65 钢。10 钢、20 钢属低碳钢，45 钢属中碳钢，65 钢属高碳钢。

第二部分（必要时）：较高锰含量的优质碳素结构钢，加锰元素符号 Mn。

第三部分（必要时）：钢材冶金质量，即高级优质钢、特级优质钢，分别以 A、E 表示，优质钢不用字母表示。

第四部分（必要时）：脱氧方式，即沸腾钢、半镇静钢、镇静钢，分别以 F、b、Z 表示。镇静钢符号通常可以省略。

第五部分（必要时）：产品用途、特性或工艺方法，可参见 GB/T 221—2008。

优质碳素结构钢的牌号示例见表 2-1。

表 2-1　优质碳素结构钢的牌号示例

产品名称	第一部分	第二部分	第三部分	第四部分	第五部分	牌号示例
优质碳素结构钢	碳含量 0.05%～0.11%	锰含量 0.25%～0.50%	优质钢	沸腾钢	—	08F
优质碳素结构钢	碳含量 0.47%～0.55%	锰含量 0.50%～0.80%	高级优质钢	镇静钢	—	50A
优质碳素结构钢	碳含量 0.48%～0.56%	锰含量 0.70%～1.00%	特级优质钢	镇静钢	—	50MnE
保证淬透性用钢	碳含量 0.42%～0.50%	锰含量 0.50%～0.85%	高级优质钢	镇静钢	保证淬透性钢 表示符号 H	45AH
优质碳素弹簧钢	碳含量 0.62%～0.70%	锰含量 0.90%～1.20%	优质钢	镇静钢	—	65Mn

重点提示

45 钢是常用的优质碳素结构钢，供货形式可以是圆钢、管材，也可以是板材，钢材市场上常见的圆钢的直径规格有 $\phi5mm$、$\phi6mm$、$\phi8mm$、$\phi10mm$、$\phi12mm$、$\phi16mm$、$\phi20mm$、$\phi25mm$、$\phi30mm$、$\phi35mm$、……、$\phi95mm$、$\phi100mm$、$\phi110mm$、$\phi120mm$、……、$\phi290mm$、$\phi300mm$ 等。

③ 碳素工具钢　主要用于制造各种工具、量具、模具等，其牌号通常由四部分组成：

第一部分：碳素工具钢表示符号 T。

第二部分：阿拉伯数字表示平均碳含量（以千分之几计）。

第三部分（必要时）：较高锰含量碳素工具钢，加锰元素符号 Mn。

第四部分（必要时）：钢材冶金质量，即高级优质碳素工具钢以 A 表示，优质钢不用字母表示。

例如 T8A 钢，表示碳含量为 0.8% 的高级优质碳素工具钢；T12 表示碳含量为 1.2% 的碳素工具钢。常用的碳素工具钢有 T8A、T10A、T12A 等。

该类钢的碳含量较高，强度和硬度高，耐磨性好，经热处理后使用。常用于要求高强度、高耐磨性的零件和工具（如锉刀、锯条、简单小型冲模）等。

重点提示

T10A 是常用的高级优质碳素工具钢，供货形式一般为圆钢。

（2）合金钢

合金钢是在碳素钢的基础上再加入其他合金元素形成的钢。合金元素的加入是为了改善与提高钢的力学性能和获得某些特殊性能（如耐蚀性）。常用的合金元素有 Mn、Cr、Ni、

Si、W、Mo、Ti 等。

按加入的合金元素含量多少可分为低合金钢（合金元素总含量＜5%）、中合金钢（合金元素总含量 5%～10%）和高合金钢（合金元素总含量＞10%）。工业上按合金钢的用途分为合金结构钢、合金工具钢和特殊性能钢。

① 合金结构钢　用来制造各种重要的机械零件，其牌号通常由四部分组成。

第一部分：以两位阿拉伯数字表示平均碳含量（以万分之几计）。

第二部分：合金元素含量，以化学元素符号及阿拉伯数字表示。具体表示方法为：平均含量小于 1.50% 时，牌号中仅标明元素，一般不标明含量；平均含量为 1.50%～2.49%、2.50%～3.49%、3.50%～4.49%、4.50%～5.49% 等时，在合金元素后相应写成 2、3、4、5 等。

化学元素符号的排列顺序推荐按含量值递减排列。如果两个或多个元素的含量相等时，相应符号位置按英文字母的顺序排列。

第三部分：钢材冶金质量，即高级优质钢、特级优质钢，分别以 A、E 表示，优质钢不用字母表示。

第四部分（必要时）：产品用途、特性或工艺方法，可参见 GB/T 221—2008。

合金结构钢的牌号示例见表 2-2。

表 2-2　合金结构钢的牌号示例

产品名称	第一部分	第二部分	第三部分	第四部分	牌号示例
合金结构钢	碳含量 0.22%～0.29%	铬含量 1.50%～1.80%、钼含量 0.25%～0.35%、钒含量 0.15%～0.30%	高级优质钢	—	25Cr2MoVA
锅炉和压力容器用钢	碳含量 ≤0.22%	锰含量 1.20%～1.60%、钼含量 0.45%～0.65%、铌含量 0.025%～0.050%	特级优质钢	锅炉和压力容器用钢表示符号 R	18MnMoNbER
优质弹簧钢	碳含量 0.56%～0.64%	硅含量 1.60%～2.00%、锰含量 0.70%～1.00%	优质钢	—	60Si2Mn

---

重点提示

40Cr 是常用的合金结构钢，供货形式一般为圆钢。

弹簧钢用来生产各种板簧和螺旋弹簧或类似零件（如轧辊等）。弹簧是一种能产生大量弹性变形的结构零件，通过弹簧的弹性变形，可以吸收冲击能量、缓和冲击和振动，因此对弹簧钢要求必须有高的强度，特别是高的屈服强度和疲劳强度；不易脱碳，具有良好的表面质量，具有一定的淬透性和良好的工艺性能。有的弹簧还要求耐热、耐腐蚀等。因此弹簧钢碳含量较高。

65、70、75、80 等碳素弹簧钢淬透性能较差，多用于直径或厚度小于 12mm 的弹簧；65Mn 淬透性能较好，可用于制造截面尺寸为 15～20mm 的弹簧，应用广泛。尺寸较大，用热轧成形法制造的弹簧大多采用 55Si2Mn、60Si2Mn，如铁道车厢及汽车、拖拉机上的钢板弹簧和螺旋弹簧等。

② 合金工具钢　为克服碳素工具钢淬透性低的弱点，提高耐磨性，在保持较高碳含量的前提下，钢中加入 Si、Mn、Cr、W、Mo、V 等，以提高合金工具钢的淬透性，广泛用于

有性能要求的刀具、模具和量具等，其牌号通常由两部分组成。

第一部分：平均碳含量小于 1.00% 时，采用一位数字表示碳含量（以千分之几计）；平均碳含量不小于 1.00% 时，不标明碳含量数字。

第二部分：合金元素含量，以化学元素符号及阿拉伯数字表示，表示方法同合金结构钢第二部分。

低铬（平均铬含量小于 1%）合金工具钢，在铬含量（以千分之几计）前加数字 0。

合金工具钢的牌号示例如下。

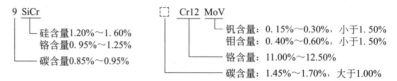

合金工具钢按用途分为量具刃具钢、耐冲击工具钢、冷作模具钢、热作模具钢、塑料模具钢等。合金工具钢常用的牌号有 9SiCr、Cr12、5CrMnMo、5CrNiMo 等。

③ 高速工具钢　是一种具有高硬度、高耐磨性和高耐热性的工具钢，又称高速钢或锋钢，俗称白钢。

高速工具钢是为了满足切削过程中刀具线速度达 80m/min，刀刃温度高达 600℃，刀具硬度高于 60HRC 的要求，在高碳钢中加入大量 W、Mo、Cr、V 等合金元素，W 和 Mo 可提高钢的红硬性。

高速工具钢牌号表示方法与合金结构钢相同，但在牌号头部一般不标明表示碳含量的阿拉伯数字。为了区别牌号，在牌号头部可以加 C 表示高碳高速工具钢。高速工具钢的牌号示例见表 2-3。

表 2-3　高速工具钢的牌号示例

产品名称	第一部分	第二部分	第三部分	第四部分	牌号示例
高速 工具钢	碳含量 0.80%～0.90%	钨含量 5.50%～6.75% 钼含量 4.50%～5.50% 铬含量 3.80%～4.40% 钒含量 1.75%～2.20%	—	—	W6Mo5Cr4V2
高速 工具钢	碳含量 0.86%～0.94%	钨含量 5.90%～6.70% 钼含量 4.70%～5.20% 铬含量 3.80%～4.50% 钒含量 1.75%～2.10%	—	—	CW6Mo5Cr4V2

W18Cr4V 是常用的高速钢，其碳含量为 0.7%～0.8%，用来制造各种刀具，如车刀、铣刀、铰刀、钻头等。但由于碳化物偏析严重、热塑性低等，限制了进一步使用。W6Mo5Cr4V2 是以 Mo 代 W 的 Mo 系高速钢，其碳化物分布均匀，热塑性好，价格便宜（我国钼储量和产量高），只是红硬性稍低。

④ 不锈钢　是特殊性能钢的一种，特殊性能钢是指具有特殊物理和化学性能的合金钢，包括不锈钢和耐热钢。

不锈钢以其良好的耐腐蚀性能而得名，其主要合金成分为铬和镍。铬有很高的化学稳定性，在氧化性介质中能生成致密坚韧的氧化膜；另外，当铬含量超过 11.7% 时，能使合金的电极电位明显提高，从而有效阻止合金的进一步氧化。镍也是抗氧化元素，在铬钢中加入镍，可提高合金在非氧化性介质中的耐腐蚀性能。当铬、镍含量一定时，钢中碳含量愈低，其耐腐蚀性能就愈好。

根据 GB/T 221—2008，不锈钢牌号采用规定的化学元素符号和表示各元素含量的阿拉伯数字表示，具体如下。

a. 碳含量　用两位或三位阿拉伯数字表示碳含量最佳控制值（以万分之几或十万分之几计）。

只规定碳含量上限者，当碳含量上限不大于 0.10% 时，以其上限的 3/4 表示碳含量；当碳含量上限大于 0.10% 时，以其上限的 4/5 表示碳含量。

例如：碳含量上限为 0.08%，碳含量以 06 表示；碳含量上限为 0.20%。碳含量以 16 表示；碳含量上限为 0.15%，碳含量以 12 表示。

对超低碳不锈钢（即碳含量不大于 0.030%），用三位阿拉伯数字表示碳含量最佳控制值（以十万分之几计）。

例如：碳含量上限为 0.030% 时，其牌号中的碳含量以 022 表示；碳含量上限为 0.020% 时，其牌号中的碳含量以 015 表示。

规定上、下限者，以平均碳含量×100 表示。

例如：碳含量为 0.16%～0.25% 时，其牌号中的碳含量以 20 表示。

b. 合金元素含量　以化学元素符号及阿拉伯数字表示，表示方法同合金结构钢第二部分。钢中有意加入的铌、钛、锆、氮等合金元素，虽然含量很低，也应在牌号中标出。

例如：碳含量不大于 0.08%，铬含量为 18.00%～20.00%，镍含量为 8.00%～11.00% 的不锈钢，牌号为 06Cr19Ni10；碳含量不大于 0.030%，铬含量为 16.00%～19.00%，钛含量为 0.10%～1.00% 的不锈钢，牌号为 022Cr18Ti。

0Cr18Ni9（SUS304）作为不锈钢、耐热钢使用最广泛，用于食品机械、一般化工设备、原子能用工业设备等，无磁性，有良好的低温性能，0Cr18Ni9 薄截面焊接件具有足够的耐晶间腐蚀能力，在氧化性酸中具有优良的耐蚀性，在碱溶液和大部分有机酸和无机酸中以及大气、水、蒸汽中耐蚀性亦佳。0Cr18Ni9 在最新标准中为 06Cr19Ni10，其主要化学成分为碳含量≤0.08%，铬含量 17.00%～20.00%，镍含量 8.00%～10.50%。

1Cr18Ni9Ti（SUS321）是另一种广泛使用的不锈钢，其组织类别为奥氏体型。1Cr18Ni9Ti 中 1、18、9 分别代表碳（‰）、铬（%）、镍（%）的含量，分别为碳含量≤0.12%，铬含量 17.00%～19.00%，镍含量 8.00%～11.00%，钢中的钛含量为 5×（C－0.02）%～0.80%，用于制作耐酸容器及设备衬里、抗磁仪表、医疗器械，具有较好耐晶间腐蚀性。

1Cr18Ni9Ti 是落后的不锈钢生产工艺的产品代表，随着世界各国不锈钢生产工艺的改进，已成为淘汰产品。目前在我国有些场合仍然保留，但属于不推荐钢种。需要用 1Cr18Ni9Ti 者，可以改为 06Cr18Ni11Ti（旧牌号 0Cr18Ni10Ti）。

──────────────── 重点提示 ────────────────

1Cr18Ni9Ti 和 0Cr18Ni9 两种不锈钢的化学成分不是按 GB/T 221—2008 中不锈钢的牌号计算的，而是按旧的国家标准中不锈钢的牌号计算的。

1Cr18Ni9Ti 的供货形式可以是板材，也可以是圆钢。

0Cr18Ni9 的供货形式一般为板材，且多为薄板，常用规格有 0.5mm、0.8mm、1.0mm、1.2mm、1.5mm、2mm、2.5mm、3mm 等。

──

⑤ 轴承钢　主要用来制造滚动轴承内、外套圈及滚珠、滚柱、保持架等，在量具、冷

作模具、低合金刀具、柴油机高压油泵件等方面也有广泛应用。

轴承钢分为高碳铬轴承钢、渗碳轴承钢、高碳铬不锈轴承钢和高温轴承钢四大类。

高碳铬轴承钢牌号通常由两部分组成。

第一部分：（滚珠）轴承钢表示符号 G，但不标明碳含量。

第二部分：合金元素 Cr 符号及其含量（以千分之几计）。其他合金元素含量，以化学元素符号及阿拉伯数字表示，按合金结构钢的合金含量表示方法。

例如：平均铬含量为 1.50％的轴承钢，其牌号表示为 GCr15，是常用的轴承钢牌号。

渗碳轴承钢，在牌号头部加符号 G，采用合金结构钢的牌号表示方法。高级优质渗碳轴承钢，在牌号尾部加 A。

高碳铬不锈轴承钢和高温轴承钢，在牌号头部加符号 G，采用不锈钢和耐热钢的牌号表示方法。

（3）电工钢

电工钢也称硅钢片，是一种碳含量极低的硅铁软磁合金，也是产量最大的金属功能材料，一般硅含量为 0.5％～4.5％。加入硅可提高铁的电阻率和最大磁导率，降低矫顽力、铁芯损耗（铁损）和磁时效。主要用来制作各种变压器、电动机和发电机的铁芯。

硅钢片的生产工艺复杂，制造技术严格，国外的生产技术都以专利形式加以保护。电工钢板的制造技术和产品质量是衡量一个国家特殊钢生产和科技发展水平的重要标志之一。

对硅钢性能的要求主要有以下几点。

① 铁损低，这是硅钢片质量的最重要指标。各国都根据铁损值划分牌号，铁损愈低，牌号愈高。

② 较强磁场下磁感应强度（磁感）高，这使电机和变压器的铁芯体积与重量减小，节约硅钢片、铜线和绝缘材料等。

③ 表面光滑、平整和厚度均匀，可提高铁芯的填充系数。

④ 冲片性好，对制造微型、小型电机更为重要。

⑤ 表面绝缘膜的附着性和焊接性良好，能防蚀和改善冲片性。

⑥ 基本无磁时效。

硅钢片一般随硅含量提高，铁损、冲片性和磁感降低，硬度增高。工作频率愈高，涡流损耗愈大，选用的硅钢片应愈薄。

根据 GB/T 2521，硅钢片材料的牌号按照下述内容顺序组成。

① 以 mm 为单位，材料公称厚度的 100 倍。

② 字符特征：Q 为普通级取向电工钢；QG 为高磁导率级取向电工钢；W 为无取向电工钢。

③ 取向电工钢，磁极化强度在 1.7T 和频率在 50Hz，以 W/kg 为单位及相应厚度产品的最大比总耗值（即铁损保证值）的 100 倍。

④ 无取向电工钢，磁极化强度在 1.5T 和频率在 50Hz，以 W/kg 为单位及相应厚度产品的最大比总耗值的 100 倍。

例如：30Q130 表示公称厚度为 0.3mm，比总耗 P1.7/50 为 1.30W/kg 的普通级取向电工钢；30QG110 表示公称厚度为 0.3mm，比总耗 P1.7/50 为 1.10W/kg 的高磁导率级取向电工钢；50W400 表示公称厚度为 0.5mm，比总耗 P1.5/50 为 4.0W/kg 的无取向电工钢。

电工钢作为一种专用钢，许多关键指标也会直接体现在牌号中，行业中，电工钢牌号的命名除包含上述三个指标，即厚度、类型、铁损外，还有一个指标——涂层。

涂层：代表电工钢表面绝缘涂层的类型，如半有机薄涂层、自粘接涂层等。

重点提示

有的钢厂会采用企业标准，在牌号的不同位置加上钢厂代码（宝钢 B、马钢 M、武钢 W 等），在牌号的后面标有涂层代号。

例如牌号 M50W1300M11 中，M 表示马钢；50 表示厚度 0.5mm；W 表示无取向电工钢；1300 表示铁损保证值的 100 倍；M11 表示半有机薄涂层。

2.1.3 铸铁的牌号及用途

铸铁的碳含量大于 2.11%（常用 2.5%～4%），其杂质远大于钢。铸铁的组织中有石墨存在，石墨的强度近于零，因此石墨存在相当于钢的基体上存在裂缝或空洞，使铸铁的性能比钢低，特别是抗拉强度和塑性低，不能进行锻压加工，但其硬度和抗压强度较好，所以铸铁主要用于承受压力的零件。

大部分机械设备的箱体、壳体、机座、支架和受力不大的零件多用铸铁制造。某些承受冲击不大的重要零件，如小型柴油机的曲轴，多用球墨铸铁制造。其原因是铸铁价廉，切削性能和铸造性能优良，有利于节约材料，减少机械加工工时，且有必要的强度和某些优良性能，如高的耐磨性、吸振性和低的缺口敏感性等。

（1）铸铁的分类

按照石墨的形状特征，铸铁可分为灰（口）铸铁（石墨成片状）、球墨铸铁（石墨成球状）和可锻铸铁（石墨成团絮状）三大类。

按照铸铁成分中是否含有合金元素，可分为一般铸铁和合金铸铁两大类。一般铸铁可分为普通铸铁和变质（孕育）铸铁。

（2）铸铁牌号的表示方法

根据 GB/T 5612—2008《铸铁牌号表示方法》，铸铁牌号的表示方法有两种：一种是以化学成分表示铸铁的牌号；另一种是以力学性能表示铸铁的牌号。机械工业中常用的铸铁牌号几乎都以力学性能表示，其表示方法如下。

① 铸铁基本代号由表示该铸铁特征的汉语拼音首字母组成，当两种铸铁名称的代号字母相同时，可在大写正体字母后加小写正体字母来区别。灰（口）铸铁的代号为 HT，球墨铸铁的代号为 QT，可锻铸铁的代号为 KT。

② 在牌号中一般不标注常规元素 C、Si、Mn、S 和 P 的符号，当它们有特殊作用时才标注其元素符号和含量。

③ 当以力学性能表示铸铁的牌号时，力学性能排列在铸铁代号之后。当牌号中有合金元素符号时，抗拉强度值排列于元素符号及含量之后，其间用"-"隔开。

④ 牌号中代号后面有一组数字时，该组数字表示抗拉强度值，单位为 MPa［如灰（口）铸铁 HT200］；当有两组数字时，第一组数字表示抗拉强度值，单位为 MPa，第二组数字表示伸长率值，单位为%，两组数字之间用"-"隔开（如球墨铸铁 QT400-18）。

（3）工程中常用铸铁的性能和特点

① 灰（口）铸铁 石墨以片状形态存在的铸铁称为灰（口）铸铁。由于片状石墨尖端的应力集中现象，使灰（口）铸铁的抗拉强度及塑性低。灰（口）铸铁的牌号为 HT 后加

三位数字。常用的灰（口）铸铁有 HT200、HT250 和 HT300 等。灰（口）铸铁的基体可以是铁素体、珠光体或铁素体加珠光体，相当于钢的组织。

② 球墨铸铁　石墨以球状形态存在的铸铁称为球墨铸铁。由于球状石墨的应力集中影响小，故球墨铸铁的性能好。球墨铸铁的综合力学性能接近于钢。可用球墨铸铁代替钢制造某些重要零件，如曲轴、连杆和凸轮轴等。球墨铸铁的牌号为 QT＋两组数字，常用的球墨铸铁有 QT450-10、QT600-3。

③ 蠕墨铸铁　其强度接近于球墨铸铁，并具有一定的韧性和较高的耐磨性，同时又有灰（口）铸铁良好的铸造性和导热性。蠕墨铸铁在生产中主要用于生产气缸盖、气缸套、钢锭模和液压阀等铸件。

④ 可锻铸铁　石墨以团絮状的形态存在的铸铁称为可锻铸铁。由于团絮状石墨对应力集中影响较小，故可锻铸铁的力学性能较灰（口）铸铁高。可锻铸铁的牌号由三个汉语拼音字母和两组数字组成，常用的可锻铸铁有 KTH300-06（黑心可锻铸铁）、KTZ550-04（珠光体可锻铸铁）。可锻铸铁可以部分代替碳钢。

⑤ 耐磨铸铁　是在磨粒磨损条件下工作的铸铁，应具有高而均匀的硬度。

⑥ 耐热铸铁　是在高温下工作的铸件，如炉底板、换热器、坩埚、热处理炉内的运输链条等。

⑦ 耐蚀铸铁　主要用于化工部件，如阀门、管道、泵、容器等。

2.1.4　有色金属及其合金

（1）铝及铝合金

铝是一种轻金属，密度小，具有良好的强度和塑性，铝的导电性仅次于银和铜，用于制造各种导线。铝具有良好的导热性，可用作各种散热材料。铝还具有良好的耐腐蚀性能和较好的塑性，适合于各种压力加工。在纯铝中加入硅、铜、镁、锌、锰等合金元素形成铝合金，与纯铝相比，铝合金具有高的比强度（强度与密度之比）和其他优良的性能。超硬铝合金的强度可达 600MPa，普通硬铝合金的抗拉强度可达 200～450MPa，在机械制造中运用广泛。

铝合金按加工方法可分为变形铝合金和铸造铝合金。变形铝合金按其成分和性能特征分为防锈铝、硬铝、超硬铝和锻铝。其中防锈铝合金属于不能热处理强化的变形铝合金，只能通过冷加工变形来实现强化。另外三种属于能热处理强化的变形铝合金，可以通过淬火和时效等热处理手段来提高力学性能。

铸造铝合金按化学成分可分为铝硅合金、铝铜合金、铝镁合金和铝锌合金。

① 工业纯铝　分冶炼品和压力加工品两类，其代号前者以化学成分 Al 表示，后者用"铝"的汉语拼音首字母 L 表示，如 L1、L2、L3，其后的数字表示序号，序号数字愈大，纯度愈低，纯铝的导电、导热性随其纯度的降低而变差，所以纯度是纯铝的重要指标。纯铝的牌号用四位数字体系表示，如代号 L1、L2、L3 所对应的牌号分别为 1070、1060、1050。

② 变形铝合金　GB 3190—82 旧国家标准中，变形铝合金的代号用"铝"和合金类别的汉语拼音首字母及合金顺序号表示，例如 LF21 表示为 21 号防锈铝合金，LY12 表示为 12 号硬铝合金。

GB/T 16474—2011 新国家标准中，变形铝合金的牌号采用国际四位数字体系和四位字符体系。四位字符分别用 2XXX～8XXX 表示，其编号原则如下。

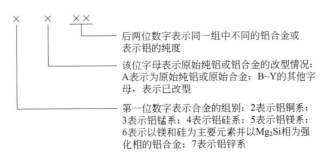

后两位数字表示同一组中不同的铝合金或表示铝的纯度

该位字母表示原始纯铝或铝合金的改型情况：A表示为原始纯铝或原始合金；B~Y的其他字母，表示已改型

第一位数字表示合金的组别：2表示铝铜系；3表示铝锰系；4表示铝硅系；5表示铝镁系；6表示以镁和硅为主要元素并以Mg_2Si相为强化相的铝合金；7表示铝锌系

常用铝合金材料的状态有退火状态（O）、加工硬化状态（H）、自由加工状态（F）、固溶处理状态（M）、热处理状态（T）五种。

③ 铝材　铝和铝合金加工成一定形状的材料统称铝材，常用的有板材、棒材和型材等。

重点提示

　　铝合金是工业设备上常用的一种零件毛坯材料，常用的牌号有 2A12、6061 等，旧牌号为 LY12、LD30，市场上常见的供货形式有铝棒、铝板和各种截面形状的型材。

---

④ 铸造铝合金　主要有 Al-Si 系、Al-Cu 系、Al-Mg 系、Al-Zn 系四个系列。

铸造铝合金的代号用 ZL（"铸铝"的汉语拼音首字母）加三位数字表示。在三位数字中，第一位数字表示合金类别（1 为 Al-Si 系，2 为 Al-Cu 系，3 为 Al-Mg 系，4 为 Al-Zn 系），第二、第三位表示顺序号。

铸造铝合金的牌号用 Z＋基本元素（铝元素）符号＋主要添加合金元素符号＋主要添加合金元素的百分含量表示。优质合金在牌号后面标注 A，压铸合金在牌号前面冠以字母 YL。例如 ZAlSi12 表示硅含量 12％、余量为铝的铸造铝合金。

（2）铜及铜合金

① 纯铜　是一种紫红色的金属，塑性很好，导热、导电性非常好，仅次于银。铜在海水和空气中有良好的耐蚀性，不易氧化。

纯铜的牌号用汉语拼音字母 T 加顺序号表示。有 T1、T2、T3、T4 几种牌号，其纯度随顺序号的增加而降低。纯铜的强度不高（220～250MPa），很少直接用作结构零件，主要用来制造电线和电缆。

② 黄铜　以锌作为主要合金元素的铜合金称为黄铜。黄铜又分为普通黄铜和特殊黄铜。普通黄铜是只含有锌的铜锌合金。除了锌之外还含有其他合金元素的黄铜称为特殊黄铜，如锡黄铜、铝黄铜和铁黄铜等。

黄铜的牌号用汉语拼音字母 H 表示，后面的数字表示铜的含量，其余是锌。如有其他合金元素，则应写上除锌外主要的合金元素符号及含量。黄铜具有良好的工艺性能、力学性能、耐蚀性、导电和导热性，价格便宜、色泽美丽。

重点提示

　　H62 是常用的一种黄铜，平均铜含量为 62％，市场上常见的供货形式有圆棒料、六角铜棒和板材。

---

③ 白铜　含有镍和钴的铜合金称为白铜。白铜的牌号用汉语拼音字母 B 表示，后面的数字表示镍和钴的含量，其余是铜。如有其他合金元素时，则应注明合金元素符号及含量。

④ 青铜　除黄铜和白铜以外的铜合金均称为青铜，如锡青铜、铝青铜、铍青铜和硅青铜等。青铜的牌号用汉语拼音字母 Q 表示，后面注明主要的合金元素符号及其含量。青铜广泛用于机器制造业和飞机制造业中，用以制造受力、耐腐蚀零件以及弹性元件和耐摩擦零件等。

（3）镍及其合金

镍及镍合金是化学、石油、有色金属冶炼等行业高温、高压、高浓度或混有不纯物等各种苛刻腐蚀环境下比较理想的金属材料。

（4）钛及其合金

钛熔点高，热胀系数小，导热性差，强度低，塑性好。钛具有优良的耐蚀性和耐热性，其抗氧化能力优于大多数奥氏体不锈钢，而在较高温度下钛材仍能保持较高的强度。常温下钛具有极好的耐蚀性，在大气、海水、硝酸和碱溶液等介质中十分稳定，但在任何浓度的氢氟酸中会迅速溶解。

（5）铅及其合金

铅在大气、淡水、海水中很稳定，铅对硫酸、磷酸、亚硫酸、铬酸和氢氟酸等有良好的耐蚀性。铅不耐硝酸的腐蚀，在盐酸中也不稳定。

（6）镁及其合金

镁合金是航空工业的重要结构材料，它能承受较大的冲击、振动载荷，并有良好的机械加工性能和抛光性能。其缺点是耐蚀性较差、缺口敏感性大及熔铸工艺复杂。

2.1.5　常用工程塑料

工程塑料是一类以合成树脂为主要成分，在一定温度、压力条件下经塑制成型，并在常温下能保持形状不变的高分子工程材料。常用工程塑料的主要特性及应用见表 2-4。

表 2-4　常用工程塑料的主要特性及应用

类别	名称	主要特性	应用举例
热塑性塑料	聚苯乙烯	透明,高频绝缘性优,质脆,不耐有机溶剂	高频绝缘件、透明件如仪表外壳
	ABS 塑料	刚韧,绝缘性好,易于电镀和涂漆	一般构件及耐磨件、汽车车身、冰箱内衬、凸轮
	聚酰胺(尼龙)	坚韧,耐磨性、耐疲劳性优,成型收缩率大	耐磨传动件(如齿轮、蜗轮)、密封圈、尼龙纤维布
	聚甲醛	耐疲劳性、耐磨性优,耐蚀性好,易燃	耐磨传动件(如无润滑轴承)、凸轮、运输带
	聚碳酸酯	冲击韧度好,透明,绝缘性好,热稳定性好,不耐磨	受冲击零件(如座舱罩、面盔、防弹玻璃)、高压绝缘件
	聚砜	耐热性、抗蠕变性突出,绝缘性、韧性好,加工成型性不好	印制集成线路板、精密齿轮
	聚四氟乙烯(特氟隆)	耐高低温、耐蚀性、电绝缘性优异,摩擦因数极小,力学性能和加工性能较差	热交换器、化工零件、绝缘材料
	聚甲基丙烯酸甲酯(有机玻璃)	透明,抗老化,表面硬度低,易擦伤,耐热性差	显示器屏幕、光学镜片

类别	名称	主要特性	应用举例
热固性塑料	酚醛塑料	绝缘性、耐热性好;刚度高;性脆	电器开关、复合材料
	环氧塑料	强度高,性能稳定,有毒性,耐热性、耐蚀性、绝缘性好	塑料模具、量具及灌封电子元件等
	有机硅塑料	优良的电绝缘性,高频绝缘性好,耐热,可在100~200℃以下长期使用,防潮性强,耐辐射、耐臭氧、耐低温	浇注料:电气、电子元件及线圈灌封与固定 塑料粉:耐热件、绝缘件
	聚氨酯塑料	柔韧、耐油、耐磨、易于成型、耐氧、耐臭氧、耐辐射及许多化学药品。泡沫聚氨酯有优良的弹性及隔热性	用于密封件、传动带;泡沫聚氨酯用于隔热、隔声及吸振材料

工程塑料的主要成分是合成树脂,此外还包括增强材料、增塑剂、固化剂、润滑剂、稳定剂、着色剂、阻燃剂等各种添加剂。树脂在一定的温度、压力下可软化并塑制成型,它决定了工程塑料的基本属性,并起到黏结剂的作用。

工程塑料具有一定的耐热、耐寒及良好的力学、电气、化学等综合性能,可以替代非铁金属及其合金,作为结构材料制造机器零件或工程结构。工程塑料以其质轻、耐蚀、电绝缘,具有良好的耐磨和减摩性,良好的成型工艺性等特性以及有丰富的资源而成为应用广泛的高分子材料,在工农业、交通运输业、国防工业及日常生活中均得到广泛应用。

工程塑料的不足之处是强度、硬度较低,耐热性差,易老化、易蠕变等。

2.1.6 永磁材料

磁性材料可分为硬磁材料和软磁材料,其中硬磁材料指材料在外磁场中磁化到饱和,而在去掉外磁场后,仍然能够保持高剩磁,并提供稳定磁场的磁性材料,也称永磁材料。利用此特性,永磁材料大规模应用于能源、通信、交通、计算机、医疗器械等诸多行业。永磁材料分为铝镍钴系永磁合金、铁铬钴系永磁合金、铁氧体永磁材料、稀土永磁材料和复合永磁材料等。常用的有铁氧体永磁材料和钕铁硼稀土永磁材料。

(1) 铁氧体永磁材料

铁氧体永磁材料一般可分为烧结铁氧体永磁材料和黏结铁氧体永磁材料,各类又可根据其性能分为同性材料和异性材料。烧结铁氧体永磁材料的牌号主要有Y8T、Y22H、Y25、Y26H-1、Y26H-2、Y27H、Y28、Y28H-1、Y28H-2、Y30H-1、Y30H-2、Y32H-1、Y32H-2、Y33H、Y32~Y36、Y38、Y40。黏结铁氧体永磁材料的牌号主要有YN1T、YN4H、YN4TH、YN6T、YN10、YN10H、YN11、YN12、YN13H、YN18。

根据SJ/T 10410—2002《永磁铁氧体材料》,铁氧体永磁材料的牌号构成含义举例如下。

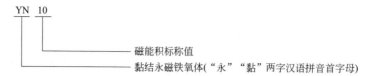

铁氧体永磁材料主要有钡铁氧体和锶铁氧体，其电阻率高、矫顽力大，能有效地应用在大气隙磁路中，特别适于作小型发电机和电动机的永磁体。铁氧体永磁材料不含贵金属镍、钴等，原材料来源丰富，工艺简单，成本低，可代替铝镍钴永磁体制造磁分离器、磁推轴承、扬声器、微波器件等。但其最大磁能积较低（磁能积是衡量磁体储能多少的重要参数），温度稳定性差，质地较脆、易碎，不耐冲击和振动，不宜制作测量仪表及有精密要求的磁性器件。

（2）钕铁硼稀土永磁材料

钕铁硼稀土永磁材料的磁能积是铁氧体永磁材料的5～12倍，它的矫顽力相当于铁氧体永磁材料的5～10倍，其潜在的磁性能极高，能吸起相当于自身重量640倍的重物。

钕铁硼稀土永磁材料按生产工艺不同分为以下三种。

① 烧结钕铁硼永磁体 经气流磨制成粉末后冶炼而成，矫顽力值很高，且拥有极高的磁性能，其最大磁能积比铁氧体高10倍以上。其本身的力学性能也相当好，可以切割加工成不同的形状。

烧结钕铁硼永磁体容易锈蚀，根据不同要求必须对表面进行不同的涂层处理。烧结钕铁硼永磁体硬和脆，有高抗退磁性，最高工作温度不高于200℃。

② 黏结钕铁硼永磁体 是将钕铁硼粉末与树脂、塑胶或低熔点金属等黏结剂均匀混合，然后用压缩、挤压或注射成型等方法制成的复合型钕铁硼永磁体。产品一次成型，无需二次加工，可直接制成各种复杂的形状。黏结钕铁硼永磁体的各个方向都有磁性，可以加工成钕铁硼压缩模具和注塑模具。其精密度高、磁性能极佳、耐蚀性好、温度稳定性好。

③ 注塑钕铁硼永磁体 有极高的精确度，容易制成各向异性形状复杂的薄壁环或薄磁体。

钕铁硼永磁材料牌号主要有N35、N38、N40、N45、N48、N52，30M～50M，30H～48H，28SH～45SH，28UH～42UH，28EH～38EH，30TH～35TH 等。

根据钕铁硼永磁材料的主导企业和行业标准，钕铁硼永磁材料的牌号由主称和两种磁特性三部分构成，第一部分为主称（钕元素的化学元素符号Nd，简化为N），第二部分的数字是磁能积的额定值，第三部分的字母表示品种。

根据 GB/T 13560—2017《烧结钕铁硼永磁材料》，烧结钕铁硼永磁材料分为低矫顽力N、中等矫顽力M、高矫顽力H、特高矫顽力SH、超高矫顽力UH、极高矫顽力EH、至高矫顽力TH 七种，对应的最高使用温度见表2-5。

表 2-5 不同品种烧结钕铁硼永磁材料的最高使用温度

品种	最高使用温度/℃
N	≤80
M	≤100
H	≤120
SH	≤150
UH	≤180
EH	≤200
TH	≤230

注：低矫顽力 N 通常省略不标。

牌号举例：N35H 表示磁能积为 35MGOe 左右，最高工作温度为 120℃的钕铁硼永磁材料。

重点提示

永磁材料的牌号，不管是铁氧体永磁材料，还是稀土永磁材料，行业上都没有严格采用国家标准，而是采用了比较简洁的企业标准或行业标准，订货时要加以注意。

永磁材料的牌号越高，它的磁性能就越好。

2.2 常规机械加工工艺

2.2.1 金属材料成形方法

（1）铸造成形

将液态金属浇注到与零件形状、尺寸相适应的铸型型腔中，待其冷却凝固后，获得一定形状的毛坯或零件的方法，称为铸造。用于铸造的金属统称为铸造合金。铸造是生产机器零件毛坯的主要方法之一，其实质是液态金属逐步冷却凝固而成形，故也称金属液态成形。

铸件一般是作为金属零件的毛坯，需要经过机械加工后才能制成零件。但有时铸件也可不经加工而直接作为零件使用，如特种铸造方法生产出的某些铸件。

铸造方法是最常用的毛坯生产手段之一，主要用于大批量生产的基础件零件毛坯，以及箱体、机体、夹具底座等的零件毛坯，广泛应用于机器制造业中，现代各种类型的机器设备中，铸件占有很大的比重。

铸造按生产方法不同，可分为砂型铸造和特种铸造。砂型铸造具有适应性强、生产准备简单等优点，是目前最主要的铸造方法。此外，还有许多特种铸造方法，如熔模铸造、金属型铸造、压力铸造、低压铸造、离心铸造、消失模铸造等，广泛用于某些特定领域。

重点提示

采用铸造工艺生产零件毛坯时，要根据铸件的结构、使用要求和材质等，考虑铸件的铸造方式以及分型等铸造结构，铸造模具的制造成本、周期，以及铸件的交付状态等。

（2）锻压成形

锻压是锻造与冲压的总称，隶属于压力加工范畴。

① 锻造　是在加工设备及工（模）具的作用下，通过金属体积的转移和分配，使坯料产生局部或全部的塑性变形，以获得具有一定形状、尺寸和质量的锻件的加工方法。

按所用设备和工（模）具的不同，锻造可分为自由锻造、胎模锻造和模型锻造等。根据锻造温度不同，锻造可分为热锻、温锻和冷锻三种。其中热锻应用最为广泛。

经过锻造成形后的锻件，其内部组织得到改善，如气孔、疏松、微裂纹被压合，夹杂物被压碎，组织更为致密，从而使力学性能得到提高，因此通常作为承受重载或冲击载荷的零件，如齿轮、机床主轴、曲轴、发动机涡轮盘、叶片、飞机起落架、起重机吊钩等都是以锻件为毛坯加工的。

用于锻造的金属必须具有良好的塑性，以便在锻造时获得所需的形状而不破裂。常用锻压材料有各种钢、铜及其合金、铝及其合金、钛及其合金等。金属的塑性越好，变形抗力越小，其可锻性越好，因此，塑性较好的材料才能用于生产锻件。低碳钢、中碳钢具有良好的塑性，是生产锻件常用的材料。受力大或要求有特殊物理、化学性能的重要零件需要用合金钢制造，而合金钢的塑性随合金元素的增多而降低，锻造高合金钢时易出现锻造缺陷。锻造用钢有钢锭和钢坯两种类型。大中型锻件一般使用钢锭，小型锻件则使用钢坯。钢坯是钢锭经轧制或锻造而成的。锻造钢坯多为圆钢和方钢。

--- 重点提示 ---

采用锻造工艺生产零件毛坯时，要根据零件的结构、使用要求和材质等，考虑锻件的成形方式以及分模面等锻造结构，锻模的制造成本、周期，以及锻件的热处理状态等。

② 冲压　板料冲压是利用冲模使金属板料产生分离或变形的压力加工方法，这种加工方法通常是在常温下进行的，所以又称冷冲压。

冲压包括冲裁、拉伸、弯曲、成形和胀形等，属于金属板料成形。

板料冲压通常用来加工具有足够塑性的金属材料（如低碳钢、铜及其合金、银及其合金、镁合金及塑性高的合金钢）。用于加工的金属板料厚度小于6mm。板料厚度过大时，为了减少变形抗力，采用热冲压。压制品具有重量轻、刚度好、强度高、互换性好、成本低等优点，生产过程易于实现机械自动化，生产率高。

--- 重点提示 ---

板料冲压用于大批大量、厚度在6mm以下的板类零件的生产，采用该工艺时要考虑冲压模具的制造成本、周期，以及材料供应状态（平板、带料等）等。

（3）焊接成形

焊接是指通过适当的物理化学过程，使两个分离的固态物体产生原子（分子）间结合力而连接成一体的连接方法。通常，在实施焊接的过程中，要采用一定形式的热源对焊件进行加热，或者采用一定的机械方法对焊件进行加压。从本质上看，焊接实现的连接是不可拆卸的永久性连接。

焊接工艺方法很多，按照所使用的能源及焊接过程特点，一般将焊接方法归纳为三大类，即熔化焊、压力焊、钎焊。

熔化焊是利用局部加热，将接合处加热到熔化状态，互相熔合，冷凝结晶后彼此结合在一起。常用的有电弧焊、气焊等。

压力焊中，无论对焊件加热与否，都施加一定的压力，如电阻焊、摩擦焊等。由于这类方法主要利用加压、摩擦、扩散等物理过程而实现固态条件下的连接，因此这类方法有时也称为固相焊接。应该注意的是，若干压力焊方法伴随有熔化结晶过程，如电阻点焊、缝焊等。

钎焊是利用比焊件熔点低的钎料和焊件一起加热，使钎料熔化，而焊件本身不熔化，液态钎料润湿焊件，填充接头间隙，并产生相互扩散，冷凝后彼此连接在一起，如锡焊、铜焊等。

焊接与其他连接方法相比较，具有以下特点：节约金属材料，减轻结构重量，经济效益好；焊接设备简单，操作方便，生产周期短，效率高；结构强度、受力等可灵活把握，接头密封性好；焊接工艺过程易于实现自动化。

重点提示

采用焊接工艺时要考虑焊接件的焊接方式，焊接变形量的大小及防止和减小变形的措施与后续处理工艺，是否需要设计制造焊接工装等。

2.2.2 机械切削加工

（1）车削

车削是以工件的旋转作为主运动，车刀纵、横向移动作为进给运动的一种切削加工方法。车削可以对各种金属材料（除很硬的材料外）和橡胶、尼龙、塑料、有机玻璃等非金属材料进行内外回转体表面、端面的粗加工、半精加工和精加工。一般车削的加工精度可达IT9~IT7级，表面粗糙度可达 $Ra6.3$~$1.6\mu m$。尤其是对不宜磨削的有色金属进行精车加工，可获得更高的尺寸精度和更小的表面粗糙度。

车削加工的范围很广，就其基本内容来说，有车外圆、车端面、切断和切槽、钻中心孔、车孔、铰孔、车各种螺纹、车圆锥面、车成形面、滚花和盘绕弹簧等，如图 2-1 所示。它们的共同特点是都带有旋转表面。一般来说，机器中带旋转表面的零件所占的比例是很大的。在车床上如果装上一些附件和夹具，还可以进行镗削、研磨、抛光等。因此，车削加工在机器制造工业中应用得非常普遍，因而它的地位也显得十分重要。

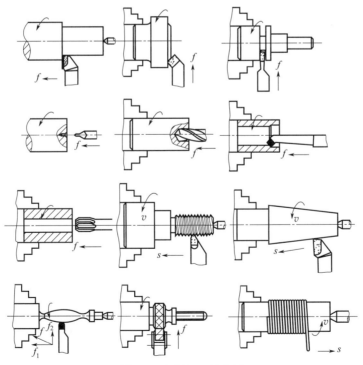

图 2-1　车削加工的范围

（2）铣削

铣削加工是指在铣床上利用铣刀的旋转作为主运动，工件或铣刀的移动作为进给运动，对工件进行切削加工的方法。

铣削加工是金属切削加工的常用方法之一，应用范围非常广泛，不仅可以加工各种平面、台阶、沟槽和成形面，还可以进行切断、分度、镗孔等工作。

在切削加工中，铣床的工作量仅次于车床，在铣床上可以加工平面（水平面、垂直面）、沟槽（键槽、T形槽、燕尾槽等）、分齿零件［齿轮、花键轴、链轮、螺旋形表面（螺纹、螺旋槽）］及各种曲面。此外，还可用于对回转体表面、内孔加工等。常用的铣削加工范围如图 2-2 所示。

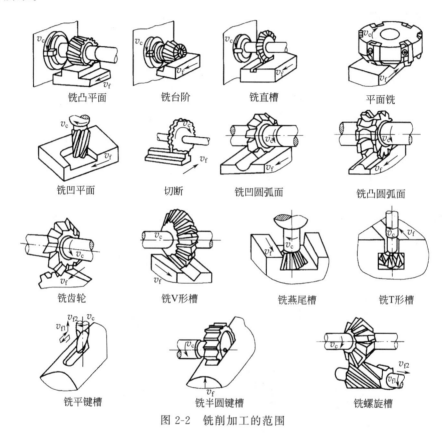

图 2-2　铣削加工的范围

重点提示

腔体侧面上的交角，包括直角、尖角、钝角，是不能采用铣削加工而成的，如采用铣削加工工艺，必须设计成圆弧过渡结构。

（3）磨削

磨削是在磨床上用砂轮作为切削刀具对工件进行切削加工的方法。磨削是一种精密的金属加工方法，经过磨削的零件精度可达 IT7～IT5 级，表面粗糙度可达 $Ra0.8～0.2\mu m$。

磨削加工的应用范围非常广泛，可以加工内外圆柱面、内外圆锥面、平面等，如图 2-3

所示。磨削主要用于对工件进行精加工，经过淬火的工件及其他高硬度的特殊材料（如淬硬钢、硬质合金等），几乎只能用磨削进行加工。磨削也能加工脆性材料，如玻璃、花岗石。磨床既能进行高精度和表面粗糙度很小的磨削，也能进行高效率的磨削，如强力磨削等。

在现代制造业中，磨削技术占有重要的地位。一个国家的磨削水平，在一定程度上反映了该国的机械制造工艺水平。随着机械产品质量的不断提高，磨削加工工艺也不断发展和完善。

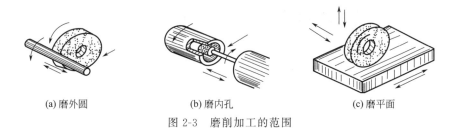

(a) 磨外圆　　　　　　　(b) 磨内孔　　　　　　　(c) 磨平面

图 2-3　磨削加工的范围

（4）钳工

钳工作业主要包括錾削、锉削、锯切、划线、钻削、铰削、攻螺纹和套螺纹、刮削、研磨、矫正、弯曲和铆接等。

钳工的基本操作可分为以下几种。

① 辅助性操作　即划线，它是根据图样在毛坯或半成品工件上划出加工界线的操作。

② 切削性操作　有錾削、锯削、锉削、攻螺纹、套螺纹、钻孔（扩孔、铰孔）、刮削和研磨等多种操作。

③ 装配性操作　即装配，将零件或部件按图样技术要求组装成机器的操作。

④ 维修性操作　即维修，对在役机械、设备进行维修、检查、修理的操作。

（5）齿形加工

齿轮的齿形主要采用展成法加工，它是利用刀具与被动齿轮的相互啮合运动而切出齿形的加工方法，如滚齿和插齿。

① 滚齿　是用滚齿刀在滚齿机上加工齿轮，它实质上是按一对螺旋齿轮相啮合的原理进行加工的。如图 2-4(a) 所示，相啮合的一对螺旋齿轮，当其中一个螺旋角很大、齿数很少（一个或几个）时，其轮齿变得很长，将绕好多圈而变成了蜗杆，如图 2-4(b) 所示。若这个蜗杆用高速钢等刀具材料制造，并在其螺纹的垂直方向（或轴向）开出若干个容屑槽、铲齿背，形成刀齿及切削刃，它就变成了滚齿刀，如图 2-4(c) 所示，再加上必要的切削运动，即可在工件上滚切出轮齿来。

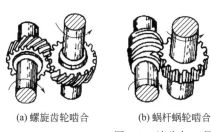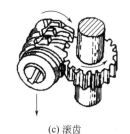

(a) 螺旋齿轮啮合　　　　(b) 蜗杆蜗轮啮合　　　　(c) 滚齿

图 2-4　滚齿加工原理

② 插齿　是用插齿刀在插齿机上加工齿轮，它是按一对圆柱齿轮相啮合的原理进行加

工的。如图2-5（a）所示，相啮合的一对圆柱齿轮，若其中一个是工件（齿轮坯），另一个用高速钢制造，并在轮齿上磨出前角和后角，形成切削刃（一个顶刃和两个侧刃），再加上必要的切削运动，即可在工件上切出轮齿来，如图2-5（b）所示。

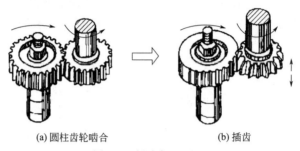

(a) 圆柱齿轮啮合　　　　　　　　　　　(b) 插齿

图 2-5　插齿加工原理

2.2.3　电火花线切割

电火花线切割加工是电火花加工的一种。被切割的工件作为工件电极，钼丝作为工具电极，脉冲电源发出一连串的脉冲电压，加到工件电极和工具电极上。钼丝与工件之间加入足够的具有一定绝缘性能的工作液。当钼丝与工件的距离小到一定程度时，在脉冲电压的作用下，工作液被击穿，在钼丝与工件之间形成瞬间放电通道，产生瞬时高温，使金属局部熔化甚至汽化而被蚀除下来。若工作台带动工件不断进给，就能切割出所需的形状，如图2-6所示。

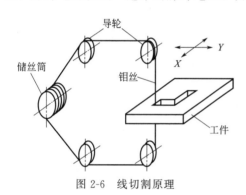

图 2-6　线切割原理

由于储丝筒带动钼丝交替进行正、反向的高速移动，所以钼丝基本上不被蚀除，可使用较长的时间。

线切割能加工各种高硬度、高强度、高韧性和高脆性的导电材料，如淬火钢、硬质合金等。加工时，钼丝与工件始终不接触，有0.01mm左右的间隙，几乎不存在切削力；能加工各种冲模、凸轮、样板等外形复杂的精密零件及窄缝等；尺寸精度可达0.02～0.01mm；快走丝线切割的表面粗糙度在$Ra3.2$左右，慢走丝线切割的表面粗糙度可达$Ra0.8\mu m$或更好些。

2.3　激光切割加工与3D打印技术

2.3.1　激光切割加工

激光切割加工是在计算机的控制下，利用经聚焦的高功率密度激光束照射工件材料，使材料很快被加热至汽化温度，蒸发形成孔洞，同时借助与光束同轴的高速气流吹除熔融物质，随着光束对材料的移动，孔洞连续形成宽度很窄的切缝，从而将工件割开，如图2-7所示。激光切割属于热切割方法之一。

激光切割加工是一种密度高、可控性好的非接触式加工。切削速度快，切削钢件时切削效率比常规方法提高 8～20 倍，加工效率是机械钻孔的 200 倍，是电火花加工的 1215 倍，对于处理微孔和组孔以及异形孔也很方便；热影响区小，工件变形小，切口粗糙度小，无需精加工，切割后不产生熔瘤，无需去毛刺，狭缝非常窄，尺寸恒定，可实现严格的配合公差。激光切割加工可以在高硬度和高脆性的材料上形成高精度孔；并且能节省 15%～30% 的材料，可以大大降低生产成本。

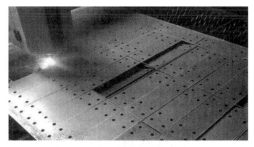

图 2-7　激光切割加工

与传统的板材加工方法相比，激光切割加工具有高的切割质量和加工精度、高的切割速度与柔性、节省材料、产品质量稳定可靠、广泛的材料适应性等优点。

2.3.2　3D 打印技术

3D 打印又称增材制造，它是一种以数字模型文件为基础，运用粉末状金属或塑料等可粘合材料，通过逐层打印的方式来构造物体的技术。

3D 打印通常是采用数字技术材料打印机来实现的，如图 2-8 所示。常在模具制造、工业设计等领域被用于制造模型，后逐渐用于一些产品的直接制造。该技术在工业设计、汽车、航空航天、牙科和医疗产业、教育、地理信息系统、土木工程、枪支以及其他领域都有所应用。

图 2-8　3D 打印机

3D 打印技术具有以下优越性。

① 提高生产效率。3D 打印利用计算机直接进行各种零件或者模型的生产，不用通过其他设备来协助完成。不像传统的工厂，生产零件时许多台设备甚至是多个生产线协作才能组装完成，而 3D 打印则不需要拼装设备，不仅速度更快，还节省了不少的人力物力成本，提高了生产效率。

② 构型精准多样。3D 打印可以轻松制造出复杂的形状，其中许多形状无法通过任何其他制造方法生成。即使形状再复杂，利用 3D 打印也能完成产品设计及制造，其在飞机、汽车等精密零部件制造方面拥有突出优势。

③ 无需机械加工。3D 打印无需机械加工或任何模具，就可以直接从计算机图形数据中生成任何形状的零件，可以大大缩短产品研制周期。和传统技术相比，3D 打印通过摒弃机械切削加工，减少了材料浪费。

④ 实现定制化生产。3D 打印不仅可以提供更大的设计自由度，还可以完全定制设计。由于 3D 打印一次只能制造一个或几个零件，因此非常适合小批量定制化生产。

3 图面布置

3.1 机械制图相关国家标准

机械制图用图样确切表示机械的结构形状、尺寸大小、工作原理。图样由图形、符号、文字和数字等组成，是表达设计意图和制造要求以及交流经验的技术文件，常被称为工程界的语言。

图样是依照机件的结构形状和尺寸大小按适当比例绘制的。图样中机件的尺寸用尺寸线、尺寸界线和箭头指明被测量的范围，用数字标明其大小。

温馨提醒

在机械图样中，数字的单位规定为 mm，不需注明。对直径、半径、锥度、斜度和弧长等尺寸，在数字前分别加注符号予以说明。

制造机件时，必须按图样中标注的尺寸数字进行加工，不允许直接从图样中量取图形的尺寸。

要求在机械制造中必须达到的技术条件如公差与配合、几何公差、表面粗糙度、材料及其热处理要求等均应按机械制图标准在图样中用符号、文字和数字予以标明。

目前，《机械制图》国家标准主要有：

GB/T 14689—2008《技术制图　图纸幅面和格式》；

GB/T 10609.1—2008《技术制图　标题栏》；

GB/T 14690—93《技术制图　比例》；

GB/T 14691—93《技术制图　字体》；

GB/T 14692—2008《技术制图　投影法》；

GB/T 17450—1998《技术制图　图线》；

GB/T 4457.4—2002《机械制图　图样画法　图线》；

GB/T 4458.4—2003《机械制图　尺寸注法》；

GB/T 16675.2—2012《技术制图　简化表示法　第2部分：尺寸注法》；

GB/T 321—2005《优先数和优先数系》；

GB/T 1804—2000《一般公差　未注公差的线性和角度尺寸的公差》；

GB/T 1800.1—2020《产品几何技术规范（GPS）线性尺寸公差ISO代号体系　第1部

分：公差、偏差和配合的基础》；

GB/T 1800.2—2020《产品几何技术规范（GPS）线性尺寸公差 ISO 代号体系　第 2 部分：标准公差带代号和孔、轴的极限偏差表》；

GB/T 1182—2018《产品几何技术规范（GPS）几何公差　形状、方向、位置和跳动公差标注》；

GB/T 131—93《机械制图　表面粗糙度符号、代号及其注法》；

GB/T 131—2006/ISO 1302：2002《产品几何技术规范（GPS）技术产品文件中表面结构的表示法》；

GB/T 1031—2009《产品几何技术规范（GPS）表面结构　轮廓法　表面粗糙度参数及其数值》；

GB/T 4459.1—1995《机械制图　螺纹及螺纹紧固件表示法》。

3.2　图纸幅面设置与图框的调用

3.2.1　图纸幅面设置

图幅是指绘图时采用的图纸幅面。为了合理使用图纸，所有图纸的幅面及尺寸应符合一定的格式。

绘制技术图样时，应优先采用表 3-1 规定的基本幅面尺寸。必要时也允许加长幅面，但应按基本幅面的短边整数倍增加，如图 3-1 所示。图 3-1 中粗实线所示为基本幅面（第一选择）；细实线所示为国家标准所规定的加长幅面（第二选择）；虚线所示为国家标准所规定的加长幅面（第三选择）。

表 3-1　图纸幅面尺寸

幅面代号		A0	A1	A2	A3	A4
尺寸 $B \times L$		841×1189	594×841	420×594	297×420	210×297
边框	a	25				
	c	10			5	
	e	20		10		

3.2.2　图框的调用

在图纸上必须用细实线画出表示图幅大小的纸边界线；用粗实线画出图框，其格式分为留装订边的图框格式（图 3-2）和不留装订边的图框格式（图 3-3）两种，但同一产品的图样只能采用一种格式。周边尺寸 a、c 和 e 按表 3-1 中的规定选取。

留装订边的图框又可分为"带边"（图 3-4）、"分区"（图 3-5）和"机械常用"（图 3-6）三种格式。

为了使图样复制和缩微摄影时定位方便，在"带边"和"分区"两种格式图纸各边长的中点处分别画出对中符号。对中符号用粗实线绘制，线宽不小于 0.5mm，长度从纸边界开始至伸入图框内 5mm。对中符号的位置误差应不大于 0.5mm；当对中符号处于标题栏范围时，深入标题栏部分省略不画，如图 3-4 所示。

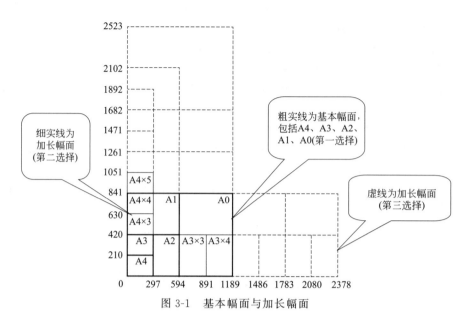

图 3-1　基本幅面与加长幅面

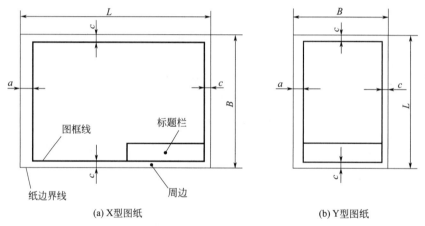

(a) X型图纸

(b) Y型图纸

图 3-2　留装订边的图框格式

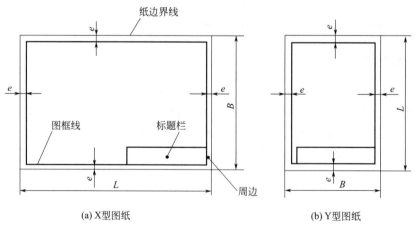

(a) X型图纸

(b) Y型图纸

图 3-3　不留装订边的图框格式

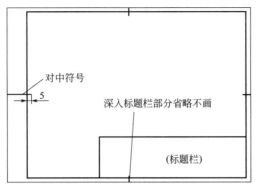

图 3-4　横 A4 带边格式图纸

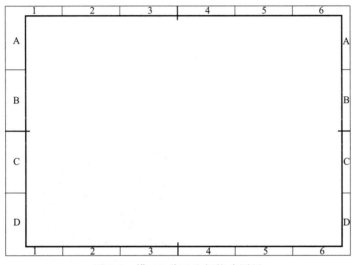

图 3-5　横 A3 分区边框格式图纸

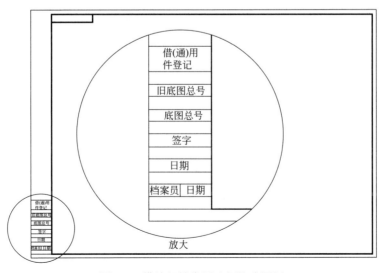

图 3-6　横放机械常用边框格式图纸

为了便于查找复杂图样的局部，可以用细实线在图纸周边内画出分区，如图 3-5 所示。每一分区的长度在 25～75mm 之间选定，分区的数目为偶数。分区编号，以看图方向为准，上下方向用大写 A、B、C、D 等 26 个拉丁字母由上至下顺序编写，水平方向用阿拉伯数字 1、2、3、4 等从左至右顺序编写，左右编号对应一致，上下编号对应一致。

温馨提醒

---

① 在选用 A4 幅面的图纸时，通常选用 Y 型图框，即将图纸竖放。
② 在选用 A3 及以上幅面的图纸时，通常选用 X 型图框，即将图纸横放。
③ 不能通过专业绘图仪输出图纸的，不要采用加长幅面的图框。

在 CAXA 电子图板 2016 中，可直接调用图框，单击【幅面】菜单→单击【图幅设置】按钮，弹出【图幅设置】对话框。在该对话框中，可先选择图幅，并选择图纸的放置方向是"横放"还是"竖放"，然后可调入图框。单击【调入图框】选项卡，即可进行选择，如图 3-7 所示。CAXA 电子图板中，有 6 种图框可供选择，分别是：Normal（不留装订边，普通图框）、Marked（不留装订边，带图号标记图框）、Mechanical（机械常用图框，带装订边，带图号标记）、Sighted（不留装订边，带对中标记图框）、Bound（留装订边，带对中标记图框）、Divided（分区图框，留装订边）。

图 3-7 【图幅设置】对话框

3.3 标题栏

3.3.1 标题栏的格式

为使绘制的图样便于管理及查阅，每张图都必须有标题栏。而且其位置配置、线型、字体等都要遵守相应的国家标准。通常，通常标题栏位于图框的右下角，看图的方向应与标题栏的方向一致。若标题栏的长边置于水平方向并与图纸长边平行时，则构成 X 型图纸；若标题栏的长边垂直图纸长边时，则构成 Y 型图纸，如图 3-2(a) 和图 3-3(b) 所示。

GB/T 10609.1—2008《技术制图　标题栏》规定了两种标题栏分区形式。图 3-8 所示为第一种标题栏的格式、分栏及尺寸，这是企业绘图时所用标题栏的格式，与 1989 版国家标准相比，基本相同，但多了一个投影识别符号（图 3-9）的填写位置，当采用第一角画法时可省略标注。

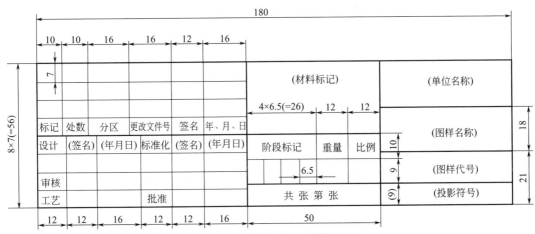

图 3-8　标题栏格式、分栏及尺寸

(a) 第一角　　　　　　　(b) 第三角

图 3-9　第一角画法和第三角画法的投影识别符号

3.3.2　标题栏的重新设计

CAXA 电子图板 2016 提供了 4 种企业用标题栏，如图 3-10 所示。其中 GB-A 是 GB/T 10609.1—2008 推荐的标题栏分区形式，Mechanical-A 是 GB/T 10609.1—1989 推荐的标题栏分区形式。

各企业因企业性质、图纸管理要求等方面的原因，对标题栏有不同的需求，需要对标题栏进行二次设计，另外不同的设计人员有设计自己专属标题栏的需要，此时可按下列方法进行。

（1）调入标题栏

单击【幅面】菜单→【调入标题栏】按钮，弹出如图 3-10 所示【读入标题栏文件】对话框，该对话框中列出已有标题栏的文件名。选取其中之一，然后单击【导入】按钮，一个由所选文件确定的标题栏即可显示在绘图区。

（2）编辑标题栏

在【修改】菜单项中，单击【分解】按钮，选中需要编辑的标题栏，单击鼠标右键，标题栏被分解，如图 3-11 所示，此时可对标题栏进行图线和文字内容编辑，并可对单元格属性定义进行修改，也可以预先填写标题栏。

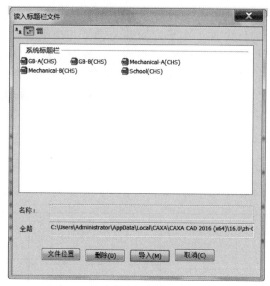

图 3-10 调入标题栏

标记C	处数C	分区C	更改文件号C	更改签名C	更改日期C	材料名称			单位名称
标记B	处数B	分区B	更改文件号B	更改签名B	更改日期B				
标记A	处数A	分区A	更改文件号A	更改签名A	更改日期A				图纸名称
标记	处数	分区	更改文件号	签名	年、月、日				
设计	设计	设计日期	标准化	标准化	标准化日期	阶段标记	重量	比例	
审核	审核	审核日期				阶段标记S	阶段标记A	阶段标记B	阶段标记C	重量	图纸比例	图纸编号
工艺	工艺	工艺日期	批准	批准	批准日期	共 页 数 张　第 页 码 张			投影符号

图 3-11　分解后的标题栏

如需预填某空白单元格，例如"单位名称"时，用鼠标双击单元格内该文字，就会弹出图 3-12 所示的块的【属性定义】对话框，在"缺省值"后面的空格内预先填写该单元格，如"江苏大学"。

图 3-12　块的【属性定义】对话框

（3）定义标题栏

该命令的功能是将已绘制好的图形（包括文字）定义为标题栏。单击【定义】标题栏命令，系统提示"拾取元素"，拾取组成标题栏的图形元素后，右击确认。此时系统提示"基准点"，拾取标题栏的基准点（一般为标题栏框的右下角）。弹出对话框，输入要存储的标题栏名，例如"江苏大学"，单击【保存】按钮，系统自动把该文件存储在模板目录中。下次执行【调入标题栏】命令时，就会在【读入标题栏文件】对话框中出现该标题栏以供选择。图 3-13 所示为绘图时被调入的"江苏大学"标题栏，单位名称和设计人员已预先写入标题栏，不用再填写"单位名称"和"设计"。

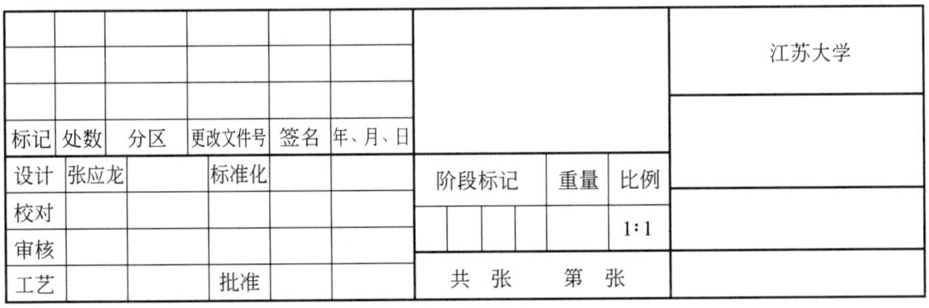

									江苏大学
标记	处数	分区	更改文件号	签名	年、月、日				
设计	张应龙		标准化			阶段标记	重量	比例	
校对								1∶1	
审核									
工艺			批准			共 张 第 张			

图 3-13　二次设计的新标题栏

温馨提醒

标题栏中的空白单元格，只有将它创建为块后，才能从【填写标题栏】对话框中进行填写。

创建空白单元格为块时，可采用复制并修改的方式，将其他已创建为块的单元格内的文字复制过来，然后用鼠标左键双击，在弹出的【属性定义】对话框中进行块"名称"和"描述"修改，这样可省去块创建和属性定义环节。

3.3.3　标题栏的填写

由图 3-8 可知，国家标准中标题栏一般由更改区、签字区、其他区、名称及代号区四个区组成，其组成如图 3-14 所示，也可按实际需要增加或减少。

① 更改区。一般由标记、处数、分区、更改文件号、签名和年、月、日等组成。更改区中的内容，由下而上顺序填写，可根据实际情况顺延，也可放在图样中其他的地方，这时应有表头。

标记：填写在图纸上进行更改时更改者在更改处所做的标记，如ⓐ、ⓑ等。

图 3-14　标题栏分区格式

处数：填写同一标记所表示的更改数量。

分区：为了方便查找更改位置，必要时，按照 GB/T 14689—2008《技术制图　图纸幅面和格式》的规定，注明分区代号。

更改文件号：是指更改图样时所依据的文件号。

签名和年、月、日：填写更改人的姓名和更改的时间。

② 签字区。一般由设计、审核、工艺、标准化、批准、签名和年、月、日等组成。签字区一般按设计、审核、工艺、标准化、批准等有关规定签署姓名和年、月、日。

③ 名称及代号区。一般由单位名称、图样名称和图样代号等组成。

单位名称：是指图样绘制单位的名称或单位代号。

图样名称：是指所绘制对象的名称。

图样代号：按有关标准或规定填写图样的代号。

④ 其他区。一般由材料标记、阶段标记、重量、比例、共几张、第几张等组成。其他区也可不填写。

材料标记：一般应按照相应标准或规定填写所使用的材料。

阶段标记：按有关规定由左向右填写图样的各生产阶段。由于各行业采用的标记可能不同，所以不强求统一。

重量：是指图样对应产品的计算重量，以 kg 为计量单位时，允许不写出其计量单位。

比例：填写绘制图样时采用的比例。

共几张、第几张：当一个零件（或组件）需用两张或两张以上图纸绘制时，需填写同一图样代号中图样的总张数及该张所在的张次。当一个零件（或组件）只用一张图纸绘制时，可不填数值。

标题栏中日期应按照 GB/T 7408—2005《数据元和交换格式　信息交换　日期和时间表示法》的规定填写。形式有四种，如 2022 年 5 月 1 日，可表示为 20220501、2022-05-01、220501、22-05-01，可任选一种形式填写。

填写标题栏时，单击【填写标题栏】　按钮，弹出图 3-15 所示的【填写标题栏】对话框，进行相应填写即可。

图 3-15　【填写标题栏】对话框

3.4　图纸比例设定

比例是指图样中图形与其实物相应要素的线性尺寸之比。原值比例即比值为 1∶1 的比例；放大比例即比值大于 1 的比例，如 2∶1 等；缩小比例即比值小于 1 的比例，如 1∶2 等。具体数值见表 3-2。

表 3-2　绘图比例系列

种类	比例	
	第一系列（优先选用的比例）	第二系列（允许选用的比例）
原值比例	1∶1	
缩小比例	1∶2、1∶5、1∶10、1∶1×10ⁿ、1∶2× 10ⁿ、1∶5×10ⁿ	1∶1.5、1∶2.5、1∶3、1∶4、1∶6、1∶1.5×10ⁿ、1∶2.5× 10ⁿ、1∶3×10ⁿ、1∶4×10ⁿ、1∶6×10ⁿ
放大比例	2∶1、5∶1、1×10ⁿ∶1、2×10ⁿ∶1、5× 10ⁿ∶1	2.5∶1、4∶1、2.5×10ⁿ∶1、4×10ⁿ∶1

注：n 为正整数。

　　绘制图样选用比例时，通常应考虑以下方面的因素：应以能充分而清晰地表达机件的结构形状，又能合理利用图纸幅面为原则；在满足基本原则的前提下，所选用的比例应有利于采用较小幅面的图纸；若条件允许，优先采用 1∶1 的比例画出，这样可以方便地从图中看出机件的真实大小。否则应从表 3-2 中规定的系列中选取适当的比例。

　　CAXA 电子图板中，比例选取在【图幅设置】对话框中进行，如图 3-7 所示。

──────────── **重点提示** ────────────

　　绘图过程中，如要更改绘图比例，一般不要勾选"实际字高随绘图比例变化"，否则，会增加许多图面编辑工作。

3.5　图线及其画法

3.5.1　线型

　　在 GB/T 17450—1998《技术制图　图线》中规定了 15 种基本线型。本标准适用于各种技术图样，通常各专业根据本标准制定相应的图线标准供工程人员选用。表 3-3 所示为我国机械图样中使用的 9 种线型。

表 3-3　机械制图的线型及应用

线型	名称	一般应用
 ———————	细实线	过渡线、尺寸线、尺寸界线、剖面线、指引线、螺纹牙底线、辅助线等
 ∿	波浪线	断裂处边界线、视图与剖视图的分界线
 ∿	双折线	断裂处边界线、视图与剖视图的分界线
▬▬▬▬▬	粗实线	可见轮廓线、相贯线、螺纹牙顶线等
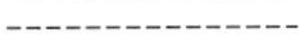 - - - - - - -	细虚线	不可见轮廓线
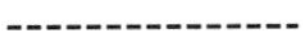 ▬ ▬ ▬ ▬ ▬	粗虚线	表面处理的表示线

线型	名称	一般应用
—·—·—·—·—	细点画线	轴线、对称中心线、分度圆（线）、孔系分布的中心线、剖切线等
—·—·—·—	粗点画线	限定范围表示线
—··—··—··—	细双点画线	相邻辅助零件的轮廓线、可移动零件的轮廓线、成形前轮廓线等

3.5.2 图线的尺寸

根据国家标准 GB/T 4457.4—2002《机械制图 图样画法 图线》，在机械图样中采用粗、细两种线宽，它们之间的比例为 2：1，图线宽度和图线组别应按图样的类型、尺寸、比例和缩微复制的要求在下列数系中选择[该数系的公比为 $1：\sqrt{2}(\approx 1：1.4)$]：0.13mm、0.18mm、0.25mm、0.35mm、0.5mm、0.7mm、1mm、1.4mm、2mm。

粗线的宽度按图的大小和复杂程度，推荐在 0.5～2mm 之间选择，并优先采用 0.5mm、0.7mm 的线型（表3-4）。

表3-4　图线宽度和图线组别　　　　　　　　　　　　　　mm

图线组别		0.25	0.35	0.5	0.7	1	1.4	2
图线宽度	粗线	0.25	0.35	0.5	0.7	1	1.4	2
	细线	0.13	0.18	0.25	0.35	0.5	0.7	1

重点提示

在用计算机绘图时，各种线型可以直接调用，但应注意在同一图样中，同类图线的宽度要一致，宽度较细的图线在图样复制中往往不清晰，尽量不采用。

3.5.3 线型的分层标识及颜色

在 CAXA 电子图板中，为了便于识别和管理，对线型进行了分层和颜色区分（表3-5）。绘图时绘图者可根据各人的喜好对线型的颜色进行修改，但设置的颜色必须容易辨识。

表3-5　CAXA电子图板中图线在各层中默认的颜色

图层名称	图线名称	图线在屏幕上的颜色
尺寸线层	实线、虚线、点画线、双点画线	青色
粗实线层	实线、虚线、点画线、双点画线	黑/白色
细实线层	实线、虚线、点画线、双点画线	黑/白色
剖面线层	实线、虚线、点画线、双点画线	绿色
虚线层	实线、虚线、点画线、双点画线	洋红色
中心线层	实线、虚线、点画线、双点画线	红色
	波浪线	黑/白色
	双折线	黑/白色

3.5.4 点画线与虚线的应用

（1）点画线的应用

点画线分为细点画线和粗点画线，通常用到的是细点画线，在图样中主要用来绘制对称分布图形的中心线，包括轴线、对称中心线、分度圆（线）、孔系分布的中心线。

因为中心线实际上是不存在的，是虚构出来、看不见的，属于"无中生有"的线条，往往会被初学者忽视。

图 3-16 所示为某一连接板零件图，在长 50mm、宽 20mm、厚 3mm 的薄板上，钻有 2 个左右对称分布的 ϕ5mm 的孔。图 3-16（a）中没有绘出零件的中心线，图 3-16（b）中则绘出零件的中心线。由图 3-16（b）可以看出，这是一个矩形零件，上下、左右对称，两个 ϕ5mm 孔位于长度方向的中心线上，对中分布。

加工时，其工艺方案是：首先确定上下、左右中心线的位置，然后再确定 2×ϕ5mm 孔的中心位置，分别钻出两孔。显然，图 3-16（a）表达的有欠缺，应在图中添加上下、左右方向的中心线，图 3-16（b）表达的更符合设计要求。

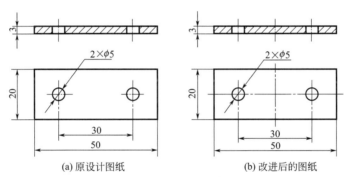

图 3-16　连接板零件图

（2）虚线的合理应用

虚线分为细虚线和粗虚线，粗虚线在绘图中基本用不到，只用在特定的场合。细虚线在图样绘制过程中经常用到，用来绘制不可见轮廓线。但由于虚线表达的结构不在零件的表面，也非常容易被疏忽。

图 3-17（a）中，主视图中采用了两个局部剖，一个表达支架下部底板上安装孔的形状和大小，一个表达支架上部轴孔的形状和大小。对比图 3-17（a）和图 3-17（b），发现两图不同之处是图 3-17（b）中在 3 个地方加了虚线，可以一目了然地从图 3-17（b）中看出底板上安装孔的位置是在底板长度方向的中心线上，数量为 2 个；上部的轴孔是通孔，从左端一直到右端，不会有任何歧义。而图 3-17（a）的表达不是太清晰。

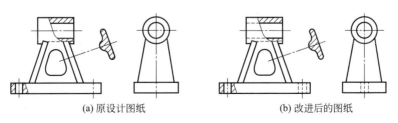

图 3-17　支架零件图

4 图样的画法

4.1　机械图绘制的基本原理

4.1.1　投影法

用灯光或日光照射物体，在地面或墙上产生影子，称为投影。人们在长期的生产实践中，积累了丰富的经验，找出了物和影子的几何关系，经过科学的抽象，逐步形成了投影方法。由于光源的不同，可以得到中心投影法、平行投影法两种不同的投影方法。

（1）中心投影法

图 4-1 中的四边形板 $ABCD$ 在灯泡 S 的照射下，在墙上（P 平面）得到它的投影 $abcd$。把光源抽象为一点 S，称为投影中心。经过 S 点与物体上任一点的连线（例如 SA）称为投影线。平面 P 称为投影面。SA 的延长线与 P 平面的交点 a，称为 A 点在 P 面上的投影。因为所有的投影线都是从一个投影中心 S 发出的，所以称为中心投影法。

（2）平行投影法

如果光源在无限远处（例如日光的照射），这时所有的投影线互相平行，这种投影方法称为平行投影法，如图 4-2 所示。

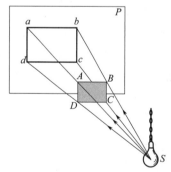

图 4-1　中心投影法

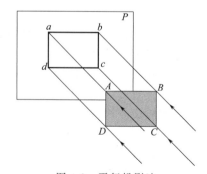

图 4-2　平行投影法

在平行投影中，当投影方向垂直于投影面 P 时，称为直角投影，也就是通常说的正投影。

将以上两种投影方法中的原物与投影进行比较可以看出：在中心投影中，线段的投影长度与它离投影面的远近有关，因此在一般情况下，中心投影不能反映原物的真实形状和大小；在平行投影中，线段的长度与它离投影面的远近无关，当两线段平行时，它们的投影也相互平行，因此当物体上某一平面与投影面平行时，它的投影能够反映真实形状和大小。

由于平行投影具有上述的优点，因此得到广泛的应用重点。图 4-3 是用正投影法画出的支架投影。支架是水平放置的，并且它的前面平行于投影面，因此前面的形状和大小就能在投影面上确切地表示出来。在制图中，把物体的正投影图称为视图。

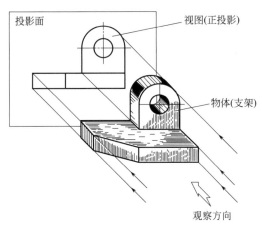

图 4-3　正投影的形成

必须指出：在对照实物绘制视图时，应把物体放在离眼睛较远的地方，并且设想光线不是由一点出发，而是彼此平行并垂直于投影面的。正投影法的缺点是缺乏立体感。

4.1.2　物体的三视图

（1）三视图的形成

物体是有长、宽、高三个尺寸的立体，要认识它，必须从前、后、左、右、上、下、里、外各个方向去观察它，才能对物体有一个完整的了解。但是图 4-3 只有一个视图，只能反映支架前面的形状以及长度和高度方向的尺寸，其他表面的形状和尺寸就表示不出来了。例如，水平板上切掉了一角，物体的宽度方向尺寸等都看不出来。所以，在一般情况下，一个视图不能确定物体的空间形状。只有把从不同方向投影得到的几个视图，按一定的位置配置起来，才能共同地反映出物体的全部形状和尺寸。

在图 4-4（a）中，是从前、上、左三个方向观察支架的。为了画出它的三个视图，就需要有三个互相垂直的投影面。正对的投影面称为正面，用字母 V 标注；水平位置的投影面称为水平面，用字母 H 标注；侧立的投影面称为侧面，用字母 W 标注。

为了使各视图尽可能反映支架的真实形状，把支架正放，使其前、后两平面平行于正面，上、下两平面平行于水平面，左、右两平面平行于侧面。然后按照箭头 A、B、C 的方向分别向三个投影面进行正投影，得到三个视图。根据这三个视图就能确定支架的空间形状了。

图 4-4（a）是立体图，在生产中需要的是画在一张图纸上的平面图。为此，把支架取走，并按图 4-4（b）中箭头所指的方向，将水平面向下旋转，侧面向右旋转，使它们展开到与正面在同一个平面上，得到了图 4-4（c）所示的三面视图。画图时，投影面的边框不必画出，如图 4-4（d）所示。

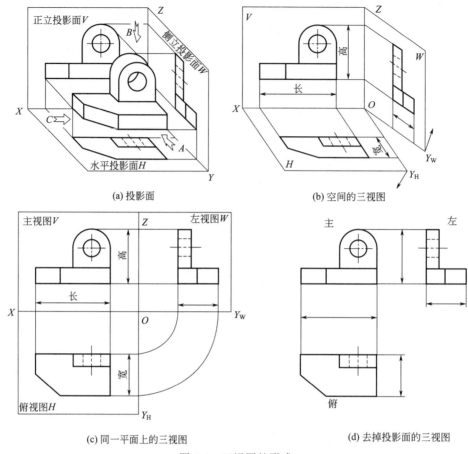

(a) 投影面

(b) 空间的三视图

(c) 同一平面上的三视图

(d) 去掉投影面的三视图

图 4-4　三视图的形成

在制图标准中，把物体的正面投影称为主视图，即由物体的前方向后投影得到的图形；物体的水平投影，称为俯视图，即由物体的上方向下投影得到的图形；物体的左侧面投影，称为左视图，即由物体的左方向右投影得到的图形。

在绘图时，要按国家标准规定的各种线型画法，凡是可见的轮廓线都用粗实线表示，凡是不可见的轮廓线都用虚线表示，对称中心线用细点画线表示，如图 4-4 中所示。

（2）三视图的投影规律

由图 4-4 可以看出，主视图能反映物体的长和高，俯视图能反映长和宽，左视图能反映高和宽。三个视图都是反映的同一个物体，它们之间有如下"三等"关系，即：主视图与俯视图等长，主视图与左视图等高，俯视图与左视图等宽。"三等"关系中，尤其要注意俯视图与左视图宽相等的关系。

归纳总结

三视图的投影规律——主、俯视图长对正，主、左视图高平齐，俯、左视图宽相等，可以简单地概括为九个字——长对正，高平齐，宽相等。

如图 4-5 所示，根据三视图的投影规律，对于物体来讲，组成物体的各个部分存在着"三等"对应关系。

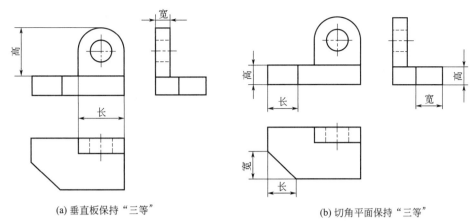

(a) 垂直板保持"三等"　　　　　　　(b) 切角平面保持"三等"

图 4-5　三视图的"三等"对应关系

（3）三视图中点的对应关系

在三视图中，物体上的每一个点也保持着"三等"对应关系。因为点本身没有长、宽、高，"三等"关系以另一种形式体现。把空间的点用大写字母表示如点 A。为便于区别，点 A 的水平投影用小写字母 a 表示，正面投影用 a′ 表示，侧面投影用 a″ 表示。

从图 4-6 中可以看出，物体上的任意一点（如点 A 或点 B）均保持如下的投影对应关系：点的正面投影与水平投影在同一条垂直线上；点的正面投影与侧面投影在同一条水平线上；点的水平投影到选取的基准面的距离，等于点的侧面投影到同一基准面的距离。

点的三面投影对应关系，反映了"三等"对应关系的抽象实质。物体上每一点的投影均应符合这个关系。

（4）三视图中物体六个面的对应关系

物体有上、下、左、右、前、后六个面。在三面视图上是怎样反映的？三个视图之间又有什么联系？

由图 4-7 可以看出，主视图只能反映物体的上、下和左、右，俯视图只能反映左、右和前、后，左视图只能反映上、下和前、后。

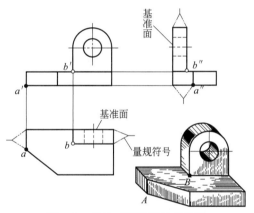

图 4-6　点的三面投影对应关系

从以上的分析可以归纳为以下两点。

① 至少要看两个视图，才能完全看清物体的上、下、左、右、前、后各个面的相对位置。

② 三个视图有着内在的联系。

如果以主视图为中心来看其他视图，把各视图靠着主视图的一边称为内边，内边表示了物体的后面，那么视图的外边就表示了物体的前面。

--- 重点提示 ---

实践表明，物体的上、下、左、右容易判断，关键在于判断前后。在绘图或看图时，往往容易把俯视图与左视图之间的前、后对应关系弄错，这一点应特别加以注意。

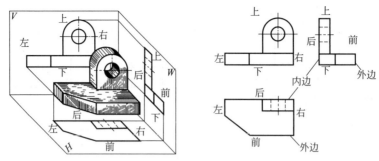

图 4-7　三视图的六面对应关系

（5）三视图中线条的空间意义

由图 4-8 可以看出，视图中每一条实线或虚线可能有如下含义。

① 垂直于投影面的平面或柱面的投影。图 4-8 中，主视图上的直线 p' 代表了水平板顶面 P 的投影，圆弧和圆代表了垂直板上部的半圆柱面和圆孔的投影。

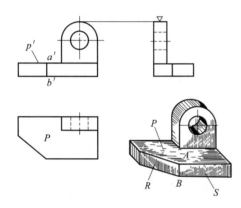

图 4-8　图线的意义

② 两个面的交线的投影。图 4-8 中，主视图上的直线 $a'b'$，代表了 R 面与 S 面的交线 AB 的投影。

③ 曲面的轮廓线。图 4-8 中，左视图上带▽的直线，是半圆柱面轮廓线的投影。

4.1.3　直线的投影

（1）直线对于一个投影面的投影

直线对于一个投影面的投影，可能有下面三种情况。

① 如图 4-9（a）所示，当直线 AB 垂直于投影面时，它在该投影面上的投影 ab 变成一个点 $a \equiv b$（符号 $\equiv$ 表示重合的意思）。直线上任一点 M 的投影 m，也重合在这一点 $a \equiv b$ 上，即 $a \equiv b \equiv m$。这种性质称为直线的积聚性。

② 如图 4-9（b）所示，当直线 AB 平行于投影面时，它在该投影面上的投影 ab 反映实长，即投影长度与空间直线的长度相等。

③ 如图 4-9（c）所示，当直线 AB 倾斜于投影面时，它在该投影面上的投影 ab 长度缩短。缩短多少，根据直线对投影面的夹角 α 的大小而定，即 $ab = AB\cos\alpha$。

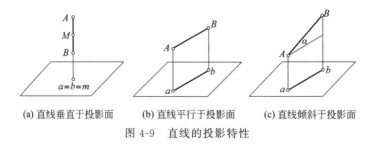

(a) 直线垂直于投影面　　(b) 直线平行于投影面　　(c) 直线倾斜于投影面

图 4-9　直线的投影特性

（2）直线在三投影面体系中的投影

在三投影面体系中，先分析空间直线对于三个投影面分别处于何种相对位置，再根据上面讲的投影特性，就可以知道它在每个投影面上的投影应该是什么样子了。

直线在三投影面体系中的位置，可以分为以下三种情况。

① 垂直线：垂直于一个投影面，与另外两个投影面平行，如图 4-10 所示。

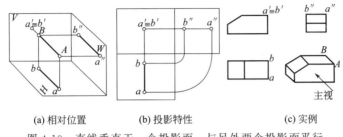

(a) 相对位置　　　　　(b) 投影特性　　　　　(c) 实例

图 4-10　直线垂直于一个投影面，与另外两个投影面平行

② 平行线：平行于一个投影面，与另外两个投影面倾斜，如图 4-11 所示。

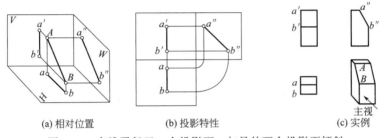

(a) 相对位置　　　　　(b) 投影特性　　　　　(c) 实例

图 4-11　直线平行于一个投影面，与另外两个投影面倾斜

③ 一般位置直线：与三个投影面都倾斜，如图 4-12 所示。

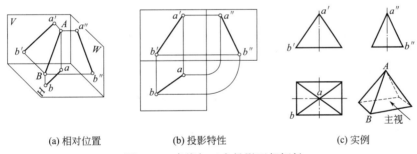

(a) 相对位置　　　　　(b) 投影特性　　　　　(c) 实例

图 4-12　直线与三个投影面都倾斜

对比解析

当直线垂直于一个投影面，与另外两个投影面平行时，直线在垂直投影面上积聚成一点，在另外两个投影面上的投影反映实长。

当直线平行于一个投影面，倾斜于另外两个投影面时，直线在平行投影面上的投影反映实长，位置倾斜，在另外两个投影面上的投影都较实长缩短。

当直线为一般位置，与三个投影面都倾斜时，直线在三个投影面上的投影都较实长缩短。

4.1.4 平面的投影

（1）平面对一个投影面的投影

如图 4-13（a）所示，当立方体的侧平面垂直于投影面时，由于平面与投射方向一致，它在投影面上的投影变成一条直线，平面上的点（M 点）、线（EF 线）、图形（ABCD）的投影都重合在这条直线上。这种特性称为积聚性。

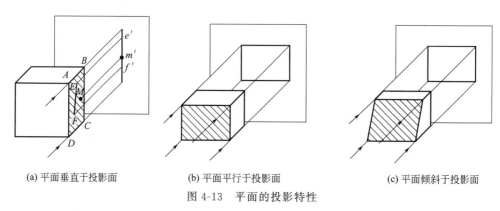

(a) 平面垂直于投影面   (b) 平面平行于投影面   (c) 平面倾斜于投影面

图 4-13　平面的投影特性

在图 4-13（b）中，当长方体的前面平行于投影面时，它在投影面上的投影是一个封闭线框，并能反映真实形状。

在图 4-13（c）中，楔块的前面倾斜于投影面时，它在投影面上的投影是一个和原平面类似的封闭线框，但不能反映实形，而是缩小了。若原平面为四边形，则投影仍为四边形，而不会变成三边形或五边形。这种特性称为类似性。

（2）平面在三投影面体系中的投影

一个平面在三投影面体系中的投影关键是要弄清楚平面对三个投影面分别处于什么位置，根据前面讲的投影特性，就可知道平面的每个投影应该是什么样子了。

一个平面在三投影面体系中，可以分为以下三种情况。

① 垂直面：是指垂直于一个投影面，而与其余两个投影面都处于倾斜位置的平面。

如图 4-14 所示，六棱柱的 ABCD 面垂直于水平面，同时对正面和侧面都处于倾斜位置。它的水平投影是一段倾斜直线，有积聚性。另外两投影是类似图形——比实形小的四边

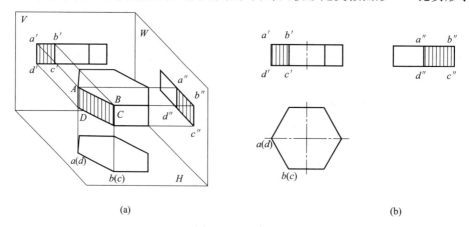

(a)   (b)

图 4-14　垂直面

形线框。因此，从投影图上判断平面的空间位置时，若是三投影中有一个投影是斜直线，则它是垂直面。

---

② 平行面：是指平行于某一投影面的平面。

因为三个投影面是彼此互相垂直的，所以和一个投影面平行的平面，必然垂直于其余两个投影面。根据平面的投影特性，可知它的一个投影反映实形，另外两个投影为直线（水平线或铅垂线）并有积聚性。

如图 4-15 所示，六棱柱的顶面 $ABCDEF$ 平行于水平面，同时垂直于正面和侧面。所以它的水平投影反映实形，其余两个投影都是水平线，有积聚性。因此，从投影图上判断平面的空间位置时，若是三投影中有一个投影为水平线或铅垂线，则它是平行于某个投影面的平面。

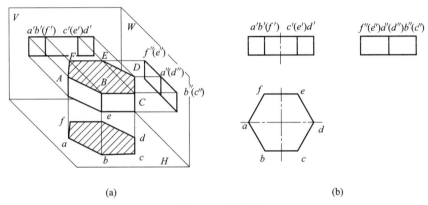

(a)   (b)

图 4-15　平行面

根据以上的分析，看出六棱柱由六个垂直于水平面的平面和两个平行于水平面的平面所组成。在画图时，应先画它的俯视图，再根据六棱柱的高度，按"三等"关系画出主、左两视图。

③ 一般位置平面：是指对于三个投影面都处于倾斜位置的平面。因此，它的三个投影都是封闭线框，有类似性，但不反映实形，如图 4-16 所示。

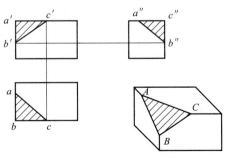

图 4-16　一般位置平面

---

① 一个平面的三个投影之间，同样要保持"长对正、高平齐、宽相等"的投影对应关系。

② 要熟悉平面的投影规律，即：

平面垂直于投影面时，投影积聚为一直线——积聚性，积聚性是一个很重要的性质，它能明显地反映平面的空间位置；

平面平行于投影面时，投影反映实形；

平面倾斜于投影面时，投影为类似图形——类似性。

③ 在平面的三投影中，至少有一个投影是线框。反过来看，投影图上的一个线框，在一般情况下表示空间一个面的投影。

4.1.5 基本体的投影

生产实际中使用的机械零件，虽然形状多种多样，但都可以看成是由一些简单的几何形体经过切割、叠加和相交组合而成的，如图4-17所示。

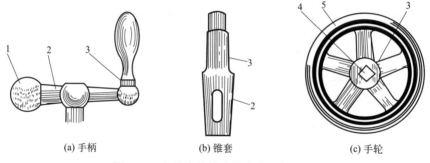

(a) 手柄   (b) 锥套   (c) 手轮

图4-17　由基本体构成的车床零件示例

1—球；2—圆锥；3—圆柱；4—棱柱；5—圆环

把按一定规律形成的单一几何体称为基本体。基本体表面由若干个面围成。表面均为平面的形体称为平面立体，表面为平面和曲面或全部为曲面的形体称为曲面立体。

（1）平面立体的投影

平面立体主要有棱柱、棱锥等。常见的棱柱有三棱柱、四棱柱、五棱柱和六棱柱等。下面以正六棱柱为例说明平面立体投影特性及表面上取点的方法。

如图4-18(a)所示，正六棱柱由上、下两个底面和六个棱面围成，六条棱线相互平行。它的上、下底面平行于 H 面，而垂直于 V、W 面，因此其 H 面投影反映实形（正六边形），且上、下底面的 H 面投影重合，其 V 面和 W 面投影都积聚为水平线段。正六棱柱的前、后两个棱面分别平行于 V 面，其 V 面投影反映实形（矩形），H 面和 W 面投影分别积聚成水平线段和垂直线段。正六棱柱的其余四个棱面都垂直于 H 面，倾斜于另两个投影面，它们的 V 面和 W 面投影均为类似形，其 H 面投影具有积聚性，如图4-18(b)所示。

作图时，先作出俯视图，将六棱柱的主要轮廓表达出来，再作出主视图，将六棱柱的高度表达出来，最后作出左视图，具体方法和步骤如图4-19所示。

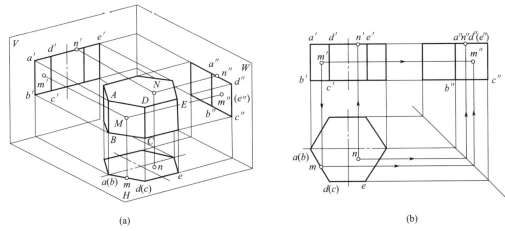

(a)

(b)

图 4-18　正六棱柱的投影及表面上取点

要注意的是，实际制图时，如两个视图能足以将零件的结构表达清楚，就没有必要绘出第三个视图，可不绘出左视图。对于对称图形，还必须作出图形对称中心线。

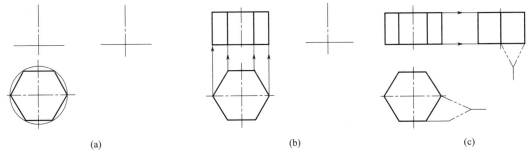

(a)　　　　　　　　　　　(b)　　　　　　　　　　　(c)

图 4-19　正六棱柱的作图方法和步骤

（2）曲面立体的投影

常见的曲面立体有圆柱、圆锥、圆球、圆环等。下面以圆柱为例说明曲面立体投影特性及表面上取点的方法。

圆柱面可以看成是一条母线 AA_1 绕与它平行的轴线 OO_1 旋转而成，如图 4-20（a）所示，圆柱体是由圆柱面和上、下底面组成的。在圆柱面上任意位置的母线称为素线。

图 4-20（b）、（c）表示一直立圆柱的投影和它的三视图，其 H 面投影为一圆，具有积聚性，圆柱面上所有点和线的 H 面投影均积聚在该圆上。圆柱面的 V 面和 W 面投影是由上、下底面和圆柱面最外边的素线为轮廓组成的长方形线框。$a'a_1'$、$b'b_1'$ 是圆柱主视图的转向轮廓线，在俯视图中为圆周上最左、最右两点，在左视图中与轴线重合，它也是可见的前半柱面和不可见的后半柱面的分界线。$c''c_1''$、$d''d_1''$ 是圆柱左视图的转向轮廓线，在俯视图中为圆周上最前、最后两点，在主视图中与轴线重合，它也是可见的左半柱面和不可见的右半柱面的分界线。

作图时，首先画出圆柱的轴线和投影为圆的中心线，再画出投影为圆的视图，然后画其他两个视图。

4.1.6　组合体的投影

各种形状的机件虽然复杂多样，但都是由一些简单的基本体经过切割、叠加或相交等形

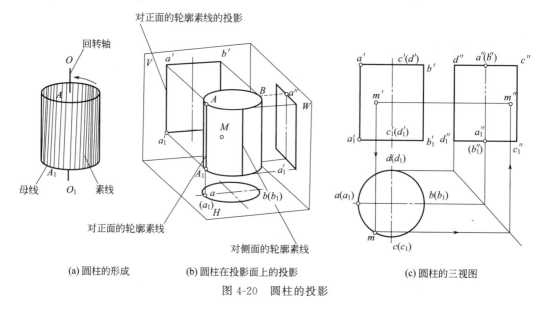

(a) 圆柱的形成　　　(b) 圆柱在投影面上的投影　　　(c) 圆柱的三视图

图 4-20　圆柱的投影

式组合而成的。基本体被平面截切后的剩余部分称为截切体，两基本体相交后得到的立体称为相贯体。它们由于被截切或相交，会在表面上产生相应的截交线或相贯线。

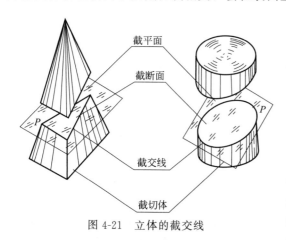

图 4-21　立体的截交线

（1）截切体的投影

如图 4-21 所示，三棱锥和圆柱体被平面 P 截为两部分。

截平面：用来截切立体的平面。

截断面：立体被截切后的断面。

截交线：截平面与立体表面的交线。

截切体：立体被截切后的部分。

尽管立体的形状不尽相同，分为平面立体和曲面立体，截平面与立体表面的相对位置也各不相同，由此产生的截交线的形状千差万别，但所有的截交线都具有以下基本性质。

共有性——截交线是截平面与立体表面的共有线，既在截平面上，又在立体表面上，是截平面与立体表面共有点的集合。

封闭性——由于立体表面是有范围的，所以截交线一般是封闭的平面图形（平面多边形或曲线）。

根据截交线的性质，求截交线，就是求出截平面与立体表面的一系列共有点，然后依次连接即可。

──────────── 重点提示 ────────────

求截交线的方法一是利用投影的积聚性直接作图，二是通过作辅助线的方法求出。

① 平面截切体　由平面立体截切得到的截切体，称为平面截切体。

因为平面立体的表面由若干平面围成，所以平面与平面立体相交时的截交线是一个封闭的平面多边形，多边形的顶点是平面立体的棱线与截平面的交点，多边形的每条边是平面立体的棱面与截平面的交线。因此求作平面立体上的截交线，可以归纳为以下两种方法。

交点法——先求出平面立体的各棱线与截平面的交点，然后将各点依次连接起来，即得截交线。

连接各交点有一定的原则：只有两点在同一个表面上时才能连接，可见棱面上的两点用实线连接，不可见棱面上的两点用虚线连接。

交线法——求出平面立体的各表面与截平面的交线。

温馨提醒

一般常用交点法，两种方法不分先后，可配合运用。

求平面立体截交线的投影时，要先分析平面立体在未截切前的形状是怎样的，它是怎样被截切的，以及截交线有何特点等，然后再进行作图。

在具体应用时，通常利用投影的积聚性辅助作图。

【例 4-1】 如图 4-22（a）所示，求五棱柱被正垂面 P_V 截切后的截交线。

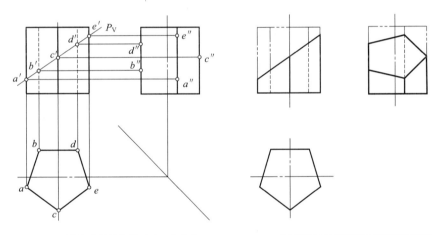

(a) 五棱柱各棱线与截平面 P_V 的交点　　　　(b) 五棱柱被截平面 P_V 截切后的投影

图 4-22　求五棱柱的截交线

由图 4-22（a）所示，截平面 P_V 与五棱柱的五个侧棱面均相交，与顶面不相交，故截交线为五边形。

由于截平面 P_V 为正垂面，故截交线的 V 面投影 $a'b'c'd'e'$ 已知，于是截交线的 H 面投影 $abcde$ 也确定。

运用交点法，依据"主左视图高平齐"的投影关系，作出截交线的 W 面投影 $a''b''c''d''e''$。

五棱柱截去左上角，截交线的 H 面和 W 面投影均可见。截去的部分，棱线不再画出，但有侧棱线未被截去的一段，在 W 面投影中应画为虚线。

检查、整理、描深图线，完成全图，如图 4-22（b）所示。

② 曲面截切体　由曲面立体截切得到的截切体，称为曲面截切体。

平面与曲面立体相交，所得的截交线一般为封闭的平面曲线。截交线上的每一点，都是截平面与曲面立体表面的共有点。求出足够的共有点，然后依次连接起来，即得截交线。

温馨提醒

截交线可以看作截平面与曲面立体表面上交点的集合。

求曲面立体截交线的问题实质上是在曲面上定点的问题，基本方法有素线法、纬圆法和辅助平面法。当截平面为投影面垂直面时，可以利用投影的积聚性来求点，当截平面为一般位置平面时，需要过所选择的素线或纬圆作辅助平面来求点。

温馨提醒

纬圆法是利用回转面上的纬圆作为辅助线的一种方法。这是一种通用的方法，适用于所有的回转面。

【例 4-2】 如图 4-23 所示，求正垂面与圆柱的截交线。

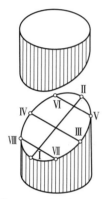

图 4-23　平面截切圆柱

由图 4-24(a) 可知，圆柱轴线垂直于 H 面，其水平投影积聚为圆。截平面 P_V 为正垂面，与圆柱轴线斜交，交线为椭圆。椭圆的长轴平行于 V 面，短轴垂直于 V 面。椭圆的 V 面投影成为一条直线，与 P_V 重合。椭圆的 H 面投影，落在圆柱面的同面投影上而成为一个圆，故只需作图求出截交线的 W 面投影。

作图步骤如下。

① 求特殊点。这些点包括轮廓线上的点、特殊素线上的点、极限点以及椭圆长、短轴的端点。

最左点 I（也是最低点）、最右点 II（也是最高点），最前点 III 和最后点 IV，它们分别是轮廓线上的点，又是椭圆长、短轴的端点，可以利用投影关系，直接求出其水平投影和侧面投影。

② 求一般点。为了作图准确，在截交线上特殊点之间选取一些一般位置点。图中选取了 V、VI、VII、VIII 四个点，由水平投影 5、6、7、8 和正面投影 $5'$、$6'$、$7'$、$8'$，求出侧面投影 $5''$、$6''$、$7''$、$8''$。

③ 连点。将所求各点的侧面投影顺次光滑连接，即为椭圆形截交线的 W 面投影。

④ 判别可见性。由图中可知截交线的侧面投影均为可见。

⑤ 检查、整理、描深图线，完成全图，如图 4-24(b) 所示。

从上面例题可以分析出，当截平面与圆柱轴线的夹角 α 大于 $45°$ 时，截交线椭圆在平行于圆柱轴线但不垂直于截平面的投影面上的投影一般仍是椭圆。椭圆长、短轴在该投影面上的投影，仍为椭圆投影的长、短轴。当截平面与圆柱轴线的夹角 α 小于 $45°$ 时，椭圆长轴的投影，变为椭圆投影的短轴。当 $\alpha=45°$ 时，椭圆的投影成为一个与圆柱底圆相等的圆。

（2）相贯体的投影

① 相贯体的有关概念及性质

相贯体——两立体相交得到的立体。

相贯线——两立体因相贯表面产生的交线。

相贯线的形状取决于两相交立体的形状、大小及其相对位置。两回转体相交得到的相贯线具有以下性质。

a. 相贯线是相交两立体表面共有的线，是两立体表面一系列共有点的集合，同时也是

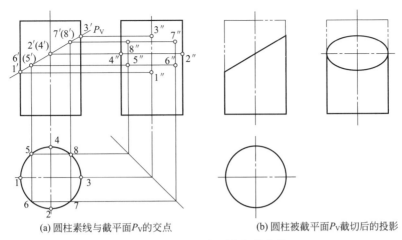

(a) 圆柱素线与截平面P_V的交点　　　　　　　(b) 圆柱被截平面P_V截切后的投影

图 4-24　正垂面与圆柱的截交线

两立体表面的分界点。

b. 由于立体占有一定的空间范围，所以相贯线一般是封闭的空间曲线。

根据相贯线的性质，求相贯线，可归纳为求出相交两立体表面上一系共有点的问题。求相贯线的方法，可用表面取点法。

相贯线可见性的判断原则是：相贯线同时位于两个立体的可见表面上时，其投影才是可见的；否则就不可见。

② 两曲面立体表面的相贯线　一般是封闭的空间曲线，特殊情况下可能为平面曲线或直线。组成相贯线的所有相贯点，均为两曲面立体表面的共有点。因此求相贯线时，要先求出一系列的共有点，然后依次连接各点，即得相贯线。

为了使相贯线的作图清楚、准确，在求共有点时，应先求特殊点，再求一般点。根据这些点不仅可以掌握相贯线投影的大致范围，而且还可以比较恰当地设立求一般点的辅助截平面的位置。

─────────── 温馨提醒 ───────────

相贯线上的特殊点包括可见性分界点、曲面投影轮廓线上的点、极限位置点（最高、最低、最左、最右、最前、最后）等。

求共有点的方法通常有以下两种。

积聚投影法——相交两曲面立体，如果有一个表面投影具有积聚性时，就可利用该曲面立体投影的积聚性作出两曲面立体的一系列共有点，然后依次连成相贯线。

辅助平面法——根据三面共点原理，作辅助平面与两曲面立体相交，求出两辅助截交线的交点，即为相贯点。

选择辅助平面的原则是：辅助截平面与两个曲面立体的截交线（辅助截交线）的投影都应是最简单易画的直线或圆。因此，在实际应用中往往多采用投影面的平行面作为辅助截平面。

【例 4-3】　求作两轴线正交的圆柱体的相贯线。

两圆柱相交时，根据两轴线的相对位置关系，可分为三种情况：正交（两轴线垂直相交）、斜交（两轴线倾斜相交）、侧交（两轴线垂直交叉）。

由图 4-25 可知，两个直径不同的圆柱垂直相交，大圆柱为水平位置，小圆柱为铅垂位

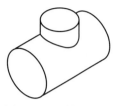

图 4-25 两轴线正交
的圆柱体

置，由上至下完全贯入大圆柱，所得相贯线为一组封闭的空间曲线。

因此，相贯线的水平投影积聚在小圆柱的水平投影上（整个圆），相贯线的侧面投影积聚在大圆柱的侧面投影上（即小圆柱侧面投影轮廓之间的一段大圆弧）。因此，余下的问题只是根据相贯线的已知两投影求出它的正面投影。

如图 4-26(a) 所示，作图步骤如下。

① 求特殊点。正面投影中两圆柱投影轮廓相交处的 1′、5′ 两

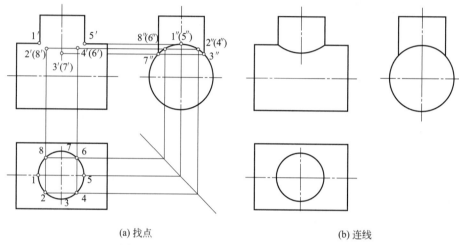

(a) 找点   （b) 连线

图 4-26 轴线正交的两圆柱体相贯线的画法

点分别是相贯线上的最左、最右点（同时也是最高点），它们的侧面投影落在小圆柱的最左最右两边素线的侧面投影上，1″、5″重影。

3、7 两点分别位于小圆柱的水平投影的圆周上，它们是相贯线上的最前、最后点，也是相贯线上最低点。可先在小圆柱和大圆柱侧面投影轮廓的交点处定出 3″ 和 7″，然后再在正面投影中找到 3′ 和 7′（前、后重影）。

② 求一般点。在小圆柱水平投影（圆）上的几个特殊点之间，选择适当的位置取几个一般点的投影，如 2、4、6、8 等，再按投影关系找出各点的侧面投影 2″、4″、6″、8″，最后作出它们的正面投影 2′、4′、6′、8′。

③ 连点并判别可见性。连接各点成相贯线时，应沿着相贯线所在的某一曲面上相邻排列的素线（或纬圆）顺序光滑连接。

例题中相贯线的正面投影可根据水平投影中小圆柱的各素线排列顺序依次连接 1′-2′-3′-4′-5′-(6′)-(7′)-(8′)-1′各点。由于两圆柱前、后完全对称，故相贯线前、后相同的两部分在正面投影中重影（可见者为前半段）。

④ 检查、整理、描深图线，完成全图，如图 4-26(b) 所示。

③ 过渡线　在锻件和铸件中，由于工艺上的要求，在零件的表面相交处常用一个曲面光滑地过渡，这个过渡曲面称为圆角。由于圆角的存在，使零件表面的相贯线不很明显，但为了区分不同形体的表面，仍需要画出这些交线，这种线称为过渡线。

过渡线的画法与相贯线的画法一样。但过渡线不与圆角的轮廓素线接触，只画到两立体表面轮廓素线的理论交点处，如图 4-27 所示。

在 GB/T 4458.1—2002 中规定过渡线采用细实线绘制，并且两端要与轮廓线明显脱开。

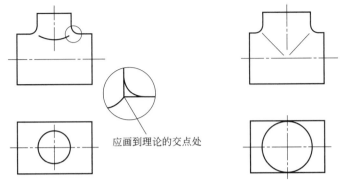

(a) 两不等直径圆柱的圆角过渡线　　　　　(b) 两等直径圆柱的圆角过渡线

图 4-27　过渡线的画法

④ 相贯线的简化画法　为了简化作图，国家标准规定，在不致引起误解的情况下，图形中的相贯线和过渡线可采用近似画法，如图 4-28（a）所示，也可采用模糊画法，如图 4-28（b）所示。当两圆柱正交且直径相差较大时，其相贯线的投影可采用近似画法，具体画法是：以两圆柱中半径较大的圆柱的半径为半径画出一段圆弧即可，如图 4-28（a）所示；但当两圆柱的直径相差不大时，不宜采用这种方法。

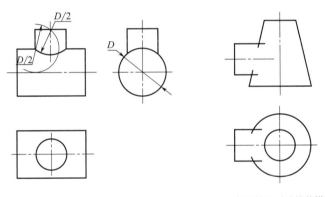

(a) 相贯线和过渡线的近似画法　　　　　(b) 相贯线和过渡线的模糊画法

图 4-28　相贯线的简化画法

4.2　视图

视图是机件向投影面投射所得的图形。视图主要用于表达机件的外部结构形状。其不可见部分用虚线表示，但必要时也可省略不画，根据 GB/T 17451—1998 和 GB/T 14692—2008，视图可分为基本视图、向视图、局部视图、斜视图和旋转视图。

4.2.1　基本视图

机件向基本投影面投射所得的视图，称为基本视图。

当物体的外部结构形状在各个方向（上、下、左、右、前、后）都不相同时，三视图往往不能完整地把它表达出来。因此，必须增加投影面和相应的投射方向，以得到更多的视图。为此，规定了表示一个物体可有六个基本投射方向，如图 4-29（a）所示。相应地有六个基本投影面分别垂直于六个基本投射方向。还规定了采用第一角投影，将物体置于第一分角内，物体处于观察者与投影面之间进行投射，然后，按规定展开投影面，便得到六个基视图。各视图名称规定为主视图（A）、俯视图（B）、左视图（C）、右视图（D）、仰视图（E）、后视图（F）。六个基本投影面的展开方法，如图 4-29（b）所示。各视图的配置，如图 4-29（c）所示。

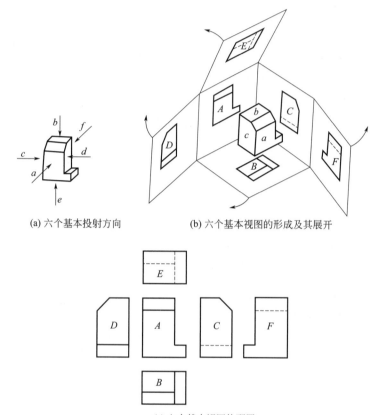

(a) 六个基本投射方向   (b) 六个基本视图的形成及其展开

(c) 六个基本视图的配置

图 4-29　六个视图的形成及其配置

a—由前向后投射；b—由上向下投射；c—由左向右投射；d—由右向左投射；e—由下向上投射；f—由后向前投射

温馨提醒

六个基本视图之间保持长对正、高平齐、宽相等的投影关系，即主、俯、仰视图长对正；主、左、右、后视图高平齐；俯、左、仰、右视图宽相等。其中，俯、左、仰、右视图靠近主视图的里侧均反映物体的后方，而远离主视图的外侧均反映物体的前方，后视图的左侧反映物体的右方，而右侧反映物体的左方。

实际绘图时，不是任何机件都需要画六个基本视图，而是根据机件的结构特点和复杂程度，选用必要的基本视图。

六个基本视图中，一般优先选用主、俯、左三个视图。

任何机件的表达，都必须有主视图。

图 4-30 所示的机件，就采用了主、左、右三个基本视图表示。

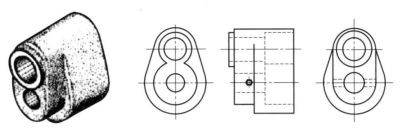

图 4-30 基本视图的选用及其虚线的省略

4.2.2 向视图

向视图是可以自由配置的视图。有时根据专业需要，或为了合理利用图纸幅面，也可不按规定位置配置视图，这时可用向视图表示。按向视图配置，必须加以标注：在向视图的上方正中位置标注×（×为大写拉丁字母）明示视图名称，在相应视图附近用箭头指明投射方向，并标注相同的字母×，如图 4-31 所示。

4.2.3 局部视图

将机件的某一部分向基本投影面投射所得的视图，称为局部视图。局部视图是一个不完整的基本视图，利用局部视图可以减少基本视图的数量。当机件某一局部形状没有表达清楚，而又没有必要用一个完整的基本视图表达时，可单独将这一部分向基本投影面投射，从而避免了在别的图上已表示清楚的部分结构再重复表达。如图 4-32 所示的机件，当采用了主视图以后，如果加用了俯（或仰）、左、右视图，将会对这个机件在别的视图上已表示清楚的结构造成重复表达，故采用了局部视图 A、B、C，取代了仰、左、右基本视图。

局部视图的断裂边界线用波浪线表示，如图 4-32 中的局部视图 C。

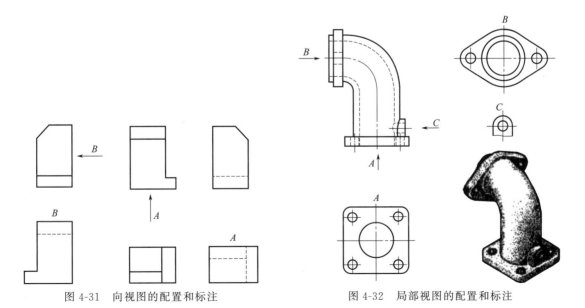

图 4-31 向视图的配置和标注

图 4-32 局部视图的配置和标注

当所表达的局部结构是完整的，且其外形轮廓线自成封闭，与其他部分截然分开时，波浪线可省略不画，如图 4-32 中的局部视图 A、B。

为了看图方便，局部视图应尽量配置在箭头所指向的一侧，并与原基本视图保持投影关系，如图 4-32 中的局部视图 B。有时为了合理利用图纸幅面，也可将局部视图按向视图配置在其他适当位置，如图 4-32 中的局部视图 A、C。

画局部视图时，与向视图一样，一般在局部视图的上方正中位置用大写拉丁字母标出局部视图的名称×，在相应视图附近用箭头指明投射方向，并注上同样的字母×，如图 4-32 所示。当局部视图按投影关系配置，中间又无其他图形隔开时，允许省略标注，如图 4-32 中的局部视图 B 也可以不标注（如不注"B"，另两处注的局部视图的字母，应按自然顺序重新调整）。

在实际画图时，用局部视图表达机件，可使图形重点突出，表达简练、灵活。

4.2.4 斜视图

机件向不平行于任何基本投影面的平面投射所得的视图，称为斜视图。

如图 4-33 所示的机件，其倾斜部分在俯、左视图上均得不到真实形状。这时，可用变换投影面法设立一个与该倾斜部分平行且又与正立投影面垂直的新投影 P，将该倾斜部分向这个新投影面进行投射，并将投射后的新投影面 P 旋转到与它所垂直的投影面重合，即得到斜视图，以反映倾斜部分的实形，如图 4-34 所示。

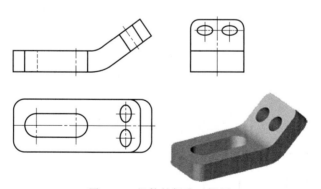

图 4-33　机件的标准三视图

斜视图通常只画出机件倾斜部分的实形，其余部分不必在斜视图中画出，而用波浪线断开，如图 4-34 中的斜视图 A。当所表达的倾斜部分的结构是完整的，且外轮廓线自成封闭，又与其他部分截然分开，波浪线可省略不画，如图 4-35 中的斜视图 A。

斜视图通常按向视图的配置形式配置并标注，如图 4-34 所示。

画斜视图时，必须在斜视图的上方正中位置标出其名称×，并在相应的视图附近用垂直于斜面的箭头指明投射方向，并注上同样的字母×。应特别注意，字母一律按水平位置书写，字头朝上。

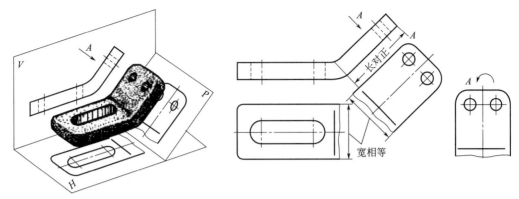

图 4-34 斜视图

斜视图一般配置在箭头所指的方向的一侧，且符合投影方向配置，有时为了合理利用图纸幅面，也可按向视图的配置形式配置在其他适当位置。在不致引起误解时，为了画图方便，必要时，也允许将其图形旋转放正配置，其旋转角度一般以不大于 90°为宜，表示该视图名称的大写拉丁字母应靠近旋转符号的箭头端。旋转符号的尺寸和比例如图 4-36 所示。

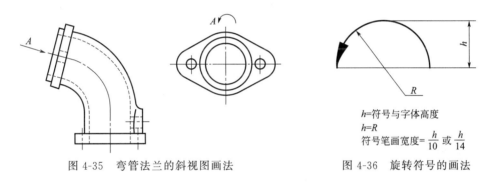

h=符号与字体高度
$h=R$
符号笔画宽度=$\dfrac{h}{10}$ 或 $\dfrac{h}{14}$

图 4-35 弯管法兰的斜视图画法　　图 4-36 旋转符号的画法

要注意的是：在图 4-34 中，画出了按投影关系配置的斜视图 A 和按向视图且旋转放正配置的斜视图 A，实际画图只需画出两者之一。

斜视图用于表达斜视部分的外形，可画出倾斜部分的局部或全部。

4.3 剖视图

用视图表达机件时，机件的内部结构形状是不可见的，都用虚线表示。如果视图中虚线过多，就会使图形表达不够清晰，而且标注尺寸也不方便。为此，国家标准规定采用剖视图来表达机件的内部结构。

4.3.1 剖视图的基本概念

（1）剖视图的形成

假想用剖切平面剖开机件，将处在观察者和剖切平面之间的部分移去，而将剩下的部分向投影面投射所得到的图形，称为剖视图（简称剖视）。如图 4-37 所示的机件，假想沿机件前后对称平面剖开，移去前面部分，将后面部分向正投影面投射，就得到一个剖视的主视图。

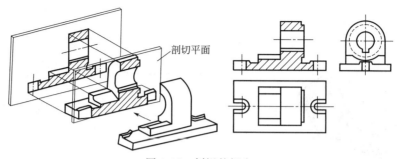

图 4-37 剖视的概念

（2）剖面符号

剖切平面与机件接触的部分称为剖面区域。为了区分机件的实心部分与空心部分，国家标准规定机件剖面区域上要画出剖面符号，并且不同的材料要用不同的剖面符号。其中金属材料的剖面符号如图 4-37 所示，为与机件主要轮廓或剖面区域的对称线成 45°（左右倾斜均可）且间距相等的细实线，也称通用剖面线。

重点提示

同一机件在各剖视图中的剖面符号应方向相同、间距相等。

非金属材料，如橡胶、塑料、尼龙等的剖面符号为网格线，如图 4-38 所示，其他材料的剖面符号可查有关资料和手册。

图 4-38 Y 型橡胶密封圈

4.3.2 剖视图的画法

以图 4-39 所示的零件为例，剖视图可按下列方法和步骤进行绘制。

① 分析零件，确定零件的摆放方向和基本视图的个数，即确定零件怎样放置时表达起来更清楚、简捷，并确定至少要用几个视图才能将零件的结构表达清楚。如图 4-39 所示的零件，经过分析采用如图 4-40 所示的位置放置时比较合理，且需用主视图、俯视图和左视图三个基本视图才能将零件的结构表达清楚。

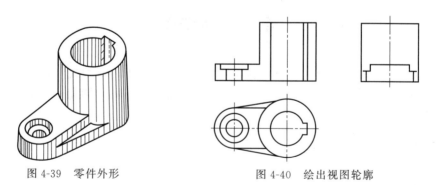

图 4-39 零件外形   图 4-40 绘出视图轮廓

② 确定对哪个视图进行剖切，并确定剖切平面的个数和位置，画出剖切图形。如图 4-39 所示零件，俯视图和左视图不需剖切，可先画出；主视图需要剖切，以将两内孔的结构表达清楚，通过分析可知采用通过两孔轴线的剖切平面最为合理。绘图时，在画出剖切

平面与机件接触部分的断面图形的同时，要画出断面后方所有可见部分轮廓的投影，如图 4-40 所示。

③ 画上剖画线，用规定方法进行标注，如图 4-41 所示。

4.3.3 剖视图的标注

（1）剖视图的标注内容

根据国家标准的规定，剖视图的标注包括下列各项内容。

① 剖切符号：剖切平面与投影面的交线，在它的起、迄和转折处用粗短画线表示，线宽为 (1～1.5)b，长为 5～10mm，注意不能与图形轮廓线相交。

② 投射方向：在剖切位置线的起、迄点外侧画出与其相垂直的箭头，表示剖切后的投射方向。

③ 剖视图名称：在剖切位置线的起、迄及转折处写上同一字母，并在所画剖视图上方用相同字母标注出剖视图的名称×—×。

（2）剖视图的简化和省略标注

在下列情况下，剖视图可以简化或省略标注。

① 当剖切后的图形按投影关系配置，中间没有其他图形隔开时，允许省略箭头，图 4-41 中所标注的箭头即可省略。

② 当剖切平面与机件的对称平面重合，且剖切后的图形按投影关系配置，中间又没有其他图形隔开时，可以不必标注，图 4-41 中的剖切符号可省略。

根据以上规定，图 4-41 所示的标准视图可简化为图 4-42 所示的视图。

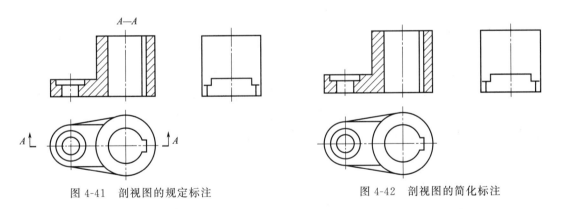

图 4-41　剖视图的规定标注　　　　　图 4-42　剖视图的简化标注

重点提示

① 剖视图是一种假想画法，并不是真将机件切去一部分，因此当机件一个视图画成剖视时，其他视图仍应按机件完整时的情形画出。

② 剖切平面应尽量通过被剖切机件的对称平面或孔、槽的中心线，避免剖切出不完整的结构要素。

③ 在剖视图上，对于已经表示清楚的结构，其虚线可以省略不画，但如画少量虚线可以减少视图，而又不影响剖视图的清晰性时，也可画出这种虚线。

④ 要仔细分析剖切后的结构形状，分析有关视图的投影特点，以免画错。

4.3.4 剖视图的种类

按剖切的范围大小，剖视图可分为全剖视图、半剖视图和局部剖视图。

（1）全剖视图

用剖切面完全地剖开机件所得的剖视图称为全剖视图，简称全剖视。图4-44所示为零件（图4-43）三视图，其中的左视图为全剖视图。

当机件外形简单，内形较复杂且不对称时，常用全剖视图表达。

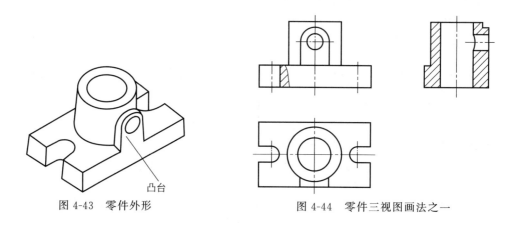

图 4-43　零件外形　　　　　　　　图 4-44　零件三视图画法之一

（2）半剖视图

当机件具有对称平面时，向垂直于对称平面的投影面上投射所得的图形，可以对称中心线（细点画线）为界，一半画成剖视图，另一半画成视图，这样的图形称为半剖视图，简称半剖视。

如图4-43所示的零件，采用图4-45的方法进行剖视时，如主视图采用全剖视，左视图不剖，半圆弧凸台和圆孔就被剖切掉了，其形状和位置就不能表示出来。这时，可根据其主视图左右对称的特点，以中心线为界，取半个视图表达外形，如凸台、圆孔等，取半个剖视图表达内形，这样就清楚地将零件的结构表达出来了。

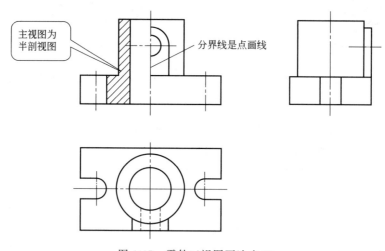

图 4-45　零件三视图画法之二

半剖视图主要用于内、外形状都需表达的对称机件。

半剖视图的标注及省略标注的原则与全剖视图相同。图4-44和图4-45中主视图和左视图完全省略了标注，俯视图省略了箭头的标注。

温馨提醒

半个剖视图与半个视图的分界线应是细点画线，不能是其他任何线。因此位于对称面的外形或内形上有轮廓线时，不能进行半剖。

（3）局部剖视图

用剖切面局部地剖开机件，所得的剖视图，称为局部剖视图，简称局部剖视，如图4-44中的主视图所示。

局部剖视图主要用于表达机件上的局部内形。对于不对称机件需要表达内、外形状或对称机件不宜进行半剖时，可采用局部剖视图表达。图4-46所示的机件就只能用局部剖视表示。

在局部剖视中，部分剖视图与部分视图之间应以波浪线为界，波浪线也表示机件断裂处的边界线。图4-47所示的几种画法都是错误的，其正确画法如图4-48所示。

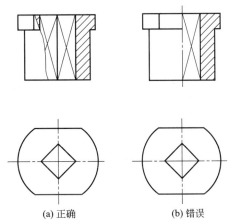

(a) 正确　　　　(b) 错误

图4-46　不宜进行半剖的机件

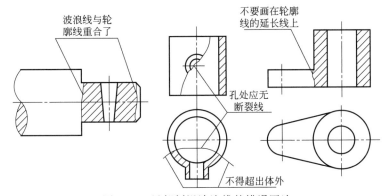

图4-47　局部剖视波浪线的错误画法

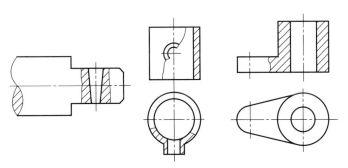

图4-48　局部剖视波浪线的正确画法

波浪线不能与轮廓线或轮廓延长线重合；波浪线不能超出图形轮廓线；波浪线如遇到孔、槽等结构时，必须断开。

局部剖视一般可省略标注，但当剖切位置不明显或局部剖视图未按投影关系配置时，则必须加以标注。

同一机件的表达，局部剖视不宜过多，否则会使表达过于零乱。

4.3.5 剖切面

国家标准规定，剖切面可以是平面或曲面。绘图时，根据机件的结构特点，可选用单一剖切面、几个平行的剖切面和几个相交的剖切面（交线垂直于某一投影面）进行表达。

无论采用哪种剖切面，都可以得到全剖视图、半剖视图和局部剖视图。

（1）单一剖切面

用一个剖切面剖开机件的方法称为单一剖。单一剖切面通常指的是平面或柱面。

① 平行于基本投影面的平面　全剖视图、半剖视图和局部剖视图大多采用了这种平面。图 4-49 中的 A—A 剖视图是采用平行于一个基本投影面的单一剖切平面完全地剖开零件所得到的全剖视图。

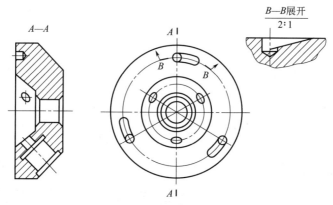

图 4-49　带腰形孔圆盘类零件剖视图的画法

② 柱面　图 4-49 中的 B—B 展开剖视图，是通过柱面剖切展开绘制的。在采用柱面剖切机件时，剖视图应展开绘制，并在剖视图上方标注"×—×展开"字样。

③ 不平行于任何基本投影面的平面（单一斜剖切平面）　主要用于表达机件上倾斜部分的结构形状。如图 4-50 B—B 剖视图，是用该类平面剖切后得到的全剖视图。

采用单一斜剖切平面剖切时，必须对剖视图进行标注。剖视图一般按投影关系配置，如图 4-50 中的"B—B"。有时为了图纸的合理布局，也可将其平移到适当位置，必要时允许将图形旋转配置，但必须标注旋转符号（箭头指向图形的旋转方向），如图 4-50 中的"B—B ⌒"。

（2）几个平行的剖切面

机件上如果有若干不在同一平面上而又需要在同一图形上表达的内部结构时，可假想采

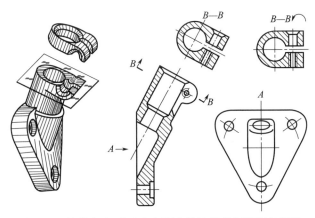

图 4-50 轴线与底面不垂直的孔类连接件剖视图的画法

用几个（两个或两个以上）平行的剖切平面剖开机件，然后进行投影。各剖切平面的转折处必须是直角。习惯上称这种剖切机件的方法为阶梯剖。

如图 4-51 所示，用一个剖切平面不能把机件中部的台阶孔、左侧的通孔和右侧的盲孔都剖切到，这时可采用多个（三个）相互平行的剖切平面剖切，然后向正立面投影，得到全剖视的主视图。当机件的孔、槽等内部结构具有相互平行的对称面时，往往采用这种剖切方式。

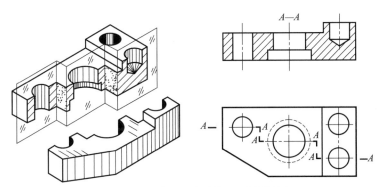

图 4-51 几个平行的剖切面及剖视图

如图 4-52 所示，采用阶梯剖时应注意以下几点。

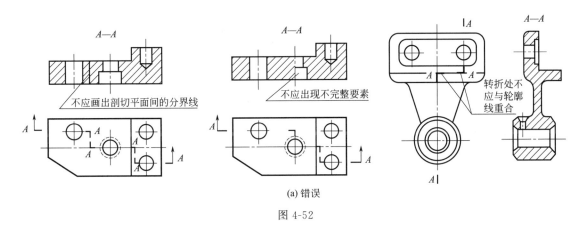

(a) 错误

图 4-52

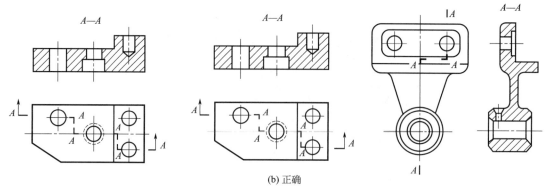

(b) 正确

图 4-52　采用阶梯剖时的注意点

① 两个剖切平面的转折处必须是直角，且转折处的轮廓线不应画出。

② 要恰当选择剖切位置，避免在剖视图上出现不完整结构要素。

③ 剖切平面的转折处不应与视图中的轮廓线重合。

④ 采用这种剖切面剖切必须标注，即在剖切平面的起、迄和转折处，要用相同字母及剖切符号表示剖切位置，并在起、迄点外侧画上箭头表示投射方向。在相应的剖视图上用相应字母注出×—×表示剖视图名称。

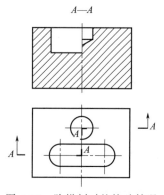

图 4-53　阶梯剖时的特殊情况

当剖视图按投影关系配置、中间又无其他视图隔开时，可省略箭头，如图 4-51 所示。

⑤ 当机件上的两个要素具有公共对称中心线或轴线时，可各画一半，合并成一个剖视图。此时应以中心线或轴线为分界线，如图 4-53 所示。

（3）几个相交的剖切面

也可用几个相交的剖切面（交线垂直于某一基本投影面）剖开机件，如图 4-54 所示。习惯上把这种剖切方式称为旋转剖。

采用相交的剖切面剖切主要用于表达具有公共旋转轴线的机件内形和盘、轮、盖等机件的成辐射状均匀分布的孔、槽等内部结构。图 4-55 所示为采用相交剖切面剖切表达机件的另一个例子。

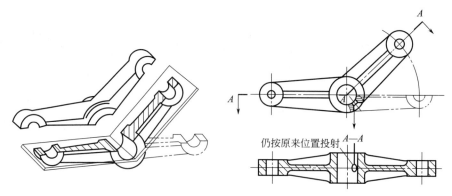

仍按原来位置投射

图 4-54　旋转剖的应用

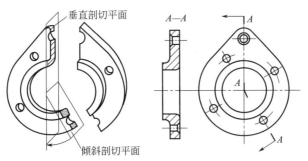

图 4-55　成辐射状均匀分布的孔、槽零件的剖视图

采用相交的剖切面画剖视图时应注意以下几点。

① 相交的剖切面其交线应与机件上旋转轴线重合，并垂直于某一基本投影面，以反映被剖切结构的真实形状。

② 剖开的倾斜结构及其有关部分应旋转到与选定的投影面平行后再投射画出，但在剖切平面后的部分结构仍按原来位置投射画出，如图 4-54 中的小油孔。

③ 当相交两剖切面剖到机件上的结构会出现不完整要素时，则这部分结构作不剖处理，如图 4-56 所示。

④ 采用相交的剖切面剖切时必须标注。其标注方法是在剖切平面的起、迄和转折处用相同大写英文字母及剖切符号表示剖切位置，并在起、迄点两端外侧画上与剖切符号垂直相连的箭头表示投射方向；在其相应的剖视图上方正中位置用同样的大写字母标注出×—×以表示剖视图的名称，如图 4-54～图 4-56 所示。图 4-54～图 4-56 中的箭头也可以省略。

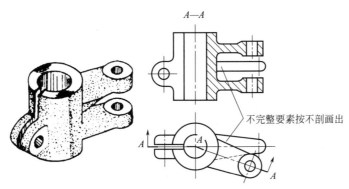

图 4-56　剖切时结构会出现不完整要素时的处理方法

4.4　断面图

4.4.1　断面图的概念及种类

（1）断面图的概念

假想用剖切平面将机件的某处切断，仅画出该剖切平面与机件接触部分的图形，称为断面，简称断面，如图 4-57 所示。

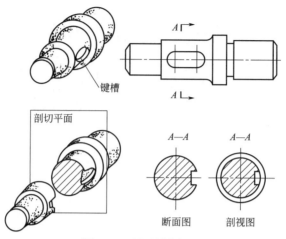

图 4-57 断面图的概念

对比解析

断面图：仅画出机件被剖切断面的图形。

剖视图：画出剖切平面后方所有部分的投影。

（2）断面图的种类

断面图分移出断面图和重合断面图两种。

① 移出断面图：画在视图轮廓线之外的断面图，如图 4-58 所示。

② 重合断面图：画在视图轮廓线之内的断面图，如图 4-59 所示。

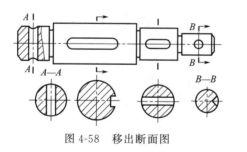

图 4-58　移出断面图　　　　　　图 4-59　重合断面图

4.4.2　断面图的画法与标注

（1）移出断面图

① 移出断面图的轮廓线用粗实线绘制，并在断面图上画上规定的剖面符号，如图 4-60 所示。

② 移出断面图尽量配置在剖切符号的延长线上，必要时也可画在其他位置。在不致引起误解时，允许将图形旋转画出，如图 4-60 所示。当移出断面图的图形对称时，也可画在视图的中断处，如图 4-61 所示。

③ 剖切平面应与被剖切部分的主要轮廓线垂直，如图 4-60 中的 *B—B* 及 *D—D* 和

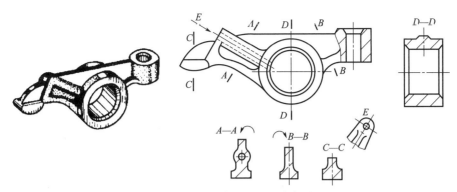

图 4-60 移出断面图画法与标注

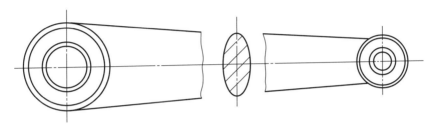

图 4-61 移出断面图配置在视图中断处

图 4-62(a) 所示。若用一个剖切面不能满足垂直时，可用相交的两个或多个剖切面分别垂直于机件轮廓线剖切，其断面图形中间应用波浪线断开，如图 4-62(b) 所示。

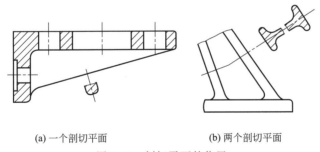

(a) 一个剖切平面　　　　　　(b) 两个剖切平面

图 4-62 剖切平面的位置

④ 当剖切平面通过由回转面组成的孔或凹坑的轴线时，则这些结构按剖视绘制，如图 4-63 所示。当剖切平面通过非回转面，会导致出现完全分离的两部分断面图时，这样的结构也按剖视绘制，如图 4-64 所示。

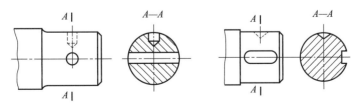

图 4-63 通过圆孔等的断面图画法

⑤ 移出断面图一般应用剖切符号表示剖切位置，用箭头表示投射方向，并注上字母，在断面图上方用相同字母标注出相应的名称×—×。

⑥ 当断面图配置在剖切符号的延长线上时，对称结构可全部省略标注，不对称结构可省略标注字母，如图 4-58 和图 4-62 所示。

⑦ 不配置在剖切符号延长线上的对称结构以及按投影关系配置的不对称结构的断面图，允许省略箭头，如图 4-60 和图 4-63 所示。不对称结构的移出断面图未配置在剖切符号延长线上或不按投影关系配置时，不能省略标注。

（2）重合断面图

① 重合断面图的轮廓线用细实线绘制，如图 4-59 和图 4-65 所示。当重合断面轮廓线与视图中轮廓线重合时，仍按视图中轮廓线画，如图 4-65 所示。

② 重合断面图对称时，可省略标注，如图 4-59 所示。不对称时，标注剖切符号及箭头，如图 4-65 所示。

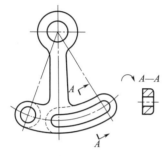

图 4-64　断面图分离时的画法

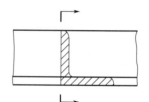

图 4-65　重合断面图的画法

4.5　局部放大图、规定画法与简化画法

机件除了用视图、剖视图和断面图表达外，对机件上一些特殊结构，为了看图方便，画图简单，其图样画法还可选择局部放大图、规定画法及简化画法等表达方法。

4.5.1　局部放大图

当机件上某些细小结构在原图上表达不够清楚或不便标注尺寸时，可将这些细小结构用大于原图的比例单独画出，这种用大于原图比例画出的机件上局部结构的图形，称为局部放大图，如图 4-66 所示。

局部放大图的比例是指该图形中机件要素的线性尺寸与实际机件相应要素的线性尺寸之比，与原图形的比例无关。

局部放大图可以画成视图、剖视图或断面图，与被放大部分的表达方法无关。局部放大图应尽量配置在被放大部位的附近。

当同一机件上有几个被放大的部位时，必须用罗马数字依次标明被放大的部位，并在局部放大图上方用分数形式标注出相应的罗马数字和所采用的比例，如图 4-66 中的Ⅰ、Ⅱ所示。当机件上被放大的部位只有一个时，在局部放大图的上方只需注明所采用的比例即可。

局部范围的断裂边界线，在局部放大图上用波浪线画出；若为剖视图或断面图时，其剖面符号应与被放大部位的剖面符号一致，且剖面线的方向和间距应与原图相同；同一机件上，不同部位的放大图相同或对称时，可只画出一个部位的局部放大图，如图 4-67 所示。

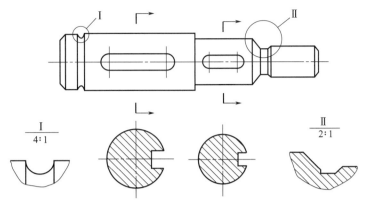

图 4-66 轴类零件砂轮越程槽的放大画法

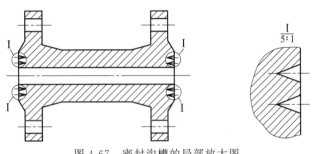

图 4-67 密封沟槽的局部放大图

4.5.2 规定画法

GB/T 16675.1—2012《技术制图 简化表示法 第1部分：图样画法》列出了在图样中通用的一些简化画法，已在机械制图中形成规定的画法，主要有以下几种情况。

① 在需要表达剖切平面前的结构时，这些结构可假想地用细双点画线绘制，如图 4-68 所示。

② 有些机件剖切后，仍有内部结构尚未表达清楚，而又不宜采用其他表达方法时，允许在剖视图中再作一次局部剖视，这种表达方法习惯上称为剖中剖。采用这种画法时，两者的剖面符号应方向相同、间隔相同，但要相互错开，并用引出线标注其名称，如图 4-69 中的 $B—B$ 所示。

③ 对于机件的轮辐、肋板及薄壁等结构，当剖切平面沿其纵向剖切时，这些结构

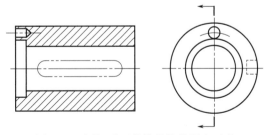

图 4-68 剖切平面前的结构的规定画法

的断面图不画剖面符号，而用粗实线将它与其邻接部分分开，如图 4-70 所示。

④ 当需要用剖视图表达回转体机件上均匀分布的轮辐、肋板、孔等，而这些结构又不处于剖切平面上时，可将这些结构旋转到剖切平面上画出，不需加任何标注，如图 4-71 所示。

⑤ GB/T 4458.1—2002《机械制图 图样画法 视图》规定，沟槽、滚花等网状结构用粗实线完全或部分地表示出来，如图 4-72 所示。

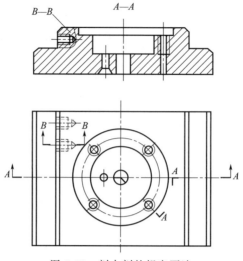

图 4-69 剖中剖的规定画法

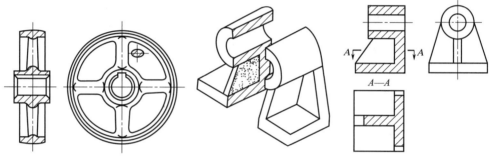

图 4-70 轮辐、肋板断面图的规定画法

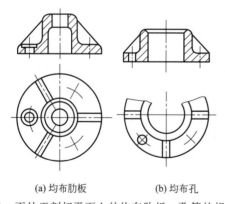

(a) 均布肋板　　　(b) 均布孔

图 4-71 不处于剖切平面上的均布肋板、孔等的规定画法

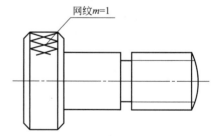

图 4-72 滚花的规定画法和标注

　　⑥ 机件上的小平面在图形中不能充分表达时，可用平面符号（相交的两条细实线）表示，如图 4-73 所示。

　　⑦ 较长的机件（轴、杆、型材、连杆等）沿长度方向的形状一致或按一定规律变化时，可断开后缩短绘制，断裂处的边界线可采用波浪线，如图 4-74 所示，但必须按原来的长度标注尺寸。

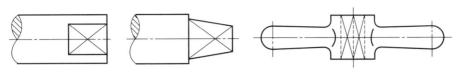

图 4-73 小平面的规定画法

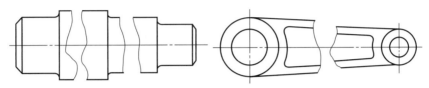

图 4-74 用波浪线表示的轴、连杆的折断画法

4.5.3 简化画法

GB/T 16675.1—2012《技术制图 简化表示法 第1部分：图样画法》给出了简化画法的简化规则和基本要求。

（1）简化画法的简化规则

① 简化必须保证不致引起误解和不会产生理解的多义性。在此前提下，应力求制图简便。

② 便于识读和绘制，注重简化的综合效果。

③ 在考虑便于手工制图和计算机制图的同时，还要考虑缩微制图的要求。

（2）简化画法的基本要求

① 应避免不必要的视图和剖视图，如图 4-75 所示。

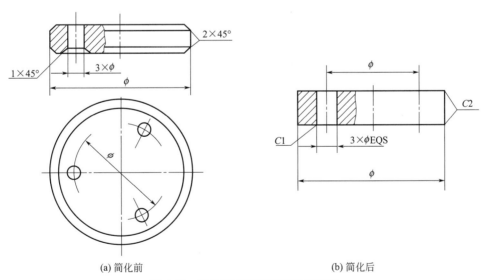

(a) 简化前   (b) 简化后

图 4-75 避免不必要的视图和剖视图

② 在不致引起误解时，应避免使用虚线表示不可见的结构，如图 4-76 所示。

③ 尽可能使用有关标准中的规定符号表达设计要求，如图 4-77 所示。

④ 尽可能减少相同结构要素的重复绘制，如图 4-78 所示。

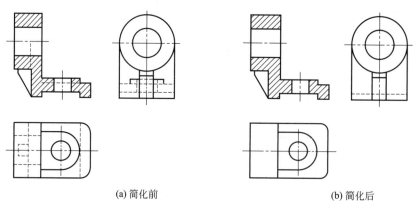

(a) 简化前　　　　　　　　　　　　　　　(b) 简化后

图 4-76　避免使用虚线表示不可见的结构

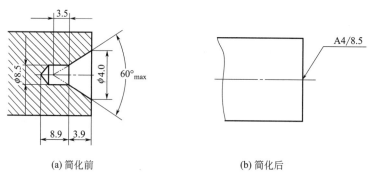

(a) 简化前　　　　　　　　　　　　　　　(b) 简化后

图 4-77　使用标准中的规定符号表达设计要求

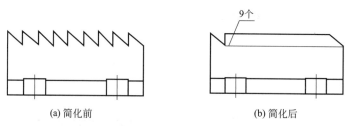

(a) 简化前　　　　　　　　　　　　　　　(b) 简化后

图 4-78　尽可能减少相同结构要素的重复绘制

⑤ 对于已清晰表达的结构，可对其进行简化，如图 4-79 所示。

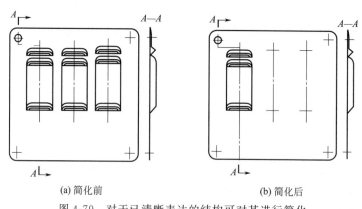

(a) 简化前　　　　　　　　　　　　　　　(b) 简化后

图 4-79　对于已清晰表达的结构可对其进行简化

（3）零件图的简化画法

根据 GB/T 16675.1—2012《技术制图　简化表示法　第 1 部分：图样画法》，零件图的简化画法主要包括以下内容。

① 在不致引起误解时，对称图形可只画一半或四分之一，并在对称中心线的两端画出两条与其垂直的平行细实线。有时还可以用略大于一半画出，如图 4-80 所示。

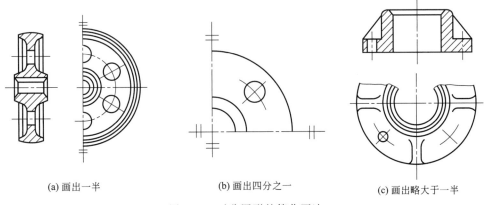

(a) 画出一半　　　　　　　　(b) 画出四分之一　　　　　　　　(c) 画出略大于一半

图 4-80　对称图形的简化画法

② 圆柱形法兰和类似零件上均匀分布的孔可按图 4-81 所示的方法表示，由零件外向该法兰端面方向投影。

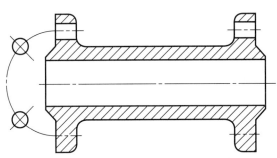

图 4-81　法兰盘上均布孔的简化画法

③ 机件上对称结构（如槽、孔等）的局部视图，在不致引起误解时，可按图 4-82 所示的方法表示。

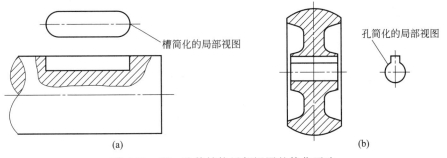

(a)　　　　　　　　　　　　　　　(b)

图 4-82　槽、孔等结构局部视图的简化画法

④ 当机件上有若干相同要素（如齿槽等），并按一定规律分布时，只需画出一个或几

个完整的结构，其余用细实线连接即可，但必须在图中注明该要素的总数，如图 4-83 所示。

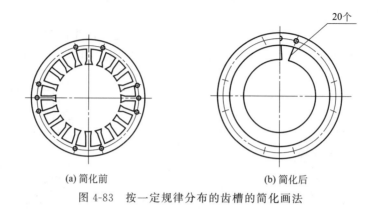

(a) 简化前   (b) 简化后

图 4-83　按一定规律分布的齿槽的简化画法

当机件上有若干直径相同且成规律分布的孔（圆孔、螺孔、沉孔等）时，可以仅画出一个或几个，其余只需画出中心位置，但在图中应注明孔的总数，如图 4-84 所示。

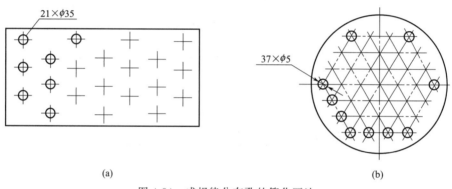

(a)   (b)

图 4-84　成规律分布孔的简化画法

⑤ 机件上与投影面倾角不大于 30°的圆或圆弧，其投影（椭圆或椭圆弧）可用圆或圆弧代替，如图 4-85 所示。

⑥ 机件上的过渡线、相贯线和截交线，在不致引起误解时，允许简化画出，如图 4-86 所示。

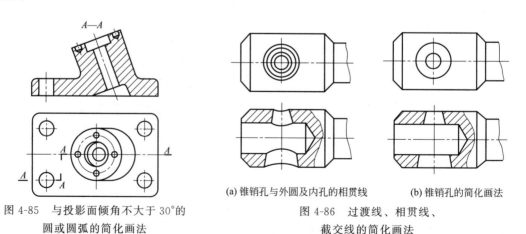

图 4-85　与投影面倾角不大于 30°的
圆或圆弧的简化画法

(a) 锥销孔与外圆及内孔的相贯线   (b) 锥销孔的简化画法

图 4-86　过渡线、相贯线、
截交线的简化画法

⑦ 在不致引起误解时，机件的移出断面图允许省略剖面符号，但不能省略标注，如图 4-87 所示。

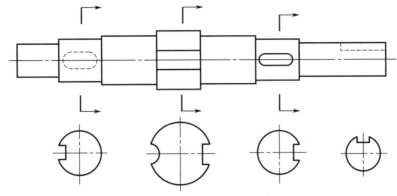

图 4-87　轴类零件移出断面图的简化画法

⑧ 零件图上的小圆角、小倒圆或 45°小倒角允许省略不画，但必须标出尺寸或在技术要求中加以说明，如图 4-88 所示。

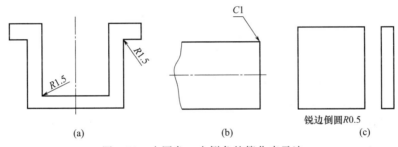

图 4-88　小圆角、小倒角的简化表示法

4.6　剖面线的画法

4.6.1　剖面线绘制操作命令

CAXA 软件中绘制剖面线的操作命令按钮为【剖面线】。

【剖面线】命令用于在封闭的轮廓线内按给定间距、角度绘制剖面图案。CAXA 软件中设置了默认的剖面线符号，另外还提供了一系列剖面图案，以适应工程图中的不同情况和不同行业的需要。

单击【常用】选项卡→【基本绘图】面板→【剖面线】按钮或选择【绘图】→【剖面线】菜单命令，出现如图 4-89 所示的立即菜单，立即菜单各选项功能如下。

① 第 1 项可以选择以"拾取点"或"拾取边界"方式绘制剖面线。

② 第 2 项可切换"不选择剖面图案"或"选择剖面图案"方式。"不选择剖面图案"方式，系统将按前次选择的图案生成剖面线；"选择剖面图案"方式，系统弹出【剖面图案】对话框，允许用户根据需要自行选择剖面图案。

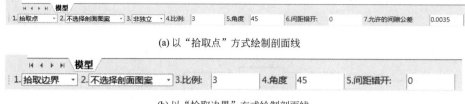

(a) 以"拾取点"方式绘制剖面线

(b) 以"拾取边界"方式绘制剖面线

图 4-89 剖面线的立即菜单

③ 第 3 项可切换"非独立"或"独立"方式。"独立"方式是指使用一次【剖面线】命令填充的多个独立区域内的填充图案相互独立;"非独立"方式是指使用一次【剖面线】命令填充的多个独立区域内的填充图案是一个关联对象。

④ 第 4 项可以改变比例,以确定图案的间距,如图 4-90(a)和图 4-90(b)所示。

⑤ 第 5 项可以改变角度,以确定图案的角度,如图 4-90(a)和图 4-90(c)所示。

(a) 比例=3,角度=45°   (b) 比例=6,角度=45°   (c) 比例=3,角度=135°

图 4-90 具有不同比例和角度的剖面线

⑥ 第 6 项文本框中可输入数值,从而使此次绘制的剖面线与前次绘制的剖面线间距错开,如图 4-91 所示。

⑦ 第 7 项可输入允许的间隙公差。

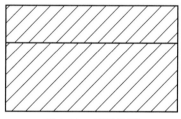

图 4-91 间距错开

4.6.2 剖面线绘制方式

(1)"拾取点"方式绘制剖面线

提示"拾取环内一点:",拾取封闭环内的一点,系统根据拾取点的位置,从右向左搜索最小内环,搜索到的封闭环虚像显示,右击确认。后面的操作与立即菜单第 2 项的选择有关,具体如下。

① 设置为"不选择剖面图案"方式时,系统立即在封闭环内画出剖面线。如果拾取点在环外,则操作无效。

② 设置为"选择剖面图案"方式时,点击选中要绘制剖面线的区域,右击鼠标,弹出如图 4-92 所示的【剖面图案】对话框。

在【剖面图案】对话框中,根据需要在左侧图案列表中选择剖面图案,右侧的预览框可显示该图案。也可单击左下方的【高级浏览】按钮,在弹出的【浏览剖面图案】对话框中选择剖面图案。

在【剖面图案】对话框右下方的文本框中,修改比例和旋转角;是否选中【关联】复选框,可以确定边界改变时,绘制的剖面线是否跟随变化,如图 4-93 所示;如此次绘制的剖面线要与前次绘制的剖面线间距错开,则在【间距错开】文本框中输入数值。

单击【确定】按钮,即可在所选封闭区域内画出剖面线。

"拾取点"方式绘制示例如图 4-94 所示。在图 4-94(a)中,矩形内部有一个圆,矩形和

图 4-92 【剖面图案】对话框

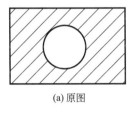
(a)原图

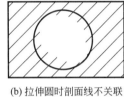
(b)拉伸圆时剖面线不关联

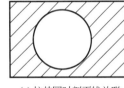
(e)拉伸圆时剖面线关联

图 4-93 关联的概念

圆各是一个封闭环。若拾取点在 1 处，从 1 点向左搜索到的最小封闭环是矩形，1 点在环内，则在矩形内画出剖面线，如图 4-94(b) 所示。若拾取点在 2 处，则从 2 点向左搜索到的最小封闭环为圆，因此在圆内画出剖面线，如图 4-94(c) 所示。在图 4-94(d) 中，先选择 3点，再拾取 4 点，则可绘制出有孔的剖面。图 4-94(e) 中，先拾取 5 点，再拾取 6 点，最后拾取 7 点，则可绘出更复杂的剖面情况。

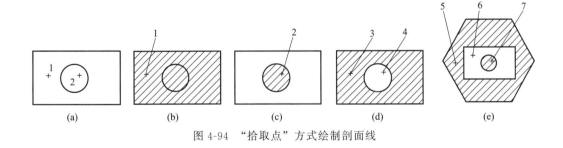

图 4-94 "拾取点"方式绘制剖面线

温馨提醒

"拾取点"方式绘制剖面线，操作简单、方便，适合于各式各样的封闭区域。

绘制剖面线时，所指定的区域必须是封闭的，否则操作无效。

（2）"拾取边界"方式绘制剖面线

"拾取边界"方式绘制剖面线时，系统根据拾取到的曲线搜索封闭环，根据封闭环生成剖面线。在拾取边界时，可以用窗口拾取，也可以单个拾取每一条边界。

4.6.3 填充

该命令用于对封闭区域的内部进行实心填充，填充实际是一种图形类型。对于某些制件的剖面需要涂黑时，可利用此功能。若要填充汉字，则应首先将汉字进行分解，然后再进行填充。

单击【常用】选项卡→【基本绘图】面板→【填充】 按钮或选择【绘图】→【填充】菜单命令，系统提示"拾取环内一点："，拾取要填充的封闭区域内的任意一点，可连续拾取多个封闭区域，拾取后右击即可完成填充操作。执行填充操作与绘制剖面线类似，被填充的区域必须封闭。图 4-95 所示为橡胶密封圈主视图采用涂黑填充。

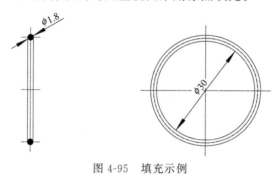

图 4-95　填充示例

4.7　由 3D 模型生成二维图

由于三维设计特有的优越性，越来越受到人们的重视，越来越多的在校大学生和广大工程技术人员已熟练掌握了一种或多种三维设计软件，三维设计也已直接用于指导加工。但在机械制造企业中，所有生产用图都必须是二维图样，是由于二维图样全面表达了机械零件的各项技术要求，包括材料、几何精度和理化性能等。因此，在大型产品和复杂零部件的设计过程中，充分利用三维软件建模的优势，先进行实体建模，再由 3D 模型生成二维工程视图，可以提高绘图的精度，避免二维绘图中可能出现的各种错误，这是机械设计的一个发展方向。

4.7.1 初步生成零件二维图

UG NX、AutoCAD 等三维设计软件都有从 3D 模型生成二维图的功能，不同的软件，其操作命令各不相同，但最终生成的效果大同小异，生成的二维图一般为基本视图和剖视图两种。通过基本视图和剖视图的不同组合，根据零件的复杂程度，生成三视图中的一个或多个。零件比较简单的，一个主视图即可；零件稍微复杂一些的，可在生成主视图的基础上，再生成俯视图，或左视图，或同时生成俯视图和左视图。

图 4-97 所示为由 3D 模型（图 4-96）生成的某零件的初步二维图，由三个视图组成，主视图为剖视图，俯视图和左视图为基本视图。

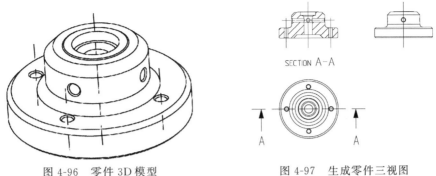

图 4-96 零件 3D 模型　　　　图 4-97 生成零件三视图

4.7.2 图样的完善与标注

（1）图样的完善

生成的二维图样可能没有标题栏，如原三维设计软件中没有，要事先构造，也可适时构造，也可将图样文件由 .dwg 格式转化为 .eb 格式，在 CAXA 软件中直接调用，并进行后续的其他完善。

如零件比较复杂，生成的图样不能完全表达零件结构，要在二维绘图软件中进行补充，如向视图、断面图、局部剖视图、放大图等。

对称图形没有中心线的，要补画中心线；有多余线条的，要删去；有不符合现行图家制图标准的标注和画法的，要进行修改。

图 4-98 所示为修改后的图样。

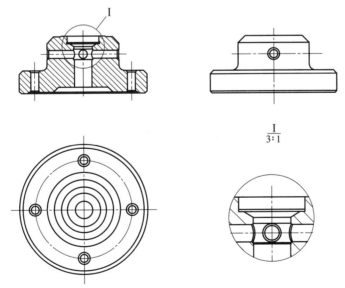

图 4-98 完善后的图样

（2）图样的标注

图样完善、修改好后，要进行标注，包括尺寸、尺寸公差、几何公差、表面粗糙度和热处理硬度、倒角等其他技术要求，如图 4-99 所示。

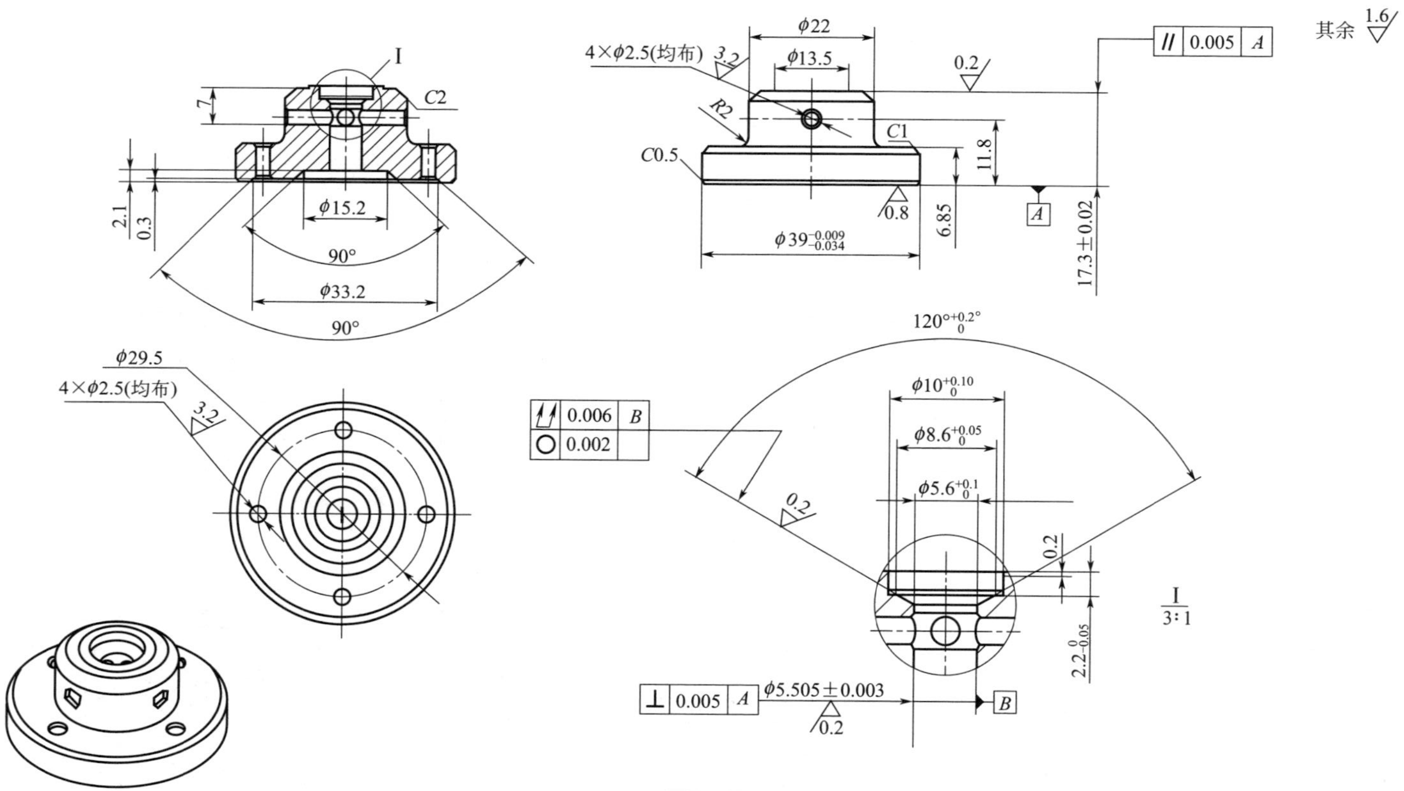

其余 $\sqrt{1.6}$

$// \ 0.005 \ \boxed{A}$

17.3 ± 0.02

$\boxed{A}$

11.8

$\sqrt{0.2}$

6.85

$\sqrt{0.8}$

C1

$\phi 22$

$\phi 13.5$

$\phi 39^{-0.009}_{-0.034}$

R2

C0.5

$4 \times \phi 2.5$(均布)

$\sqrt{3.2}$

$120^{0}_{-0.2}$°

$\frac{\mathrm{I}}{3:1}$

$\phi 10^{+0.10}_{0}$

$\phi 8.6^{+0.05}_{0}$

$\phi 5.6^{+0.1}_{0}$

$2.2^{0}_{-0.05}$

0.2

$\boxed{B}$

$\perp \ 0.005 \ \boxed{A}$

$\phi 5.505 \pm 0.003$

$\frac{}{0.2}$

$\sqrt{0.2}$

$\boxed{B}$

$\angle \ 0.006$

$\bigcirc \ 0.002$

(标题栏)

C2

I

$\phi 15.2$

$\phi 33.2$

90°

90°

L

2.1

0.3

$\phi 29.5$

$4 \times \phi 2.5$(均布)

$\sqrt{3.2}$

技术要求

1. 表面平整光滑，无磕碰、毛刺、异物、生锈现象。
2. 未注倒角C0.2，未注倒圆角R0.2。
3. 未注公差按GB/T 1804—2000 f级。
4. 热处理：62～64HRC。

图 4-99　标注后的二维图样

由 3D 模型生成的二维图，其粗线和细线一般没有区分，粗实线较细，要根据图样的尺寸、比例等进行重新设置。

4.8 第三角画法

在绘制机件图样时，虽然世界各国都采用正投影法表达机件的结构形状，但有些国家采用第一角画法，如中国、英国和德国等，有些国家则采用第三角画法，如美国、日本等。在企业业务交往中，会经常遇到采用第三角画法绘制的图纸，应学会识读。

4.8.1 第三角画法视图的形成

如图 4-100 所示，空间两个相互垂直的投影面，把空间分成了四个分角Ⅰ、Ⅱ、Ⅲ、Ⅳ。将机件放在第一分角表达，称为第一角画法；而放在第三角表达时，则称为第三角画法。

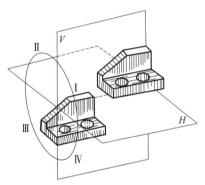

图 4-100　四个分角的形成

采用第三角画法时，如图 4-101(a) 所示，将物体置于第三分角内，即投影面处于观察者与物体之间进行投射，在 V 面上形成由前向后投射所得的主视图，在 H 面上形成由上向下投射所得的俯视图，在 W 面上形成由右向左投射所得的右视图。

各投影面展开的方法是：V 面不动，H 面、W 面分别绕它们与 V 面的交线向上、向右转 90°，使三个面展成同一平面，从而得到了物体的三视图，如图 4-101(b) 所示。

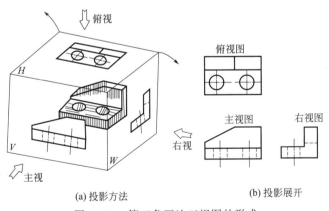

(a) 投影方法　　　　　　(b) 投影展开

图 4-101　第三角画法三视图的形成

采用第三角画法的三视图也有与第一角画法相类似的投影特性，即多面正投影的投影规律：主、俯视图长对正；主、右视图高平齐；俯、右视图宽相等。

与第一角画法一样，采用第三角画法也可将物体放在正六面体中，分别从物体的六个方向向六个投影面投射，并按图 4-102(a) 所示的方法展开，展开后各视图的名称和配置关系如图 4-102(b) 所示。

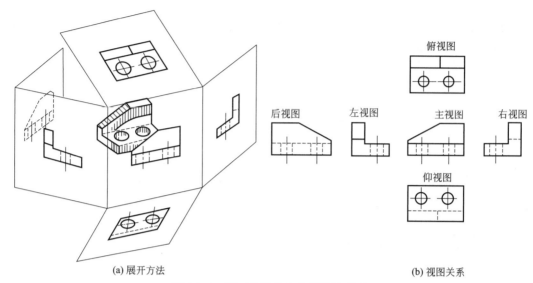

(a) 展开方法　　　　　　　　　　(b) 视图关系

图 4-102　第三角画法六个视图的形成

4.8.2　第三角画法与第一角画法的比较

第一角画法是把物体放在观察者与投影面之间，从投射方向看是：观察者→物体→投影面（投影图）；而第三角画法是把投影面（视为透明的玻璃）放在观察者与物体之间，从投射方向看是：观察者→投影面（投影图）→物体，如图 4-102 所示。

图 4-103(b)、(c) 分别是同一物体［图 4-103(a)］采用第一角画法和第三角画法所得到的三视图。通过比较图 4-103(b) 和图 4-103(c)，可以得出如下结论。

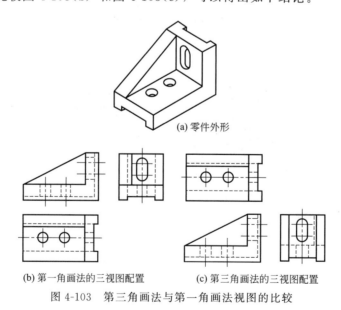

(a) 零件外形

(b) 第一角画法的三视图配置　　　　(c) 第三角画法的三视图配置

图 4-103　第三角画法与第一角画法视图的比较

① 采用第一角画法的三视图由主视图、俯视图和左视图组成；而采用第三角画法的三视图由主视图、俯视图和右视图组成。

② 采用第一角画法的三视图配置是主视图在上，俯视图在下，右边配置的是左视图；而采用第三角画法的三视图配置是俯视图在上，主视图在下，右边配置的是右视图。

③ 两种画法的三视图的主、俯视图的配置位置尽管不一样，但图形却完全一样。

4.8.3　第三角画法的标志

国际标准（ISO）中规定，可以采用第一角画法，也可以采用第三角画法。为了区别这两种画法，规定在标题栏中专设的格内用规定的识别符号表示。GB/T 14692—2008《技术制图　投影法》中规定的识别符号如图 4-104 所示。

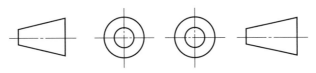

(a) 第一角画法的识别符号　　　　　　(b) 第三角画法的识别符号

图 4-104　两种画法的识别符号

绘图时，采用第一角画法，在必要时才在图样中画出第一角画法的识别符号，而采用第三角画法时，必须在图样中画出第三角画法的识别符号。

--- 温馨提醒 ---

根据 GB/T 17451—1998《技术制图　图样画法　视图》，技术图样应采用正投影法绘制，并优先采用第一角画法。

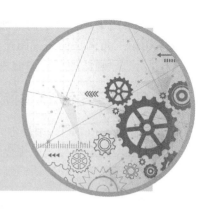

5 零件尺寸与公差配合标注

零件图中的图形，只是用来表达零件的形状，而零件各部分的真实大小及相对位置，则靠标注尺寸来确定。

5.1 尺寸标注

在生产中是依据尺寸数字来制造零件的。在绘图过程中，一张图上往往要标注几十个、上百个尺寸数字。数字标错了一个，整个零件就可能报废，所以绘图时必须具有高度负责的精神，认真细致，一丝不苟地注写，绝不能粗枝大叶，以免对生产造成不应有的损失。

在零件图上，标注尺寸的基本要求如下。

① 正确——尺寸注法要符合国家标准的规定。

② 完全——尺寸必须注写齐全，不遗漏，不重复。

③ 合理——所注尺寸既能保证设计要求，又能适合加工、装配、测量等生产工艺。

④ 清晰——尺寸的布局要整齐清晰，便于阅读。

5.1.1 尺寸标注的基本规则

在生产中，为了有统一的语言，国家标准中规定了标注尺寸的基本规则。这些规定在绘图时是必须遵守的，否则会引起混乱，并给生产带来损失。

① 机件的真实大小应以图样上所注的尺寸数值为依据，与图形的大小及绘图的准确度无关。

② 图样中（包括技术要求和其他说明）的尺寸，以 mm 为单位，不标注单位符号（或名称），如果采用其他单位，则应注明相应的单位符号。

③ 图样中所标注的尺寸，为该图样所示机件的最后完工尺寸，否则应另加说明。

④ 机件的每一个尺寸，一般只标注一次，并应标注在反映该结构最清晰的图形上。

⑤ 标注尺寸时，应尽可能使用符号。

常用的符号和缩写词见表 5-1，符号的线宽为 $h/10$（h 为字体高度）。

表 5-1 常用的符号和缩写词

含义	符号或缩写词	含义	符号或缩写词
直径	ϕ	半径	R
球直径	$S\phi$	球半径	SR

含义	符号或缩写词	含义	符号或缩写词
厚度	t	均布	EQS
45°倒角	C	正方形	□
深度	↧	沉孔或锪平	⌴
埋头孔	⌵	弧长	⌒
斜度	∠	锥度	◁
展开长	⌒→	型材截面形状	按 GB/T 4656.1—2000

注：标注尺寸用符号的比例画法见 GB/T 4458.4—2003。

5.1.2 尺寸界线、尺寸线和尺寸数字

一个完整的尺寸由尺寸界线、尺寸线、尺寸数字和箭头组成，如图5-1所示。

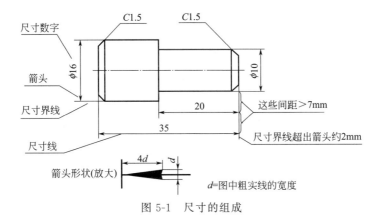

图 5-1 尺寸的组成

（1）尺寸界线

① 尺寸界线用细实线绘制，尺寸界线应超出尺寸线 2～5mm。

② 尺寸界线由图形轮廓线、轴线或对称中心线处引出。也可利用轮廓线、轴线或对称中心线作尺寸界线，如图5-2所示。

③ 尺寸界线一般应与尺寸线垂直，必要时，才允许倾斜，如图5-3所示。

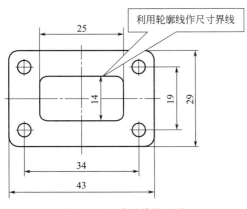

图 5-2 尺寸线的画法

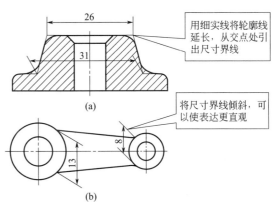

图 5-3 尺寸界线与尺寸线斜交的注法

④ 在光滑过渡处标注尺寸时，应用细实线将轮廓线延长，从它们的交点处引出尺寸界线，如图 5-3（a）所示。

（2）尺寸线

① 尺寸线用细实线绘制，尺寸线的终端为箭头，其尖端应与尺寸界线接触，箭头长度约为粗实线宽度的 4 倍，如图 5-1 所示。

箭头应尽量画在尺寸界线的内侧。对于较小的尺寸，在没有足够的位置画箭头或注写数字时，也可将箭头或数字放在尺寸界线的外面。当遇到连续几个较小的尺寸时，允许用圆点或 45°细斜线代替箭头，斜线的高度 h 应与尺寸数字的高度相等，如图 5-4 所示。

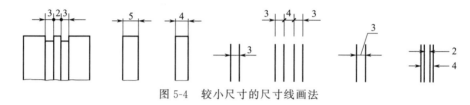

图 5-4 较小尺寸的尺寸线画法

重点提示

因绘图比例的设置关系，当采用较大的缩小比例和常规的箭头尺寸绘图时，采用较小幅面的纸张打印输出的图纸显现的箭头会很小，甚至看不出有箭头，这时要将箭头的尺寸，包括尺寸线的延伸长度、尺寸数字距离尺寸线的位置等设置的值大一些，直至打印出来的图纸上有比较合适的箭头，以及较合适的尺寸线延伸长度、尺寸数字距尺寸线的位置，如图 5-5 所示。

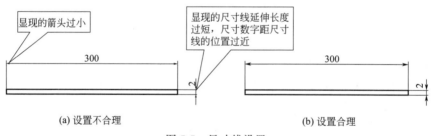

图 5-5 尺寸线设置

② 标注线性尺寸时，尺寸线应与所标注的线段平行，相同方向各尺寸线之间的距离要均匀，并尽量避免与其他尺寸线和尺寸界线相交叉。尺寸线不能用其他图线代替，一般也不得与其他图线重合或画在其他图线的延长线上。

③ 对于未完整表示的要素，可仅在尺寸线的一端画出箭头，但尺寸线应超过该要素的中心线或断裂处，如图 5-6 所示。

（3）尺寸数字

① 线性尺寸的尺寸数字一般应注写在尺寸线的上方，但也允许注写在尺寸线的中断处。尺寸数字的方向，一般应按图 5-7（a）所示的方向注写，并尽可能避免在图示 30°范围内标注尺寸。当无法避免时，可按图 5-7（b）的形式标注。

② 任何图线不能与尺寸数字重合，不可避免时，需将图线断开，如图 5-8 所示。

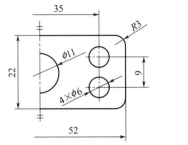

(a) 对称板类零件的半标注　　　　　　(b) 螺母径向尺寸的半标注

图 5-6　未完整要素的尺寸线画法

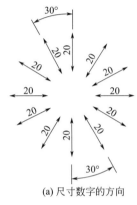

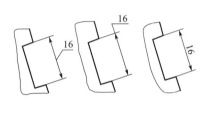

(a) 尺寸数字的方向　　　　　　　　(b) 30°范围内尺寸数字的标注示例

图 5-7　尺寸数字的注写

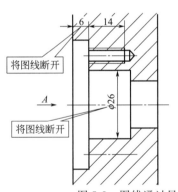

图 5-8　图线通过尺寸数字时的注法

（4）圆的直径和圆弧半径的注法

对于整圆或大于半圆的圆弧，应标注直径。标注圆的直径时，尺寸线应通过圆心，尺寸线的两个终端应画成箭头，并在数字前加注符号 ϕ；当图形中的圆只画出一半或略大于一半时，尺寸线应略超过圆心，此时仅在尺寸线一端画出箭头，如图 5-6 所示。

标注圆弧的半径时，尺寸线一端一般应画到圆心，另一端画成箭头，并在尺寸数字前加注符号 R。大圆弧的半径过大，或在图纸范围内无法标出其圆心位置时，可将尺寸线折断，如图 5-9 所示。

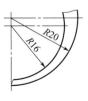

(a) 圆弧的一般标注方法　　(b) 大圆弧的标注方法

图 5-9　圆弧半径的注法

图形上直径较小的圆或圆弧，在没有足够的位置画箭头和注写尺寸数字时，可按图 5-10 的形式标注。标注小圆弧半径的尺寸线，无论是否画到圆心，其方向必须通过圆心。

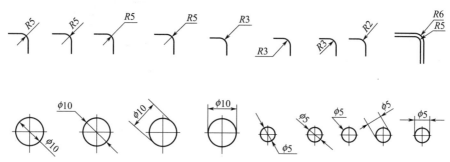

图 5-10　小圆或小圆弧的标注

（5）球面直径和半径的标注

标注球面的直径和半径时，应在符号 ϕ 和 R 前加辅助符号 S，如图 5-11 所示。但对于有些轴及手柄的端部等，在不致引起误解情况下，可省略符号 S。

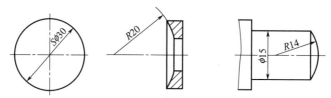

图 5-11　球面直径和半径的标注

（6）角度、弦长和弧长的注法

角度尺寸的标注如图 5-12 所示。标注角度尺寸时要注意以下两点。

① 尺寸线应画成圆弧，其圆心是该角的顶点，尺寸界线应沿径向引出。

② 角度的数字应一律写成水平方向，一般注写在尺寸线的中断处，必要时可注写在尺寸线的上方和外面，也可引出标注。

弦长和弧长尺寸的注法如图 5-13 所示。

图 5-12　角度的注法

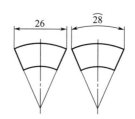

图 5-13　弦长和弧长尺寸的注法

5.1.3　零件图中尺寸的合理标注

（1）正确选择尺寸基准

从几何意义上讲，尺寸基准是标注尺寸的起点。从工程意义上讲，基准是指用以确定零件在机器部件中的位置或加工测量时在机床上的位置的某些面、线、点。根据零件在机器中的作用和结构特点及设计要求所确定的基准，称为设计基准，如图 5-14 所示；根据零件在加工、测量和检验等方面要求而确定的基准，称为工艺基准，如图 5-15 所示。

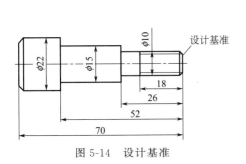

图 5-14　设计基准

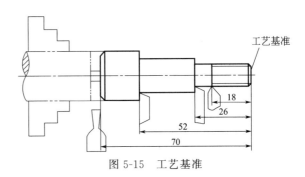

图 5-15　工艺基准

选择基准的原则如下。

① 零件的重要尺寸应由设计基准标注，对其余尺寸，考虑到加工、测量的方便，一般应由工艺基准标注。

② 任何零件都有长、宽、高三个方向的尺寸，每个方向至少要选择一个尺寸基准。一般常选择零件结构的对称面、回转轴线、主要加工面、重要支承面或结合面作为尺寸基准。同一方向如有几个尺寸基准，其中必有一个主要基准，其他基准则为辅助基准，并且基准之间应有联系尺寸。在图 5-16 中，零件长度方向基准Ⅰ、宽度方向基准Ⅱ、高度方向基准Ⅲ都是主要基准。另外，为了便于加工和测量沉孔的长度尺寸，增加了辅助基准Ⅳ，考虑到结构上对两沉孔中心距的要求，又增加了辅助基准Ⅴ。由此可见，辅助基准是根据具体情况选用的，并由主要基准确定其位置。

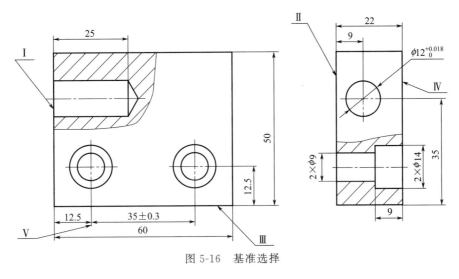

图 5-16　基准选择

③ 选择基准时，应尽量使设计基准与工艺基准重合，以减少尺寸误差，便于加工、测量和提高产品质量，此即基准重合原则。

④ 零件上凡是影响产品性能、工作精度和互换性的重要尺寸（规格性能尺寸、配合尺寸、安装尺寸、定位尺寸），都必须从设计基准直接注出，如图 5-17 所示。

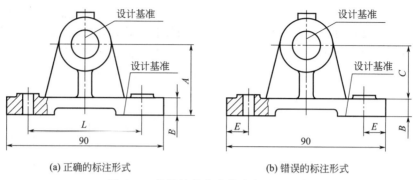

(a) 正确的标注形式　　　　　　　　(b) 错误的标注形式

图 5-17　从设计基准直接注出重要尺寸

（2）避免出现封闭尺寸链

封闭尺寸链是首尾相连的链状尺寸组。如图 5-18(a) 所示，$A = B + C + D$，因加工误差的原因，尺寸 C 加工到绝对尺寸的概率很小，无论其增大或缩小，势必会影响到其他尺寸，会造成加工困难，或者导致加工出来的零件不合格。因此，在标注尺寸时，必须留出一个最无关紧要的尺寸不标注，以确保其他尺寸［图 5-18(b)］。

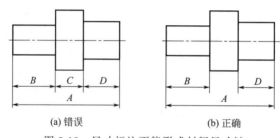

(a) 错误　　　　　　　　(b) 正确

图 5-18　尺寸标注不能形成封闭尺寸链

（3）尽量符合加工顺序且便于加工

图 5-19 所示的零件为一阶梯轴，左侧轴径较大，右侧轴径较小，在阶梯的根部为 4mm 宽的槽。此槽通常采用 4mm 宽的切槽刀切出，因此要直接标出槽宽。

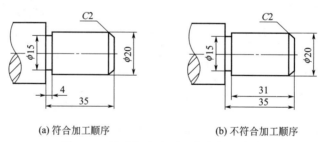

(a) 符合加工顺序　　　　　　　　(b) 不符合加工顺序

图 5-19　尺寸标注应尽量符合加工顺序

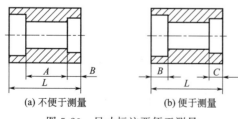

(a) 不便于测量　　　(b) 便于测量

图 5-20　尺寸标注要便于测量

（4）考虑测量方便

如图 5-20 所示，在加工阶梯孔时，一般先加工小孔，然后加工大孔。因此，在标注轴向尺寸时，应从端面注出大孔的深度，以便于测量。

━━━━━━━━━━━━━━ 重点提示 ━━━━━━━━━━━━━━

　　设计、标注零件最大直径或厚度时，应考虑到毛坯直径或板厚规格的选用，在保证使用要求的前提下，具有较合理的机械加工余量。

5.1.4　零件上几种常见孔的尺寸标注方法

　　零件上常见螺孔、沉孔、光孔的尺寸注法见表5-2。

表5-2　零件上常见孔的尺寸注法

名称	旁注法		普通注法	说明
通孔螺纹	3×M6-6H	3×M6-6H	3×M6-6H	3个公称直径为 $\phi6$，螺纹中径、顶径公差带为6H的螺孔
不通孔螺纹	3×M6-6H▽10	3×M6-6H▽10	3×M6-6H	只需保证螺纹深度为10mm，孔深不作要求，但应至少多钻2～3牙深度（其余同上）
不通孔螺纹	3×M6-6H▽10 孔▽12	3×M6-6H▽10 孔▽12	3×M6-6H	钻孔深度为12mm（其余同上）
光孔	4×ϕ4▽10	4×ϕ4▽10	4×ϕ4	4个直径为 $\phi4$，深度为10mm的光孔
锥形沉孔	6×ϕ6.6 ▽ϕ12.8×90°	6×ϕ6.6 ▽ϕ12.8×90°	90° ϕ12.8 6×ϕ6.6	6个直径为 $\phi6.6$ 的孔，孔口锪锥孔，直径为 $\phi12.8$，角度为90°
柱形沉孔	4×ϕ6.6 ⊔ϕ11▽4.7	4×ϕ6.6 ⊔ϕ11▽4.7	ϕ11 4.7 4×ϕ6.6	4个直径为 $\phi6.6$ 的孔，孔口锪沉孔，直径为 $\phi11$，深度为4.7mm
锪平孔	4×ϕ6.6 ⊔ϕ13	4×ϕ6.6 ⊔ϕ13	ϕ13⊔ 4×ϕ6.6	4个直径为 $\phi6.6$ 的孔，孔口锪平，直径为 $\phi13$，深度以锪去毛坯面为止

5.2　公差与配合

5.2.1　互换性与标准化

（1）互换性

一批同样零件中的任意一个，都能不经任何钳工修配或辅助加工而装到机器上去，且能很好地满足质量要求，这种性质称为互换性。在工业生产中，互换性原则的应用已成为提高生产水平和促进技术进步的强有力手段之一，其主要作用如下。

① 从设计方面来看，零部件具有互换性，就可以最大限度地采用标准件、通用件和标准部件，大大简化绘图和计算工作，缩短设计周期，有利于计算机辅助设计和产品品种的多样化。

② 从制造方面来看，互换性有利于相互协作，大量应用的标准件还可由专门车间或工厂单独生产，因产品单一、数量多、分工细，可使用高效率的专用设备，进而采用计算机辅助加工，为生产专业化创造了必备条件，这样必然会提高产量和质量，并显著降低生产成本。装配时，由于零部件具有互换性，不需辅助加工，使装配过程能够持续而顺利地进行，故能减轻装配工作的劳动量，缩短装配周期，从而可采用流水线作业方式，乃至进行自动化装配，促进生产自动化的发展，明显提高效率。

③ 从使用和维修方面来看，若零件具有互换性，则零件在磨损或损坏、丢失后，可立即用另一个新的储备件代替，不仅维修方便，且使机器或仪器的维修时间和费用显著减少，保证了机械产品工作的持久性和连续性，从而延长了产品的使用寿命，使产品的使用价值显著提高。

总之，互换性在提高产品质量和可靠性、提高经济效益等方面具有重要的意义。它已成为现代化机械制造业中一个普遍遵守的原则。

（2）标准化

标准化是指在技术、科学及管理等社会实践中，对重复性事件和概念通过制定、颁布和实施标准达到统一，以获得最佳效益。产品的标准化不仅对设计与生产有极大的好处，而且对于维修的简便性、迅速性、经济性有着全面的影响。标准化的零部件，"拿来就可装上，装上就可使用"，使维修活动大大简化，可减少维修时间，并降低对维修人员技能的要求。同时，产品系列化、通用化、组合化及其基础——互换性，减少装备中零部件的品种、规格数，将降低对维修保障资源的要求。

在产品设计过程中，应遵循以下原则。

① 最大限度地采用标准零部件。

② 将所需的零部件的品种、规格数量减到最低限度。

③ 虽用于不同部位，但功能、参数相同的零部件应能互换，这对于高故障率的零部件尤为重要，因为它们常常需要更换。

④ 应避免功能相同的零部件，在形状、尺寸、安装和其他形体特征方面的差异，若不能完全互换时，应提供连接（适配）器使之实现互换。

5.2.2　公差

由于在实际生产中，零件的尺寸是不可能做到绝对精确的，零件在加工过程中，不可避免地会产生各种误差。要想把同一规格一批零件的几何参数做得完全一致是不可能的，实际上那样做也没有必要。只要把几何参数的误差控制在一定的范围内，就能满足互换性的要求。这一允许尺寸的变动量称为公差。

（1）公差的基本术语

① 孔和轴　孔主要指圆柱形的内表面，也包括非圆柱形内表面（由两平行平面或切面形成的包容面）。轴主要指圆柱形的外表面，也包括非圆柱形外表面（由两平行平面或切面形成的被包容面）。

在图 5-21 所示零件的各内表面上，由 D_4、D_5、D_6、D_7 各单一尺寸所确定的部分都称为孔，各外表面上，由 d_1、d_2、d_3 各单一尺寸所确定的部分都称为轴。

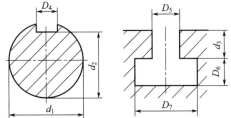

图 5-21　广义上的孔和轴

② 基本尺寸（D、d）　设计给定的尺寸称为基本尺寸。零件的基本尺寸是根据使用要求，通过计算或根据试验和经验来确定的，一般应尽量选用标准直径或标准长度。

③ 实际尺寸（D_a、d_a）　通过测量获得的尺寸。由于存在测量误差，实际尺寸并非尺寸的真值，同时由于工件存在形状误差，所以同一表面不同部位的实际尺寸也不相等。

④ 极限尺寸　允许实际尺寸变化的两个界限值，其中较大的一个尺寸称为最大极限尺寸，较小的一个尺寸称为最小极限尺寸。零件的实际尺寸只要在这两个尺寸之间即为合格。

孔的最大极限尺寸用 D_{max} 表示，孔的最小极限尺寸用 D_{min} 表示；轴的最大极限尺寸用 d_{max} 表示，轴的最小极限尺寸用 d_{min} 表示。

⑤ 尺寸偏差和极限偏差　某一尺寸（实际尺寸、极限尺寸）减去基本尺寸所得的代数差。其中上偏差和下偏差称极限偏差。

$$上偏差＝最大极限尺寸－基本尺寸$$
$$下偏差＝最小极限尺寸－基本尺寸$$

国家标准规定：孔的上偏差用 ES 表示，孔的下偏差用 EI 表示；轴的上偏差用 es 表示，轴的下偏差用 ei 表示。用计算式表示如下：

对于孔　　　　　　$ES＝D_{max}－D$　　　　　　$EI＝D_{min}－D$

对于轴　　　　　　$es＝d_{max}－d$　　　　　　$ei＝d_{min}－d$

由于极限尺寸可以大于、小于或等于其基本尺寸，故偏差可以为正值、负值或零。

⑥ 尺寸公差　尺寸允许的变动量，称为尺寸公差，简称公差。孔的公差用 T_h 表示，轴的公差用 T_s 表示。由图 5-22 可知：

孔公差　　　　　　　　$T_h＝D_{max}－D_{min}＝ES－EI$

轴公差　　　　　　　　$T_s＝d_{max}－d_{min}＝es－ei$

（2）公差带图

由图 5-22（a）可知，由于公差的数值比基本尺寸的数值小得多，不便用同一比例表示，显然，图中的公差部分被放大了。如果只为了表明尺寸、极限偏差及公差之间的关系，可以不必画出孔与轴的全形，而采用简单明了的公差带图表示，如图 5-22（b）所示。公差带图由零线和公差带两部分组成。

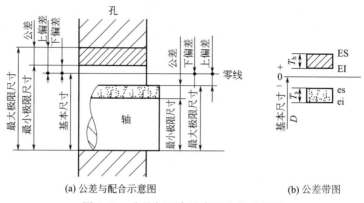

(a) 公差与配合示意图　　　　　　　(b) 公差带图

图 5-22　公差与配合示意图和公差带图

① 零线　在公差带图中，确定偏差的一条基准直线称为零线。它是基本尺寸所指的线，是偏差的起始线。零线上方表示正偏差，零线下方表示负偏差。在画公差带图时，注上相应的符号"0""+"和"－"号，在其下方画上带单箭头的尺寸线并注上基本尺寸值。

② 公差带　在公差带图中，由代表上、下偏差的两条直线所限定的区域称为尺寸公差带（简称公差带）。通常孔公差带用斜线表示，轴公差带用网点或空白表示。公差带在垂直于零线方向的宽度代表公差值，上面线表示上偏差，下面线表示下偏差。公差带沿零线方向的长度可适当选取。公差带图中，尺寸单位为 mm，偏差及公差的单位也可用 μm 表示，单位省略不写。

③ 基本偏差　是指用以确定公差带相对于零线位置的上偏差或下偏差。标准规定，以靠近零线的那个极限偏差作为基本偏差。以图 5-23 孔公差带为例，当公差带完全在零线上

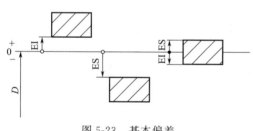

图 5-23　基本偏差

方或正好在零线上方时，其下偏差（EI）为基本偏差；当公差带完全在零线下方或正好在零线下方时，其上偏差（ES）为基本偏差；而对称地分布在零线上时，其上、下偏差中的任何一个都可作为基本偏差。

基本偏差是用来确定公差带相对于零线的位置的。不同的公差带位置与基准件将形成不同的配合。基本偏差的数量将决定配合种类的数量。为了满足各种不同松紧程度的配合需要，同时尽量减少配合种类，以利互换，国家标准对孔和轴分别规定了 28 种基本偏差，分别用拉丁字母表示，其中孔用大写字母表示，轴用小写字母表示，如图 5-24 所示。28 种基本偏差代号，由 26 个拉丁字母中去掉了 5 个易与其他参数相混淆的字母 I、L、O、Q、W（i、l、o、q、w），剩下的 21 个字母加上 7 个双写字母 CD、EF、FG、JS、ZA、ZB、ZC（cd、ef、fg、js、za、zb、zc）组成。

④ 公差等级　确定尺寸精确程度的等级称为公差等级。规定和划分公差等级的目的，是简化和统一公差的要求，使规定的等级既能满足不同的使用要求，又能大致代表各种加工方法的精度，为零件设计和制造带来极大的方便。

标准公差分为 20 个等级，用 IT01、IT0、IT1、IT2、…、IT18 来表示。等级依次降低，标准公差值依次增大。

5.2.3　配合

配合是指基本尺寸相同，相互结合的孔、轴公差带之间的关系。在孔与轴的配合中，孔的

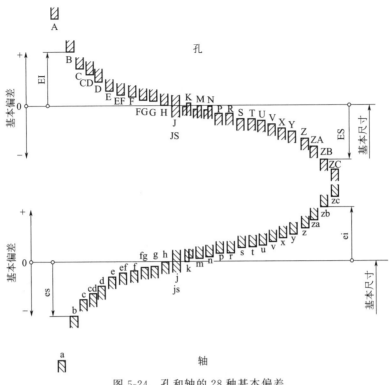

图 5-24　孔和轴的 28 种基本偏差

尺寸减去轴的尺寸所得的代数差，当差值为正时称为间隙（X），当差值为负时称为过盈（Y）。

（1）配合的种类

根据孔、轴公差带之间的关系，配合分为三大类，即间隙配合、过盈配合和过渡配合。

① 间隙配合　是指孔的公差带位于轴的公差带之上，具有间隙（包括最小间隙为零）的配合，如图 5-25 所示。

② 过盈配合　是指孔的公差带位于轴的公差带之下，具有过盈（包括最小过盈为零）的配合，如图 5-26 所示。

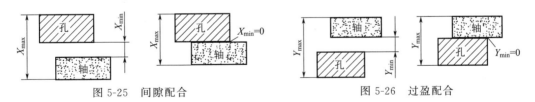

图 5-25　间隙配合 　　　　　　　　　　　　　　図 5-26　过盈配合

③ 过渡配合　是指孔的公差带与轴的公差带相互交叠，可能具有间隙或过盈的配合，如图 5-27 所示。它是介于间隙配合与过盈配合之间的一类配合，但其间隙或过盈都不大。

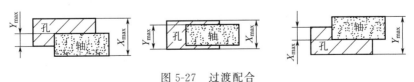

图 5-27　过渡配合

（2）基准制

基准制是指以两个相配合的零件中的一个零件为基准件，并选定标准公差带，而改变另一个零件（非基准件）的公差带位置，从而形成各种配合的一种制度。国家标准中规定了两种平行的基准制：基孔制和基轴制。

① 基孔制　基本偏差为一定的孔的公差带与不同基本偏差的轴的公差带形成各种配合的一种制度，称基孔制，如图 5-28(a) 所示。

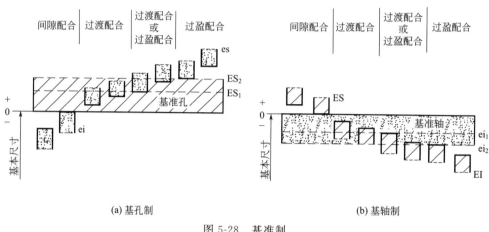

（a）基孔制　　　　　　　　　　　　（b）基轴制

图 5-28　基准制

基孔制配合中的孔称为基准孔，它是配合的基准件，而轴为非基准件。标准规定，基准孔以下偏差 EI 为基本偏差，其数值为零，上偏差为正值，其公差带偏置在零线上侧。

② 基轴制　基本偏差为一定的轴的公差带与不同基本偏差的孔的公差带形成各种配合的一种制度，称基轴制，如图 5-28(b) 所示。

基轴制配合中的轴称为基准轴，它是配合的基准件，而孔为非基准件。标准规定，基准轴以上偏差 es 为基本偏差，其数值为零，下偏差为负值，其公差带偏置在零线下侧。

按照孔、轴公差带相对位置的不同，两种基准制都可以形成间隙、过盈和过渡三种不同的配合性质。如图 5-28 所示，图中基准孔的 ES 边界和基准轴的 ei 边界是两道虚线，而非基准件的公差带有一边界也是虚线，它们都表示公差带的大小是可变化的。

（3）常用和优先配合

国家标准中对基孔制，规定有 59 种常用配合；对基轴制，规定有 47 种常用配合。在此基础上，又从中各选取 13 种优先配合，具体见表 5-3 和表 5-4。

5.2.4　公差在图样中的标注

（1）尺寸公差在零件图中的注法

在零件图中标注尺寸公差有三种形式：标注公差带代号；标注极限偏差值；同时标注公差带代号和极限偏差值。这三种标注形式可根据具体需要选用。

① 标注公差带代号，如图 5-29 所示。公差带代号由基本偏差代号和标准公差等级代号组成，注在基本尺寸的右边，代号字体与尺寸数字字体的高度相同。这种注法一般用于大批量生产，用专用量具检验零件的尺寸。

表 5-3　基孔制优先、常用配合

基准孔	轴																				
	a	b	c	d	e	f	g	h	js	k	m	n	p	r	s	t	u	v	x	y	z
	间　隙　配　合								过渡配合			过　盈　配　合									
H6						H6/f5	H6/g5	H6/h5	H6/js5	H6/k5	H6/m5	H6/n5	H6/p5	H6/r5	H6/s5	H6/t5					
H7						H7/f6	H7/g6	H7/h6	H7/js6	H7/k6	H7/m6	H7/n6	H7/p6	H7/r6	H7/s6	H7/t6	H7/u6	H7/v6	H7/x6	H7/y6	H7/z6
H8					H8/e7	H8/f7	H8/g7	H8/h7	H8/js7	H8/k7	H8/m7	H8/n7	H8/p7	H8/r7	H8/s7	H8/t7	H8/u7				
				H8/d8	H8/e8	H8/f8		H8/h8													
H9			H9/c9	H9/d9	H9/e9	H9/f9		H9/h9													
H10			H10/c10	H10/d10				H10/h10													
H11	H11/a11	H11/b11	H11/c11	H11/d11				H11/h11													
H12		H12/b12						H12/h12													

注：1. $\dfrac{H6}{n5}$、$\dfrac{H7}{p6}$ 在基本尺寸≤3mm和 $\dfrac{H8}{r7}$ 在基本尺寸≤100mm时，为过渡配合。
　　2. 标注▶的配合为优先配合。

表 5-4　基轴制优先、常用配合

基准轴	孔																				
	A	B	C	D	E	F	G	H	JS	K	M	N	P	R	S	T	U	V	X	Y	Z
	间　隙　配　合								过渡配合			过　盈　配　合									
h5						F6/h5	G6/h5	H6/h5	JS6/h5	K6/h5	M6/h5	N6/h5	P6/h5	R6/h5	S6/h5	T6/h5					
h6						F7/h6	G7/h6	H7/h6	JS7/h6	K7/h6	M7/h6	N7/h6	P7/h6	R7/h6	S7/h6	T7/h6	U7/h6				
h7					E8/h7	F8/h7		H8/h7	JS8/h7	K8/h7	M8/h7	N8/h7									
h8				D8/h8	E8/h8	F8/h8		H8/h8													
h9				D9/h9	E9/h9	F9/h9		H9/h9													
h10				D10/h10				H10/h10													
h11	A11/h11	B11/h11	C11/h11	D11/h11				H11/h11													
h12		B12/h12						H12/h12													

注：标注▶的配合为优先配合。

②　标注极限偏差值，如图 5-30 所示。上偏差注在基本尺寸的右上方，下偏差与基本尺寸注在同一底线上，上、下偏差的数字的字号应比基本尺寸数字的字号小一号，小数点必须对齐，小数点后的位数也必须相同；当某一偏差为零时，用数字"0"标出，并与上偏差或

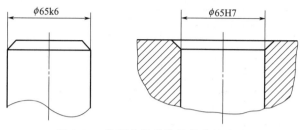

图 5-29 注写公差带代号的公差注法

下偏差的小数点前的个位数对齐；当上、下偏差相同时，偏差值只需注一次，并在偏差值与基本尺寸之间注出"±"符号，偏差数值的字体高度与尺寸数字的字体高度相同。这种注法用于小量或单件生产。

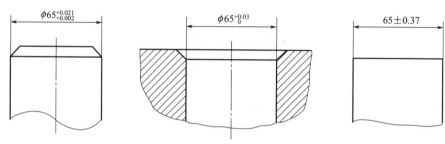

图 5-30 注写极限偏差的公差注法

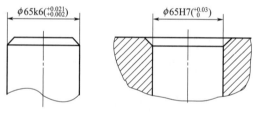

图 5-31 同时注出公差带代号
和极限偏差的公差注法

③ 公差带代号和极限偏差值一起标注，如图 5-31 所示。偏差数值注在尺寸公差带代号之后，并加圆括号。这种做法在设计时便于审图，使用较多。

（2）线性尺寸公差的附加符号注法

① 当尺寸仅需限制单方向的极限时，应在该极限尺寸的右边加注符号"max"或"min"，如图 5-32 所示。

② 同一基本尺寸的表面，若有不同的公差时，应用细实线分开，并按规定的形式分别标注其公差，如图 5-33 所示。

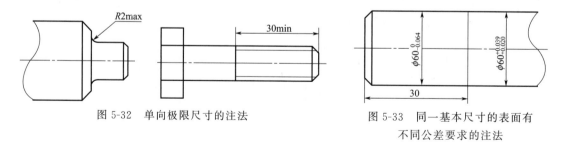

图 5-32 单向极限尺寸的注法   图 5-33 同一基本尺寸的表面有
不同公差要求的注法

（3）角度公差的标注

如图 5-34 所示，基本规则与线性尺寸公差的标注方法相同。

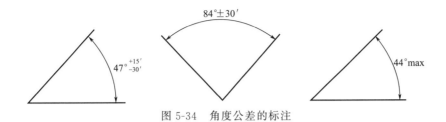

图 5-34　角度公差的标注

5.2.5　公差值的选用与经济精度

公差等级越高，公差值就越小，零件精度就越高，加工的难度就越大，所耗费的加工成本就越高。如何选用和确定公差等级与公差值涉及一个概念——经济精度。

经济精度是指在正常的加工条件下（采用符合质量标准的设备和工艺装备，操作者具有标准技术等级，不延长加工时间），所能保证的加工精度和表面粗糙度。经济精度是在满足使用要求的条件下最低的精度，此时加工成本最低。

设计零件时，不是选用公差等级越高越好，而是在保证技术要求的前提下，选用较低的公差等级，以求较高的经济效益。

各种典型的加工工艺方案所能达到的经济精度，包括尺寸公差和表面粗糙度，在各种机械加工手册中都能查到。一般来说，7 级精度用普通的车床和铣床可以达到，6 级精度要用到磨床，5 级精度就要采用数控机床和精磨，甚至手工研磨，4 级则更难。每增加一个精度等级，可能会增加几个工序，用到精度更高、性能更好的机床，多用很多技工，从而零件的成本就会增加很多。

常用的加工方案与经济精度见表 5-5。

表 5-5　常用的加工方案与经济精度

表面	表面类型	加工顺序	适用场合(尺寸精度/表面粗糙度)
外圆表面	轴类、盘类、套类、外螺纹等	粗车→精车	次要或非配合表面(IT8~IT7/Ra1.6~0.8μm)
		粗车→精车→精细车	有色金属外圆面(IT6/Ra0.8~0.4μm)
		粗车→半精车→磨削	常规配合表面(IT7~IT6/Ra0.4~0.2μm)
		粗车→半精车→磨削→超精加工	精密表面(IT6~IT5/Ra0.1~0.008μm)
孔	轴承孔、锥孔、螺栓孔、螺钉孔、油孔等	钻	连接、固定等低精度孔(IT10 以下/Ra12.5μm 以上)
		钻→扩(或镗)→铰	位置精度要求不高的中小孔(IT7/Ra1.6~0.8μm)
		钻→拉	大批大量生产的精加工孔(IT6/Ra0.2μm)
		钻→粗镗→精镗	有色金属孔(IT7~IT6/Ra0.4~0.2μm)
		钻→镗(或扩)→磨	常规配合孔(IT7/Ra0.8~0.4μm)
		钻→镗→磨→珩磨	高精度孔(IT7~IT6/Ra0.1~0.008μm)
平面	盘形、板形、箱体、支架零件的主要表面	粗刨→精刨→刮削	铸铁类窄长平面(IT7~IT6/Ra0.8~0.4μm)
		粗铣→粗铣→磨削	常规配合表面(IT7~IT5/Ra0.4~0.1μm)
		粗铣→半精铣→高速精铣	有色金属平面精加工(IT7~IT6/Ra0.8~0.4μm)
		粗铣→粗铣→磨削→研磨	精密配合表面(IT5~IT3/Ra0.1~0.008μm)

5.2.6 配合在图样中的标注

在装配图中，表示孔、轴配合的部位要标注配合代号，在基本尺寸右边以分式形式注出，格式如图 5-35 所示。分子和分母分别表示孔和轴的公差带代号。如果分子中的基本偏差代号为 H，则孔为基准孔，为基孔制配合；如果分母中的基本偏差代号为 h，则轴为基准轴，为基轴制配合。

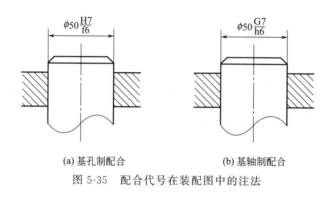

(a) 基孔制配合   (b) 基轴制配合

图 5-35 配合代号在装配图中的注法

当标注与标准件配合的零件（轴或孔）的配合要求时，可以仅标注该零件的公差带代号，如图 5-36 所示。

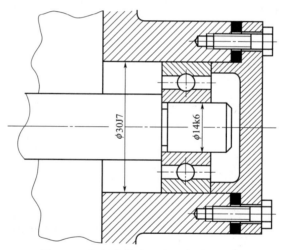

图 5-36 与标准件有配合要求时的注法

5.3 几何公差

5.3.1 基本概念

几何公差一般也称为形位公差，即形状公差和位置公差。旧的国家标准中称为形位公差，现行国家标准中称为几何公差。

现行国家标准将几何公差归属于产品几何技术规范标准体系，同时，将旧标准中习惯的称谓"形状和位置公差"改称为"几何公差",表示它表达工件的几何特性,明确地把几何精度特征分为形状、方向和位置公差,以及由测量方法沿袭而来的跳动公差四种,而不是以前采用的形状公差和位置公差两种。

零件在加工时,不仅尺寸会产生误差,其构成要素的几何形状以及要素与要素之间的相对位置也会产生误差。图 5-37(a) 所示,轴加工后的各实际尺寸虽然都在尺寸公差范围内,但可能会出现鼓形、锥形、弯曲、正截面不圆等,这样实际要素和理想要素之间就有一个变动量,即形状误差。如图 5-37(b) 所示,轴加工后各段圆柱的轴线可能不在同一条轴线上,这样实际要素与理想要素在位置上也有一个变动量,即位置误差。如图 5-37(c) 所示,面加工后,各面之间在方向上可能不垂直或不平行,这样实际要素的方向对理想要素的方向就有一个变动量,即方向误差。

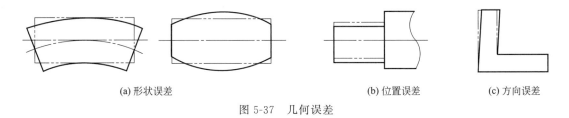

(a) 形状误差　　　　　　　　　　　　　　　　　(b) 位置误差　　　(c) 方向误差

图 5-37　几何误差

设计图纸时,必须对零件的形状、方向、位置和跳动误差予以合理限制,执行国家标准规定的几何公差。形状、方向和位置和跳动误差的允许变动量称为形状、方向和位置和跳动公差。

5.3.2　分类和符号

(1) 形状公差

形状公差用形状公差带表达。形状公差带包括公差带形状、方向、位置和大小四要素。形状公差项目有直线度、平面度、圆度、圆柱度、线轮廓度、面轮廓度六项。

(2) 方向公差

方向公差是关联实际要素对基准在方向上允许的变动全量。这类公差包括平行度、垂直度、倾斜度、线轮廓度、面轮廓度五项。

(3) 位置公差

位置公差是关联实际要素对基准在位置上允许的变动全量。这类公差包括位置度、同心度(用于中心点)、同轴度(用于轴线)、对称度、线轮廓度、面轮廓度六项。

(4) 跳动公差

跳动公差是以特定的检测方式为依据而给定的公差项目。跳动公差可分为圆跳动与全跳动。

表 5-6 所示为几何公差的几何特征及其符号。

表 5-6　几何公差的几何特征及其符号

公差类型	几何特征	符号	有无基准	公差类型	几何特征	符号	有无基准
形状公差	直线度	——	无	形状公差	圆柱度	$\not{\varphi}$	无
	平面度	▱	无		线轮廓度	⌒	无
	圆度	○	无		面轮廓度	⌒	无

公差类型	几何特征	符号	有无基准	公差类型	几何特征	符号	有无基准
方向公差	平行度	//	有	位置公差	对称度	═	有
	垂直度	⊥	有		线轮廓度	⌒	有
	倾斜度	∠	有				
方向公差	线轮廓度	⌒	有		面轮廓度	⌓	有
	面轮廓度	⌓	有				
位置公差	位置度	⊕	有或无	跳动公差	圆跳动	↗	有
	同心度（用于中心点）	◎	有				
	同轴度（用于轴线）	◎	有	跳动公差	全跳动	↗↗	有

5.3.3 标注方法

几何公差应采用代号标注，当无法采用代号标注时，允许在技术要求中用文字说明。

（1）几何公差代号

几何公差代号由几何公差各项目的符号、公差框格、指引线、公差值和基准代号的字母等组成，如图 5-38 所示。

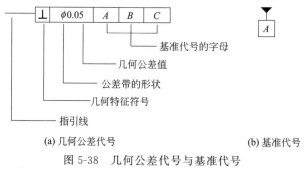

（a）几何公差代号   （b）基准代号

图 5-38 几何公差代号与基准代号

公差框格：用公差框格标注几何公差时，公差要求注写在划分成两格或多格的矩形框格内。各格自左向右顺序标注几何特征符号、公差值、基准，如图 5-39 所示。

图 5-39 公差框格标注几何公差

指引线：用细实线画出。指引线箭头与尺寸线箭头画法相同，箭头应指向公差带的宽度或直径方向。

公差值：以线性尺寸单位表示的量值，以 mm 为单位，如果公差带为圆形或圆柱形，公差值前应加注符号 ϕ，如果公差带为圆球形，公差值前应加注符号 $S\phi$。

基准：用一个字母表示单个基准或用几个字母表示基准体系或公共基准，表示基准的字母标注在公差框格内。

（2）基准符号

有关基准符号比较重要的国家标准先后有三个，分别是 GB/T 1182—1996《形状和位置公差》、GB/T 1182—2008《产品几何技术规范（GPS）几何公差 形状、方向、位置和跳动公差标注》和 GB/T 1182—2018《产品几何技术规范（GPS）几何公差 形状、方向、位置和跳动公差标注》。

其中 GB/T 1182—2008 是个分水岭，随着标准 GB/T 1182—2008 的颁布实施，基准符号的标注发生了较大的变化，GB/T 1182—2008 之前采用旧的基准符号进行标注［图 5-40 (a)］，GB/T 1182—2008 之后，采用新的基准符号进行标注［图 5-40(b)］。

根据 GB/T 1182—2008 及 GB/T 1182—2018，与被测要素相关的基准用一个大写字母表示，字母标注在基准方格内，与一个涂黑的三角形相连以表示基准，如图 5-40(b) 所示。

要注意的是，自 GB/T 1182—2008 以后，基准符号虽然在有关制图软件中得到更新，但旧基准符号在具有较长历史企业的纸质图纸和电子文档中还是存在的。

带基准字母的基准三角形应按如下规定放置。

① 当基准要素是轮廓线或轮廓面时，基准三角形放置在要素的轮廓线或其延长线上，并与尺寸线明显错开（图 5-41），也可放置在该轮廓面引出线的水平线上（图 5-42）。

(a) 旧基准符号 (b) 新基准符号

图 5-40 基准符号

② 当基准是尺寸要素确定的轴线、中心平面或中心点时，基准三角形应放置在该尺寸线的延长线上，如果没有足够的位置标注基准要素尺寸的两个尺寸箭头，则其中一个箭头可用基准三角形代替，如图 5-43 所示。

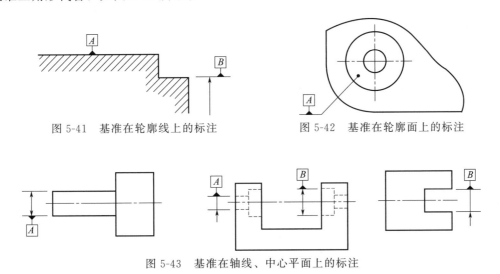

图 5-41 基准在轮廓线上的标注

图 5-42 基准在轮廓面上的标注

图 5-43 基准在轴线、中心平面上的标注

（3）被测要素的标注

用带箭头的指引线将框格与被测要素相连。当被测要素为轮廓线或表面时，将箭头指向该要素的轮廓线或轮廓线的延长线上，但必须与尺寸线明显地分开，如图 5-44 所示。

当被测要素为轴线、中心平面时，则带箭头的指引线应与尺寸线的延长线重合，如图 5-45 所示。

需要对整个被测要素上任意限定范围标注同样几何特征的公差时，可在公差值的后面加注限定范围的线性尺寸值，并在两者之间用斜线隔开，如图 5-46(a) 所示。

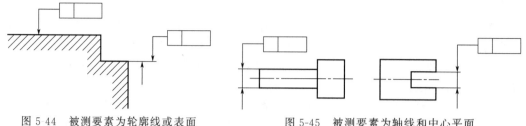

图 5-44　被测要素为轮廓线或表面　　　　　图 5-45　被测要素为轴线和中心平面

(a) 单一要求　　　　　(b) 两项要求

图 5-46　限定性规定

如果标注的是两项或两项以上同样几何特征的公差，可直接在整个要素公差框格的下方放置另一个公差框格，如图 5-46(b) 所示。

（4）理论正确尺寸

当给出一个或一组要素的位置、方向或轮廓度时，分别用来确定其理论正确位置、方向或轮廓的尺寸称为理论正确尺寸（TED）。

TED 也用于确定基准体系中各基准之间的方向、位置关系。

TED 没有公差，并标注在一个方框中，如图 5-47 所示。

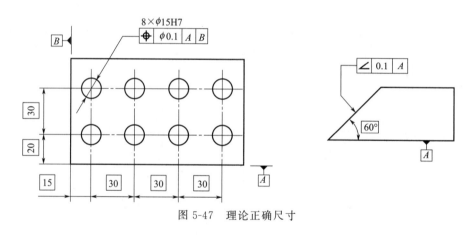

图 5-47　理论正确尺寸

重点提示

理论正确尺寸是设计者期望得到的，假定加工没有误差的情况下零件的尺寸。但加工中的误差不可避免，理论正确尺寸的公差不是为零，也不是自由公差，要根据零件图纸上标注的公差来综合评定。理论正确尺寸不会单独出现，一般是与位置度公差在一起。

（5）几何公差标注示例

图 5-48 所示为一根气门阀杆，可以看出，该零件以外圆 $\phi16^{-0.016}_{-0.034}$ 的轴线为基准，右端面、螺纹 M8×1 轴线、左侧 SR150 球面对外圆 $\phi16^{-0.016}_{-0.034}$ 的轴线分别有圆跳动、同轴度和圆跳动公差要求。

从图 5-48 中还可以看出，当被测要素为素线或表面时，从框格引出的指引线箭头，应指在该要素的轮廓线或其延长线上。当被测要素是轴线时，应将箭头与该要素的尺寸线对齐，如 M8×1 轴线的同轴度注法。当基准要素是轴线时，应将基准符号与该要素的尺寸线对齐，如基准 A。

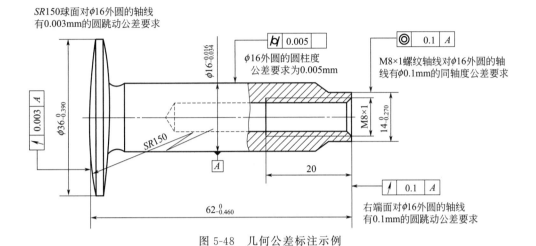

图 5-48　几何公差标注示例

5.3.4　公差原则

在设计零件时，常常对零件的同一要素既规定尺寸公差，又规定几何公差，因此必须研究尺寸公差与几何公差之间的关系。公差原则就是表达尺寸（线性尺寸和角度尺寸）公差和几何公差之间相互关系的原则。公差原则的国家标准可参见 GB/T 4249—2018《产品几何技术规范（GPS）基础概念、原则和规则》。

公差原则分为独立原则和相关要求两大类。

（1）独立原则

独立原则即图样上给定的每一尺寸和形状、位置要求均是独立的，应分别满足要求。如果对尺寸和形状、尺寸和位置之间的相互关系有特定要求，应在图样上规定。独立原则是尺寸公差和几何公差相互关系应遵循的基本原则。

重点提示

大量统计资料表明产品中 95％ 以上的零件要素均应遵循独立原则，因而国际标准 ISO 8015 和国家标准 GB/T 4249 均规定独立原则为标注公差的基本原则。此规定已在世界各国实施。

由于零件上大多数要素均应各自独立满足要求，分别进行测量，因此零件大多数要素的尺寸公差和几何公差之间应遵循的是独立原则，应分别标出，如图 5-49 所示。

（2）相关要求

相关要求即图样上给定的尺寸公差和几何公差相互有关的公差要求，含包容要求、最大实体要求、最小实体要求和可逆要求。采用相关要求的零件在生产实际中一般用量规检验。采用包容要求的零件用极限量规检验；采用最大、最小实体要求及可逆要求的零件用位置量规检验。

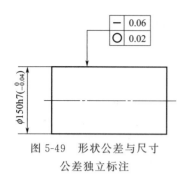

图 5-49 形状公差与尺寸
公差独立标注

一般来讲，在设计图样中给出的各项要求包括表面粗糙度、尺寸及其公差、几何公差等的微观至宏观的要求均是独立的。各项设计要求均应满足，互不干涉，互不影响。只有在极少数情况下，要求形成特定的边界（最大实体边界、最大实体实效边界，最小实体边界、最小实体实效边界）包容实际轮廓，此时可根据 GB/T 16671—2018《产品几何技术规范（GPS）几何公差　最大实体要求（MMR）、最小实体要求（LMR）和可逆要求（RPR）》，在相应位置标出最大实体要求、最小实体要求、包容要求、可逆要求符号。

5.4　CAXA 软件标注样式设置

绘制图纸过程中，需要通过设置标注样式，控制各种标注的外观参数，使绘出的图纸符合要求、便于识读、图形美观。

CAXA 电子图板的标注样式包括文字样式、尺寸样式、引线样式、形位（几何）公差样式、粗糙度样式、焊接符号样式、基准代号样式、剖切符号样式等。这些样式可以通过单击【样式管理】 按钮，在【样式管理】对话框中统一设置。

在 CAXA 选项卡模式界面下可以从三个路径进入到【样式管理】对话框，分别是菜单系统的【菜单】【标注】【工具】三个菜单项。在 CAXA 经典模式界面下，可从主菜单中【格式】菜单项的下拉菜单中进入。

标注样式也可在【格式】菜单项的下拉菜单中分别由【文字】【尺寸】【引线】【形位（几何）公差】【粗糙度】【焊接符号】【基准代号】【剖切符号】命令直接进到【××风格设置】对话框中进行设置。

5.4.1　尺寸样式

尺寸样式在【标注风格设置】对话框中进行设置和修改，如图 5-50 所示。在该对话框

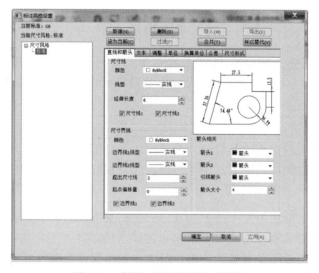

图 5-50　【标注风格设置】对话框

中，可以为尺寸标注设置各项参数，控制尺寸标注的外观，如箭头样式、文字位置和尺寸公差等。该对话框的左侧为所有尺寸样式的树状列表；选中一个样式后，右侧出现相关内容，可以根据需要进行设置；上方为按钮区，可以新建、删除、设为当前、合并尺寸样式。

CAXA 电子图板提供了默认的"标准"标注样式，可在七个选项卡中设置相关参数，该对话框中各功能选项含义说明如下。

（1）【直线和箭头】选项卡

利用【直线和箭头】选项卡可以设置尺寸线、尺寸界线及箭头的标注样式。除预览区外，其分为【尺寸线】【尺寸界线】【箭头相关】三个选项组。

①【尺寸线】选项组：设置控制尺寸线的参数。

【颜色】下拉列表框：用于设置尺寸线的颜色，默认值为 ByBlock。

【延伸长度】文本框：用来指定当尺寸线在尺寸界线外侧时，尺寸线的界外长度。

【尺寸线1】和【尺寸线2】复选框：设置左、右尺寸线的开关，绘图示例如图 5-51 所示。

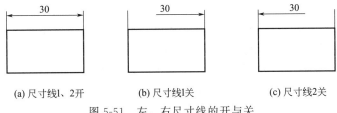

(a) 尺寸线1、2开   (b) 尺寸线1关   (c) 尺寸线2关

图 5-51　左、右尺寸线的开与关

②【尺寸界线】选项组：设置控制尺寸界线的参数。

【颜色】下拉列表框：用于设置尺寸界线的颜色，默认值为 ByBlock。

【边界线1线型】和【边界线2线型】下拉列表框：用于设置尺寸界线的线型。

【超出尺寸线】文本框：用于指定尺寸界线超出尺寸线的长度，默认值为 2。

【起点偏移量】文本框：用于指定尺寸界线距离所标注元素的长度，默认值为 0。

【边界线1】和【边界线2】复选框：设置左、右尺寸界线的开关，选中即"开"，画出边界线，不选即"关"，不画边界线，如图 5-52 所示。

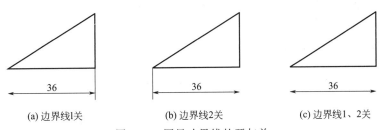

(a) 边界线1关   (b) 边界线2关   (c) 边界线1、2关

图 5-52　图尺寸界线的开与关

③【箭头相关】选项组：设置尺寸线终端和引线终端的样式与大小。

单击下拉列表，可以设置尺寸终端形式为"箭头""斜线""圆点"和"无"等，左、右两端可以相同，也可以不同。默认样式为箭头，箭头长度的默认值为 4。

（2）【文本】选项卡

利用【文本】选项卡可以设置文本与尺寸线的参数关系。除预览区外，其分为【文本外观】【文本位置】【文本对齐方式】三个选项组，如图 5-53 所示。

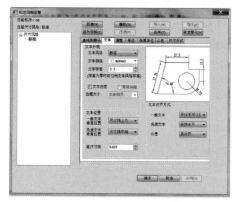

图 5-53 【文本】选项卡

①【文本外观】选项组：设置尺寸文本的文字样式。

【文本风格】下拉列表框：可以在该下拉列表框中选择相应的文字样式。系统设置有"标准"和"机械"两种文字样式，用户也可以根据需要自行设置文本样式。

【文本颜色】下拉列表框：设置文字的字体颜色，默认值为 ByBlock。

【文字字高】文本框：设置尺寸文字的字体高度，默认值为 3.5。

【文本边框】复选框：选中此选项后，可在标注文字四周加边框。

②【文本位置】选项组：控制文字相对于尺寸线的位置。

【一般文本垂直位置】下拉列表框：设置一般标注的文字相对于尺寸线的位置。分为三种，即"尺寸线上方""尺寸线中间""尺寸线下方"，如图 5-54 所示。

【角度文本垂直位置】下拉列表框：设置角度尺寸的文字相对于尺寸线的位置。分为三种，即"尺寸线上方""尺寸线中间""尺寸线下方"。

【距尺寸线】文本框：文字底部到尺寸线的距离，默认距离为 0.625。

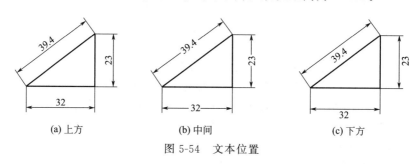

(a) 上方   (b) 中间   (c) 下方

图 5-54   文本位置

③【文本对齐方式】选项组：设置文字的对齐方式。

【一般文本】下拉列表框：用来控制一般尺寸数字的方向，包括"平行于尺寸线""保持水平""ISO 标准"三个选项。

【角度文本】下拉列表框：用来控制角度尺寸数字的方向，包括"平行于尺寸线""保持水平""ISO 标准"三个选项。

【公差】下拉列表框：设置公差文字的对齐方式为顶对齐、中对齐或底对齐。

（3）【调整】选项卡

利用【调整】选项卡设置文字与箭头的关系，以使尺寸标注的效果最佳。除预览区外，其分为【调整选项】【文本位置】【比例】【优化】四个选项组，如图 5-55 所示。

①【调整选项】选项组：设置当尺寸界线内放不下文字和箭头时，从边界线内移出的内容。

"文字或箭头，取最佳效果"：根据尺寸界线间的距离，移出文字或箭头。

"文字"：首先移出文字。

"箭头"：首先移出箭头。

"文字和箭头"：文字和箭头都移出。

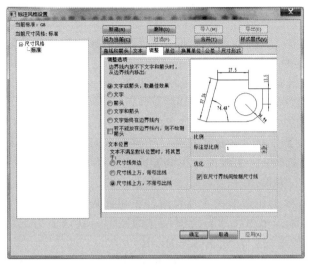

图 5-55 【调整】选项卡

"文字始终在边界线内"：无论尺寸界线间能否放下文字，文字始终在尺寸界线间。

②【文本位置】选项组：文本不能满足默认位置时，可将文字置于"尺寸线旁边""尺寸线上方，带引出线"或"尺寸线上方，不带引出线"。

③【比例】选项组：设置标注总比例。以文本框中的数值为比例缩放该标注样式中设置的文字和箭头等，但不会改变标注的尺寸数值。一般使用默认值 1。

④【优化】选项组：当选中"在尺寸界线间绘制尺寸线"时，标注尺寸时无论尺寸界线间的距离大小，均在尺寸界线间绘制尺寸线。

（4）【单位】选项卡

利用【单位】选项卡设置标注数值的单位及精度。除预览区外，其分为【线性标注】和【角度标注】两个选项组，如图 5-56 所示。

图 5-56 【单位】选项卡

①【线性标注】选项组：设置线性标注的格式和精度。

【单位制】下拉列表框：设置线性标注的当前单位格式，可以选择科学计数、十进制、英制或分数。

【精度】下拉列表框：设置标注主单位中显示的小数位数，以控制尺寸数字的精确度。精度的形式基于所选定的单位。

【分数格式】下拉列表框：设置分数的格式为竖直、倾斜或水平。只有在【单位制】下拉列表框中选择"分数"时，此参数才可用。

【小数分隔符】下拉列表框：指定小数点的表示方式，分为"句点""逗号"和"空格"三种。只有在【单位制】下拉列表框中选择"十进制"时，此参数才可用。

【小数圆整单位】文本框：为线性标注设置标注测量值的舍入规则。如果输入 0.25，则所有标注距离都以 0.25 为单位进行舍入；如果输入 1.0，则所有标注距离都将舍入为最接近的整数。小数点后显示的位数取决于【精度】下拉列表框的设置。

【度量比例】文本框：标注尺寸与绘图尺寸的比值，默认值为 1：1。例如，直径为 $\phi 8$ 的圆，当度量比例为 2：1 时，其标注结果为 $\phi 16$。

【零压缩】选项：包括【前缀】和【后缀】两个复选框，控制尺寸标注时，小数前后的零是否输出。例如，尺寸值为 0.901，精度为 0.00，选中【前缀】复选框的标注结果为".90"，选中【后缀】复选框的标注结果为"0.9"。

②【角度标注】选项组：该区用于控制角度标注的格式。可在【单位制】下拉列表框中设置角度标注的四种单位形式："度""度分秒""百分度""弧度"。

（5）【换算单位】选项卡

利用【换算单位】选项卡指定标注测量值中换算单位的显示并设置其格式和精度。除预览区外，其分为【显示换算单位】复选框、【换算单位】选项组和【显示位置】选项组，如图 5-57 所示。

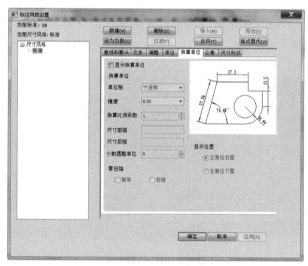

图 5-57 【换算单位】选项卡

①【显示换算单位】复选框：选中该复选框，才可以在该对话框中设置换算单位的单位制、精度、零压缩、显示位置等参数。

②【换算单位】选项组：显示和设置除角度之外的所有标注类型的当前换算单位格式。

【单位制】下拉列表框：设置换算单位的单位格式。

【精度】下拉列表框：设置换算单位中的小数位数。

【换算比例系数】文本框：指定一个乘数，作为主单位和换算单位之间的换算因子使用。例如，要将 in 转换为 mm，可输入 25.4。此值对角度标注没有影响，而且不会应用于舍入值或者正、负公差值。

【尺寸前缀】和【尺寸后缀】文本框：输入在换算标注文字中出现的前缀、后缀。

【小数圆整单位】文本框：设置所有标注类型换算单位的舍入规则（"角度"除外）。

【零压缩】选项：控制是否输出前导零和后续零。

③【显示位置】选项组：控制标注文字中换算单位的位置，在主单位的后面或下面。

（6）【公差】选项卡

利用【公差】选项卡控制标注文字中公差的格式及显示。除预览区外，其分为【公差】和【换算值公差】两个选项组，如图 5-58 所示。

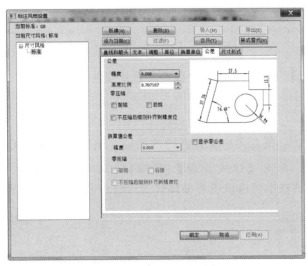

图 5-58 【公差】选项卡

①【公差】选项组：设置标注文字中公差的格式及显示。

【精度】下拉列表框：选择小数位数，以控制尺寸偏差的精度。

【高度比例】文本框：设置当前公差文字相对于基本尺寸的高度比例。

【零压缩】选项：控制是否输出前导零和后续零。

②【换算值公差】选项组：设置换算公差单位的格式。只有在【换算单位】选项卡中选中【显示换算单位】复选框时，此选项组才可以设置。

【精度】文本框：设置换算单位公差的小数位数。

【零压缩】选项：设置是否输出前导零和后续零。

（7）【尺寸形式】选项卡

利用【尺寸形式】选项卡设置弧长标注和引出点等参数。除预览区外只有【尺寸形式】选项组，如图 5-59 所示。

①【弧长标注形式】下拉列表框：设置弧长标注形式为边界线垂直于弦长或边界线放射。

②【弧长符号形式】下拉列表框：设置弧长符号位于文字上面或位于文字左面。

③【引出点形式】下拉列表框：设置尺寸标注引出点形式为无或点。

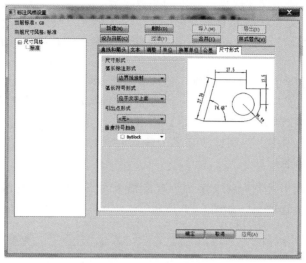

图 5-59 【尺寸形式】选项卡

④【锥度符号颜色】下拉列表框：设置锥度符号颜色。

5.4.2　样式管理

　　【样式管理】命令的功能是集中设置系统的图层、线型、标注样式、文字样式等，并可对全部样式进行管理。单击【样式管理】 按钮，系统弹出【样式管理】对话框，如图 5-60 所示。在该对话框中可以设置各种样式的参数，也可以对所有的样式进行管理操作。

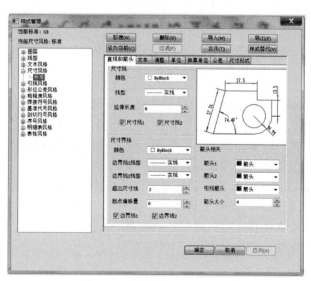

图 5-60 【样式管理】对话框

（1）设置

　　【样式管理】对话框左侧为所有样式的树状列表，包括"图层""线型""文本风格""尺寸风格""引线风格""形位公差风格""粗糙度风格""焊接符号风格""基准代号风格""剖切符号风格""序号风格""明细表风格"和"表格风格"，右侧窗口是内容显示区，显示树状列表中所选择项目的内容。

移动鼠标选择一个样式，如选择"尺寸风格"，在左侧的树状列表中，直接双击"尺寸风格"或单击左侧的"＋"后，可以展开"尺寸风格"样式，显示出当前图样中所有尺寸样式的名称。选中"标准"，右侧即可出现标注样式设置界面，其各选项的功能与操作与【标注风格设置】对话框相同，根据需要直接进行修改即可。单击对话框上部的【新建】按钮，可以新建一个标注样式；单击【删除】按钮，可以删除一个标注样式（"标准"标注样式除外）。若需要设置某一样式为当前标注样式，可先选中该标注样式，然后单击【设为当前】按钮。设置完成后，单击【确定】按钮。

（2）管理

利用【样式管理】对话框，可以很方便地进行样式管理，包括导入、合并、过滤和导出。

① 导入：将已经保存的模板或图样文件中的尺寸样式、文字样式、图层等复制到当前图纸中。单击【导入】按钮，系统弹出提示对话框，单击【是】按钮后，又弹出【样式导入】对话框。在该对话框中，选择要导入样式的图纸文件，然后在【引入选项】复选框中，选中确定要导入的样式类别，以及导入样式后是否覆盖同名的样式，选择后单击【打开】按钮即可。

② 合并：将现有系统中共同具有某种样式(尺寸、文字）或图层等的图形元素，整体转换成系统中的另一种样式(尺寸、文字）或图层等。

6

表面粗糙度的标注

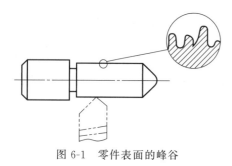

图 6-1　零件表面的峰谷

零件的表面，不管经过怎样精细的加工，只要在显微镜下观察，都是高低不平的，如图 6-1 所示。这种加工表面上具有的较小间距和峰谷所构成的微观几何形状特性，称为表面粗糙度。表面粗糙度是评定零件表面质量的一项重要技术指标，对零件的耐磨性、耐蚀性、密封性及抗疲劳的能力都有影响。

6.1　表面粗糙度相关标准

我国自 1951 年以来颁布过多个表面粗糙度的标准，期间还进行了多次修订，其中比较重要的表面粗糙度国家标准主要有以下三个。

① GB/T 131—2006/ISO 1302：2002《产品几何技术规范（GPS）技术产品文件中表面结构的表示法》。

② GB/T 131—1993《机械制图　表面粗糙度符号、代号及其注法》。

③ GB 1031—68《表面光洁度》。

根据上述国家标准，表面粗糙度概念经过了三次较大的变化，分别为表面光洁度、表面粗糙度和表面结构要求。

6.1.1　表面结构要求

2006 年 7 月 19 日，国家质量监督检验检疫总局和标准化管理委员会颁布了国家标准 GB/T 131—2006/ISO 1302：2002《产品几何技术规范（GPS）技术产品文件中表面结构的表示法》，该标准从 2007 年 2 月 1 日起实施，用以代替 GB/T 131—1993《机械制图　表面粗糙度符号、代号及其注法》。

现行国家标准将零件表面质量的表示方法从机械制图领域划入产品几何技术规范领域，并以"表面结构要求"取代"表面粗糙度"称谓，对产品技术文件中表面结构的表示方法作出了规定，适用于所有产品对表面结构有要求的标注。

（1）标注表面结构的图形符号

根据现行国家标准 GB/T 131—2006/ISO 1302：2002《产品几何技术规范（GPS）技术

产品文件中表面结构的表示法》，表面结构的图形符号分为基本图形符号、扩展图形符号、完整图形符号三种，并分别给出了各自的定义。

① 基本图形符号　由两条不等长且与标注表面成 60°夹角的直线构成，如图 6-2（a）所示。基本图形符号仅用于简化代号标注，没有补充说明时不能单独使用。

如果基本图形符号与补充的或辅助的说明一起使用，则不需要进一步说明为了获得指定的表面是否应去除材料或不去除材料。

② 扩展图形符号　包括要求去除材料的图形符号和不允许去除材料的图形符号两种。

要求去除材料的图形符号［图 6-2（b）］：在基本图形符号上加一短横，表示指定表面是用去除材料的方法获得，如通过机械加工获得的表面。

不允许去除材料的图形符号［图 6-2（c）］：在基本图形符号上加一圆圈，表示指定表面是用不去除材料的方法获得。

③ 完整图形符号　当要求标注表面结构特征的补充信息时，应在图 6-2 所示的图形符号的长边上加一横线，如图 6-3 所示。

在文本中用文字表达图 6-3 所示的符号时，用 APA 表示图 6-3（a），用 MRR 表示图 6-3（b），用 NMR 表示图 6-3（c）。

(a) 基本图形符号　　(b) 去除材料　　(c) 不去除材料　　　(a) 基本图形符号　　(b) 去除材料　　(c) 不去除材料

图 6-2　基本图形符号与扩展图形符号　　　　　　图 6-3　完整图形符号

（2）表面结构完整图形符号的组成

为了明确表面结构要求，在完整图形符号上必须标注表面结构参数和数值，必要时应标注补充要求，补充要求包括传输带、取样长度、加工工艺、表面纹理及方向、加工余量等。

在完整图形符号中，对表面结构的单一要求和补充要求应注写在图 6-4 所示的指定位置。

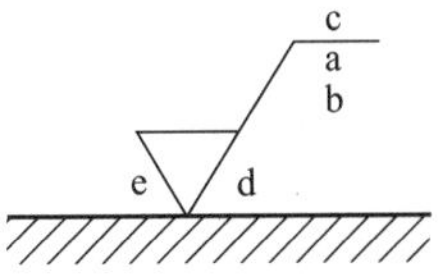

① 位置 a：注写表面结构的单一要求，包括参数代号、极限值、传输带或取样长度等，详见 GB/T 131—2006/ISO 1302：2002 及 GB/T 18618—2009/ISO 12085：1996。

图 6-4　单一要求和补充要求的注写位置

② 位置 a 和 b：注写两个或多个表面结构要求。在位置 a 注写第一个表面结构要求，在位置 b 注写第二个表面结构要求。如果要注写第三个或更多表面结构要求，图形符号应在垂直方向扩大，以空出足够的空间。扩大图形符号时，a 和 b 的位置随之上移，如图 6-5 所示。

图 6-5 中表示的表面粗糙度由单一向上限值和一个双向极限值组成。单向 $Ra = 1.6\mu m$，默认遵循"16%规则"，传输带 0.8mm，评定长度 $5 \times 0.8 = 4mm$。双向 Rz 的上限值 $Rz = 12.5\mu m$，下限值 $Rz = 3.2\mu m$，默认遵循"16%规则"，上、下极限传输带均为 2.5mm，上、下极限评定长度均为 $5 \times 2.5 = 12.5mm$。

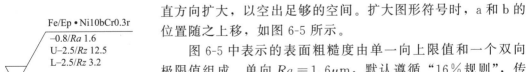

图 6-5　多个表面结构要求的标注

③ 位置 c：注写加工方法、表面处理、涂镀或其他加工工艺要求等，如车、磨、镀等加工表面，详见 GB/T 13911—2008。

图 6-5 中：Fe 表示基体是铁或钢；Ep 表示电镀；Ni10b 表示镀光亮镍 $10\mu m$ 以上；

Cr0.3r 表示镀普通铬 0.3μm 以上。

④ 位置 d：注写所要求的表面纹理和纹理的方向，如 "="、"X"、"M" 等。

表面纹理及其方向用表 6-1 中规定的符号标注在完整符号中。纹理方向是指表面纹理的主要方向，通常由加工工艺决定。

表 6-1　表面纹理的标注

符号	解释和示例	
二	纹理平行于视图所在的投影面	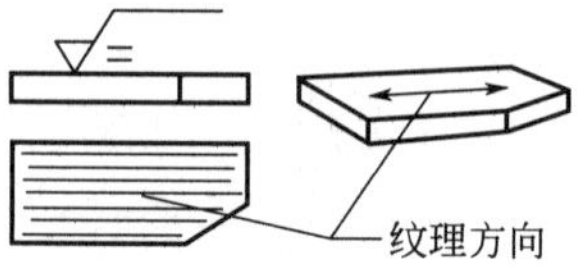
丄	纹理垂直于视图所在的投影面	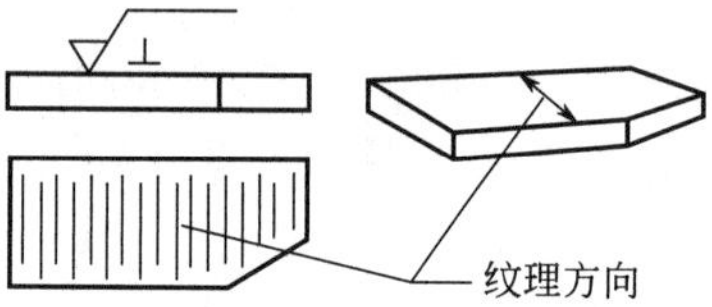
X	纹理呈两斜向交叉且与视图所在的投影面相交	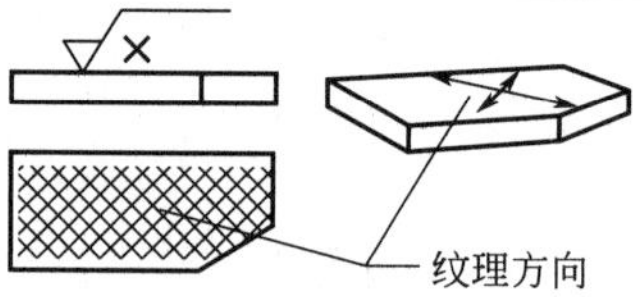
M	纹理呈多方向	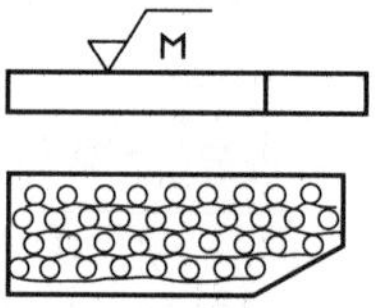
C	纹理呈近似同心圆且圆心与表面中心相关	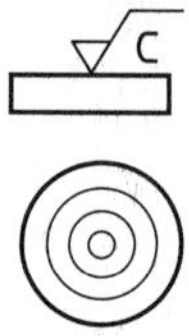
R	纹理呈近似放射状且与表面圆心相关	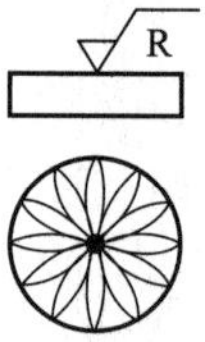
P	纹理呈微粒、凸起，无方向	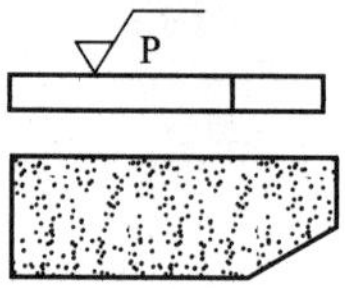

⑤ 位置 e：注写所要求的加工余量，以 mm 为单位给出数值。

（3）表面结构要求的评定参数

按照现行国家标准 GB/T 1031—2009《产品几何技术规范（GPS）表面结构　轮廓法　表面粗糙度参数及其数值》，评定表面结构的参数，主要有 P 参数（原始轮廓参数，即在原始轮廓上计算所得的参数）、R 参数（粗糙度参数，即在粗糙度轮廓上计算所得的参数）和 W

参数（波纹度参数，即在波纹度轮廓上计算所得的参数）。其中，粗糙度参数 R 是最常用的评定参数。

6.1.2 表面粗糙度

表面粗糙度的概念在我国开始出现并使用，是源于 1981 年到 1982 年期对 GB 1031—68《表面光洁度》进行的修订，经过修订后的标准改为三个标准，即 GB 1031—83《表面粗糙度 参数及其数值》、GB 3505—83《表面粗糙度 术语 表面及其参数》和 GB 131—83《表面粗糙度 代号及其注法》。

（1）表面粗糙度的符号

表面粗糙度的符号有√、√、√，其中基本符号由两条不等长且与被注表面投影轮廓线成 60°左右倾斜的细实线组成。

图样中零件表面粗糙度的符号及意义见表 6-2。

表 6-2 表面粗糙度的符号及意义

符号	意义及说明
√	基本符号,表示表面可用任何方法获得。当不加注粗糙度参数值或有关说明(如表面处理、局部热处理状况等)时,仅适用于简化代号标注
√	基本符号上加一短画,表示表面是用去除材料的方法获得的,例如车、铣、钻、磨、剪切、抛光、腐蚀、电火花加工、气割等
√	基本符号上加一小圆,表示表面是用不去除材料的方法获得的,例如铸、锻、冲压变形、热轧、冷轧、粉末冶金等,或者是用于保持原供应状况的表面(包括保持上道工序的状况)

（2）表面粗糙度的评定参数

GB/T 1031—2009 规定了表面粗糙度参数从轮廓算术平均值 Ra、轮廓最大高度 Rz 两项中选取。轮廓算术平均值 Ra、轮廓最大高度 Rz 是生产中评定零件表面质量的主要参数。

轮廓算术平均值 Ra：在取样长度内，沿测量方向的轮廓线上的点与基准线之间距离绝对值的算术平均数，如图 6-6 所示。

轮廓最大高度 Rz：在取样长度内，轮廓峰顶线与谷底线之间的距离，如图 6-6 所示。

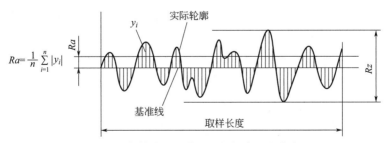

图 6-6 轮廓算术平均值 Ra 与轮廓最大高度 Rz

标准规定的常用表面粗糙度 Ra、Rz 数值系列见表 6-3。

表 6-3 表面粗糙度 Ra、Rz 的数值系列（部分） μm

Ra	0.012	0.025	0.05	0.1	0.2	0.4	0.8	1.6	3.2	6.3	12.5	25	50	100
Rz	0.025	0.05	0.1	0.2	0.4	0.8	1.6	3.2	6.3	12.5	25	50	100	200

参数 Ra 和 Rz 值越小，零件表面越光滑，加工成本也越高。因此，在选择表面粗糙度参数值时，既要满足零件功能要求，又要考虑经济性。在满足零件功能的前提下，尽量选用数值大的粗糙度。

重点提示

旧标准 GB/T 1031—1995《表面粗糙度　参数及其数值》中，评定表面粗糙度有三个参数：轮廓算术平均偏差 R_a、轮廓微观不平度十点高度 R_z 和轮廓最大高度 R_y。

根据现行国家标准，轮廓最大高度的代号由 R_y 改为 R_z，并不再使用轮廓微观不平度十点高度 R_z 这一参数，在接触有关图纸、工艺和技术文件，特别是涉及轮廓最大高度 R_z 时要加以识别。

标准规定的常用表面粗糙度 Ra 数值系列及相应的加工方法见表 6-4。

表 6-4　表面粗糙度 Ra 数值及相应的加工方法

$Ra/\mu m$	加工方法	应用举例
100 50 25 12.5	粗车、粗铣、粗刨、钻孔等	不重要的接触面或非接触面，如凸台顶面、倒角、螺栓过孔等
6.3 3.2 1.6	精车、精铣、精刨、铰钻等	较重要的接触面、转动和滑动速度不高的配合面和接触面，如轴套、齿轮端面、键及键槽工作面
0.8 0.4 0.2	精铰、磨削、抛光等	要求较高的接触面、转动和滑动速度较高的配合面和接触面，如齿轮工作面、导轨表面、主轴轴颈表面、销孔表面
0.1 0.05 0.025 0.012	研磨、超级精密加工等	要求密封性能较好的表面、转动和滑动速度极高的表面，如精密量具表面、气缸内表面、活塞环表面及精密机床主轴轴颈表面等

6.1.3　表面光洁度

根据国家标准 GB 1031—68，零件表面的光滑程度，称为表面光洁度，用代号 ▽ 表示，从 ▽1～▽14 共分 4 类 14 个等级。在表面粗糙度国家标准 GB 3505—83、GB 1031—83 颁布后，表面光洁度改为表面粗糙度，之后绘制的图纸上不再采用表面光洁度进行标注。但许多历史较悠久的企业里，在表面粗糙度国家标准颁布之前所绘制的技术图纸上都是采用表面光洁度进行标注的，表 6-5 给出了表面光洁度与表面粗糙度 Ra、Rz 数值换算关系。

表 6-5　表面光洁度与表面粗糙度 Ra、Rz 数值换算关系　　　　　　　　μm

表面光洁度		▽1	▽2	▽3	▽4	▽5	▽6	▽7
表面粗糙度	Ra	50	25	12.5	6.3	3.2	1.6	0.8
	Rz	200	100	50	25	12.5	6.3	6.3
表面光洁度		▽8	▽9	▽10	▽11	▽12	▽13	▽14
表面粗糙度	Ra	0.4	0.2	0.1	0.05	0.025	0.012	—
	Rz	3.2	1.6	0.8	0.4	0.2	0.1	0.05

实际上，表面光洁度与表面粗糙度是有区别的，两者之间不仅仅是名字不同，表面光洁度是按人的视觉观点提出来的，只能用表面光洁度样板进行比对得出；表面粗糙度是按表面微观几何形状的实际提出来的，不仅可用表面粗糙度样板进行比对得出，还可用表面粗糙度仪测出，而且有测量的计算公式，相对来说，用表面粗糙度表示更科学严谨。

在日本、德国的图纸上，有时会看到"▽▽▽""▽▽"光洁度代号，为了使加工的零件符合图纸要求，有必要弄清楚"▽▽▽""▽▽"等与表面粗糙度的对应关系。表 6-6 为日本、德国光洁度代号与中国表面粗糙度对照表。

表 6-6　日本、德国光洁度代号与中国表面粗糙度对照表　　μm

中国（Ra）	0.2 以下	0.25	0.4	0.8	1.0	1.25	1.6	3.2	6.3	12.5	25
日本	▽▽▽▽			▽▽▽				▽▽		▽	
德国	▽▽▽▽			▽▽▽				▽▽		▽	

6.2　表面粗糙度的标注方法

6.2.1　表面粗糙度标注的标准应用

根据现行国家标准在标注零件表面结构要求时，表面结构要求符号只能从左侧和上部直接标注在零件轮廓线、轮廓延长线以及尺寸界线上，其他方向都必须采用指引线标注，如图 6-7、图 6-8 所示，很不方便，因此在很多企业的图纸中，到目前为止并没有采用现行国家标准中的完整图形符号来标注零件表面结构要求，在技术文件中也没有采用"表面结构要求"这一技术术语。

由于现行国家标准的表面结构要求与旧标准的表面粗糙度所表述的对象和主要参数是基本一致的，现行国家标准表面结构要求的基本

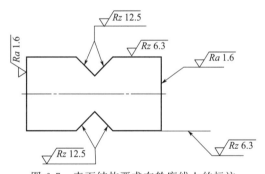

图 6-7　表面结构要求在轮廓线上的标注

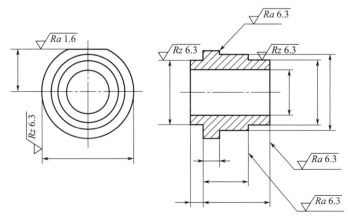

图 6-8　表面结构要求在尺寸界线上的标注

图形符号、扩展图形符号又与旧标准的表面粗糙度符号一致，因此，在技术文件中仍使用"表面粗糙度"这一专业术语，在设计绘制图纸只需标注表面粗糙度的轮廓算术平均偏差 Ra 时，仍采用表面粗糙度符号及相应注法，即仍主要沿用 GB/T 131—1993《机械制图　表面粗糙度符号、代号及其注法》中的标注方法。标注的表面粗糙度参数则与现行国家标准 GB/T 1031—2009《产品几何技术规范（GPS）表面结构　轮廓法　表面粗糙度参数及其数值》相一致。

温馨提醒

图家标准 GB/T 131—2006《产品几何技术规范（GPS）技术产品文件中表面结构的表示法》为推荐性而非强制性国家标准，"T"为"推荐"中"推"的汉语拼音首字母。

推荐性国家标准是指生产、交换、使用等方面，通过经济手段调节而自愿采用的一类标准，又称自愿标准。这类标准任何单位都有权决定是否采用。

因此这一做法并不违反国家标准的使用规定。

6.2.2　表面粗糙度标注的基本原则

（1）表面粗糙度的标注符号

在图样上标注表面粗糙度的轮廓算术平均偏差 Ra 时，一般只需标注高度值，此时采用图 6-9(a) 所示的简单标注符号（扩展图形符号），在图样上如需标注粗糙度的其他特征时则采用图 6-9(b) 所示的标准标注符号（完整图形符号）。

(a) 简单标注符号　　　　　　　　(b) 标准标注符号

图 6-9　表面粗糙度的标注符号

（2）粗糙度数值的标注

高度参数是评定粗糙度的基本参数，通常需注出其最大允许数值或允许值界限。当选用 Ra 时可省略其代号，只注参数值。例如 $\overset{3.2}{\sqrt{}}$ 表示 Ra 值应不大于 $3.2\mu m$；$\overset{3.2}{\underset{1.6}{\sqrt{}}}$ 表示 Ra 值应保证在 $1.6\sim3.2\mu m$ 之间。当选用 Rz 时，则在允许的参数值前加注相应的代号，并采用标准标注符号（完整图形符号），如 $\sqrt{Rz\,3.2}$。

（3）表面粗糙度在图样中标注的主要规定

① 在图样上标注时，表面粗糙度代（符）号一般注在可见轮廓线、尺寸界线、引出线或其延长线上，符号的尖端必须从材料外指向表面。当零件大部分表面具有相同的表面粗糙度要求时，对其中使用最多的一种代号可统一注在图样的右上角，并加注"其余"两字，右上角标注的符号大小应为图形中符号大小的 1.4 倍，如图 6-10 所示。

② 每一表面一般只注一次代（符）号，并尽可能靠近有关尺寸线，当零件所有的表面粗糙度相同时，可用统一代号在图样右上角注出，如图 6-11 所示。

其余 $\overset{100}{\sqrt{}}$

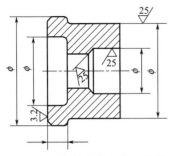

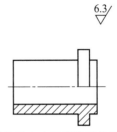

图 6-10　表面粗糙度代（符）号的一般注法　　　图 6-11　零件所有表面粗糙度都相同时的注法

③ 在不连续的同一表面上标注时，要用细实线连接成连续表面，其表面粗糙度只标一次。当地方较小时可以引出标注，如图 6-12 所示；对连续的同一表面或重复要素（如孔、槽、齿的表面）的表面粗糙度也只注一次，如图 6-13 所示。

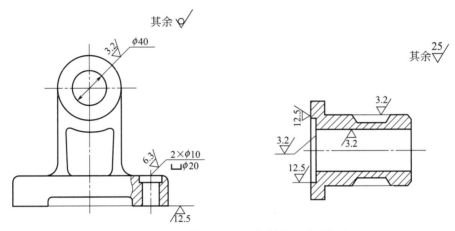

图 6-12　不连续同一表面的粗糙度及引出标注

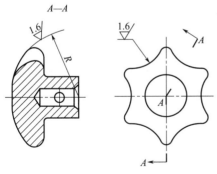

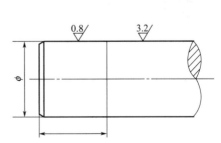

图 6-13　连续的同一表面或重复要素的粗糙度注法　　　图 6-14　同一表面上不同要求的粗糙度注法

④ 同一表面上有不同的粗糙度要求时，应用细实线画出不同区域的分界线，并注出相应的尺寸及各自的粗糙度代号，如图 6-14 所示。

⑤ 螺纹、轮齿、中心孔、键槽的工作表面及倒角、圆角等表面粗糙度要求，可按图 6-15 标注。

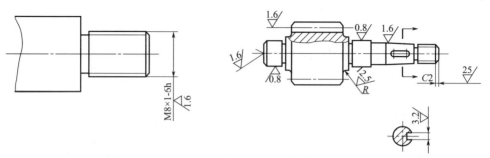

图 6-15　螺纹、轮齿、中心孔、键槽等的表面粗糙度注法

6.2.3　表面粗糙度在图样中的标注

（1）CAXA 电子图板表面粗糙度标注的命令

在绘制图纸过程中，如需标注表面粗糙度，在【标注】菜单里，单击【粗糙度】√ 按钮，在屏幕的左下角，弹出图 6-16 所示的立即菜单。

图 6-16　标注表面粗糙度的立即菜单

CAXA 电子图板默认的表面粗糙度的标注方式为"简单标注"。采用简单标注时，立即菜单第 2 项可选择"默认方式"或"引出方式"；第 3 项可选择"去除材料""不去除材料"和"基本符号"三种形式；在第 4 项的文本框输入表面粗糙度的数值；第 5 项中可以选择是否在符号前加上"其余""全部"或"下料切边"字样。

单击立即菜单的第 1 项，可进行"简单标注"与"标准标注"的切换选择。

采用"标准标注"时，系统弹出图 6-17 所示的【表面粗糙度】对话框，可在该对话框中设置基本符号、纹理方向、上限值、下限值以及说明等，用户可在预显框里看到标注结果，然后单击【确定】按钮。此时，可在立即菜单第 2 项选择"默认方式"或"引出方式"。

系统提示"拾取定位点或直线或圆弧："，拾取直线或圆弧后，系统继续提示"拖动确定标注位置："，确定标注位置即可完成标注。如果拾取的是一个点，系统会提示"输入角度或由屏幕上确定"，由键盘输入角度或拖动鼠标定位后即可。

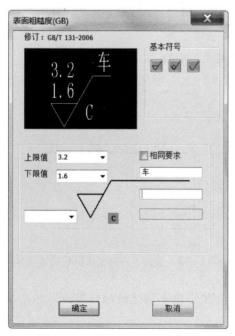

图 6-17　"标准标注"方式标注
【表面粗糙度】对话框

（2）表面粗糙度标注的注意事项

① 符号的尖端必须从材料外指向表面，如图 6-18 所示。

② 采用完整图形符号来标注表面粗糙度的补充要求时，不允许尖端朝上或朝左，如图 6-19 所示。

③ 必须选用国家标准中规定的表面粗糙度公差数值，如图 6-20 所示。

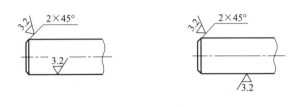

(a) 错误   (b) 正确

图 6-18　符号的尖端必须从材料外指向表面

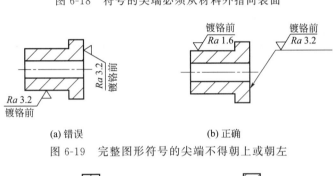

(a) 错误   (b) 正确

图 6-19　完整图形符号的尖端不得朝上或朝左

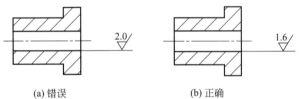

(a) 错误   (b) 正确

图 6-20　选用国家标准中规定的表面粗糙度公差数值

6.2.4　表面粗糙度和表面结构要求标注方法对比

由于现行国家标准中表面结构要求的推荐注法（即：采用完整图形符号标注）和旧标准中表面粗糙度在图样上的标注方法发生了很大变化，为方便工作，表 6-7 中列出了表面粗糙度和表面结构要求在图样上常规标注时的不同之处。

表 6-7　表面粗糙度和表面结构要求常规标注对比

不同之处	具体说明及图例	
	表面粗糙度	表面结构要求
符号方向	可在左、右、上、下四个方向旋转	只能向上或朝左

不同之处	具体说明及图例	
	表面粗糙度	表面结构要求
粗糙度数值	当粗糙度数值用轮廓算术平均值 Ra 表示时，省略不标	必须标注粗糙度数值类型，任何时候都不能省略不标
其余粗糙度（结构要求）标注位置	位于图纸右上角，并在粗糙度符号前加"其余"两字 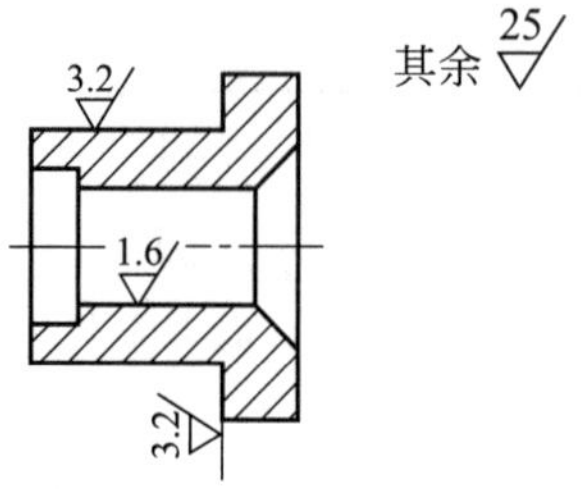	位于右下角，在标题栏附近，后跟圆括号，括号内给出无任何其他标注的基本符号，或给出不同的表面结构要求 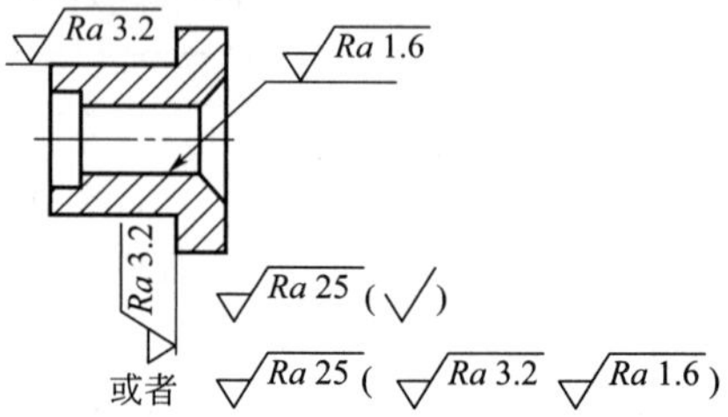

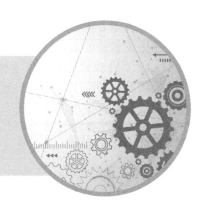

7 零件图的绘制

7.1 视图选择与零件分类

7.1.1 零件的视图选择

零件的视图选择就是选用一组合适的视图表达出零件的内外结构形状及其各部分的相对位置关系。一个好的零件视图表达方案是：表达正确、完整、清晰、简便，同时易于看图。由于零件的结构形状是多种多样的，所以在画图前应对零件进行结构形状分析，并针对不同零件的特点选择主视图及其他视图，确定最佳表达方案。

选择视图时，要结合零件的工作位置或加工位置或安装位置，选择反映零件信息量最多的那个视图作为主视图，包括运用各种表达方法，如剖视、断面等，并选好其他视图。选择视图的原则是：在完整、清晰地表达零件内外形状和结构的前提下，尽量减少视图数量，以方便画图和看图。

（1）主视图

主视图是零件图中最重要的视图，是一组视图的核心，读图和绘图一般先从主视图着手，主视图选得是否正确合理，将直接关系到其他视图的数量及配置，影响到读图和绘图是否方便。

选择主视图一般应遵循以下原则。

① 形状特征原则　就是要能清楚地反映出零件各组成部分的形状及相互位置。形状特征原则是选择主视图投影方向的主要依据。图 7-1 所示支座有 A 和 B 两种投影方向，其中 A 向比 B 向更能反映零件的主要结构形状和相对位置。

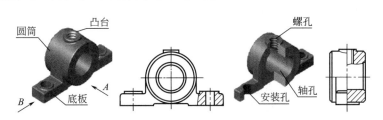

(a) 轴承座的安放位置　　　(b) 选择A向作主视图　　　(c) 选择B向作主视图

图 7-1　主视图的投影方向

② 加工位置原则　就是使主视图的安放状态与零件在机械加工时的装夹位置保持一致，

加工时看图方便。轴类零件一般采用卧式车床进行车削加工，加工时的位置如图 7-2 所示，主视图按零件的加工位置画出。

③ 工作位置原则　将主视图按照零件在机器（或部件）中的工作位置放置，以便对照装配图看图和画图，有利于想象零件的工作状态及作用。对于叉架类、箱体类零件，因为常需经过多道工序加工，且各工序的加工位置往往不同，故一般使主视图的安放状态与零件的安装位置或工作位置相一致，有利于把零件图和装配图对照起来看。图 7-3 所示的尾座主视图是符合其在车床上的安装（工作）位置的。

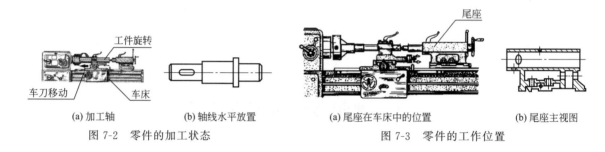

(a) 加工轴　　(b) 轴线水平放置　　(a) 尾座在车床中的位置　　(b) 尾座主视图

图 7-2　零件的加工状态　　　　　图 7-3　零件的工作位置

归纳总结

　　零件的形状结构千差万别，在选择主视图布置方案时，根据国家标准 GB/T 17451—1998《技术制图　图样画法　视图》的要求，表示物体信息量最多的那个视图作为主视图，通常是物体的工作位置或加工位置或安装位置。

此外，还要考虑图幅布局的合理性。对于一些运动零件，它们的工作位置不固定；还有些零件在机器上处于倾斜位置，若按其倾斜位置安放主视图，则必然给画图、看图带来麻烦。故习惯上常将这些零件放平画出，并使零件上尽量多的表面处于与某一基本投影面特殊的位置（平行或垂直）。

（2）其他视图

主视图确定后，应根据零件结构形状的复杂程度，由主视图是否已表达完整和清楚，来决定是否需要其他视图以弥补表达的不足。

GB/T 17451—1998《技术制图　图样画法　视图》中指出，当需要其他视图时，应按以下原则选取。

① 在明确表示零件的前提下，使视图（包括剖视图和断面图）的数量为最少。

② 尽量避免使用虚线表达零件的轮廓及棱线。

③ 避免不必要的细节重复。

这些选择其他视图的原则，也是评定分析表达方案的原则，掌握这些原则必须通过大量看、画图实践才能做到。

视图数量要恰当。这与表达方法选用有关，所选各视图都应有明确的表达侧重和目的。零件的主体形状与局部形状、外部形状与内部形状应相对集中与适当分散表达。零件的主体形状应采用基本视图表达，即优先选用基本视图；局部形状如不便在基本视图上兼顾表达时，可另选其他视图（如向视图、局部视图、断面图等）。一个较好的表达方案往往要在保证形状完整、清晰的前提下，使视图数量为最少。

尽量不用或少用虚线。零件不可见的内部轮廓和外部被遮挡（在投射方向上）的轮廓，在视图中用虚线表示，为不用或少用虚线就必须恰当选用局部视图、向视图、剖视图或断面图。但适当少量虚线的使用，又可以减少视图数量。两者之间的矛盾应在选择具体零件表达方案时权衡解决。

避免细节重复。零件在同一投射方向中的内外结构形状，一般可在同一视图（剖视图）上兼顾表达，当不便在同一视图（剖视图）上表达（如内外结构形状投影发生层次重叠）时，也可另用视图表达。对细节表达重复的视图应舍去，力求表达简练，不出现多余视图。

零件视图的选择一般可按下列步骤进行。

① 分析零件的结构形状。

② 选择主视图。

③ 选择其他视图，初定表达方案。

④ 分析、调整，形成最后表达方案。

7.1.2 零件的分类

零件的种类很多，结构形状也千差万别。通常根据结构和用途相似的特点，以及加工制造方面的特点，将一般零件分为轴套、轮盘、叉架、箱体四类典型零件。

（1）轴套类零件（图7-4）

轴套类零件包括各种用途的轴和套。轴主要用来支承传动零件（如带轮、齿轮等）和传递动力。套一般是装

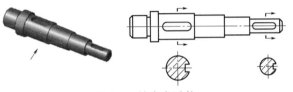

图7-4　轴套类零件

在轴上或机体孔中，用于定位、支承、导向或保护传动零件。

轴套类零件结构形状通常比较简单，一般由大小不同的同轴回转体（如圆柱、圆锥）组成，具有轴向尺寸大于径向尺寸的特点。轴有直轴和曲轴，光轴和阶梯轴，实心轴和空心轴之分。阶梯轴上直径不等所形成的台阶称为轴肩，可供安装在轴上的零件轴向定位用。轴类零件上常有倒角、倒圆、退刀槽、砂轮越程槽、键槽、花键、螺纹、销孔、中心孔等结构。这些结构都是由设计要求和加工工艺要求所决定的，多数已标准化。

轴套类零件主要在车床上加工，可将轴线水平安放来画主视图。这样既符合投射方向的大信息量（或特征性）原则，又基本符合其工作位置（或安装位置）原则。通常将轴的大头朝左，小头朝右；轴上键槽、孔可朝前或朝上。

形状简单且较长的零件可采用折断法；实心轴上个别部分的内部结构形状，可用局部剖视兼顾表达。空心套可用剖视图（全剖、半剖或局部剖）表达。轴端中心孔不作剖视，用规定标准代号表示。

轴套类零件的主要结构形状是同轴回转体，在主视图上注出相应的直径符号"ϕ"，即可表示清楚形体特征，故一般不必再选其他基本视图（结构复杂的轴例外）。

基本视图中未表达完整、清楚的局部结构形状（如键槽、退刀槽、孔等），可另用断面图、局部视图和局部放大图等补充表达，这样，既清晰又便于标注尺寸。

（2）轮盘类零件（图7-5）

轮盘类零件包括各种用途的轮和盘盖零件，其毛坯多为铸件或锻件。轮一般用键、销与轴连接，用以传递转矩。盘盖可起支承、定位和密封等作用。

轮类零件常见的有手轮、带轮、链轮、齿轮、蜗轮、飞轮等，盘盖类零件一般为圆形的法兰盘、端盖等。轮盘类主体部分多系回转体，一般径向尺寸大于轴向尺寸。其上常有均布的

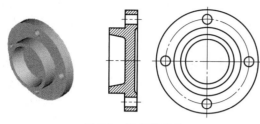

图 7-5 轮盘类零件

孔、肋、槽和轮齿等结构，端盖上常有密封槽。轮一般由轮毂、轮辐和轮缘三部分组成，较小的轮也可制成实体（辐板）式。

轮盘类零件的主要回转面和端面都在车床上加工，故其主视图的选择与轴套类零件相同，即也按加工位置将其轴线水平安放画主视图。对有些不以车削加工为主的盘盖类零件，也可按工作位置安放视图，其主视投射方向的形状特征应首先得到表达。

轮盘类零件通常选非圆的投影视图作为主视图。其主要视图通常侧重反映内部形状，故多用各种剖视。

轮盘类零件一般需两个基本视图。当基本视图图形对称时，可只画一半或略大于一半，有时也可用局部视图表达。

基本视图未能表达的其他结构形状，可用断面图或局部视图表达。如有较小结构，可用局部放大图表达。

（3）叉架类零件（图 7-6）

叉架类零件包括各种用途的叉杆和支架零件。叉杆零件多为运动件，通常起传动、连接、调节或制动作用。支架零件通常起支承、连接等作用。其毛坯多为铸件或锻件。

此类零件形状不规则，外形比较复杂，常呈弯曲或倾斜状态，其上常有肋板、轴孔、耳板、底板及油槽、油孔、螺孔、沉孔等。

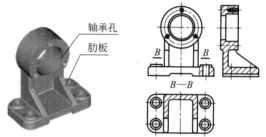

图 7-6 叉架类零件

一般叉架类零件加工部位较少，加工时各工序位置不同，较难区别主次工序，因此要在符合主视投射方向的形状特征原则的前提下，按工作（安装）位置安放主视图。当工作位置是倾斜的或不固定时，可将其平放画主视图。

主视图常采用剖视图（形状不规则时用局部剖视为多）表达主体外形和局部内形。其上的肋剖切时应采用规定画法。表面过渡线较多，应仔细分析，正确表示。通常需要两个或两个以上的基本视图，并多用局部剖视兼顾内外形状来表达。其倾斜结构常用向视图、旋转视图、局部视图、斜剖视图、断面图等表达。此类零件应适当分散地表达其结构形状。

（4）箱体类零件（图 7-7）

箱体类零件一般是机器的主体，起承托、容纳、定位、密封和保护等作用，多为铸件。

箱体类零件的结构形状复杂，尤其是内腔。此类零件多有带安装孔的底板，上面常有凹坑或凸台结构，支承孔处常设有加厚凸台或加强肋，表面过渡线较多。

箱体类零件加工部位较多，加工工序也较多（如需铣、钻、铰、镗、磨、攻螺纹等），各工序加工位置不同，这类零件在主视投射方向符合形状特征原则的前提下，一般都按工作位置安放。

箱体类零件的主视图常采用各种剖视图表达主要结构，如图 7-8 所示。

图 7-7 箱体类零件

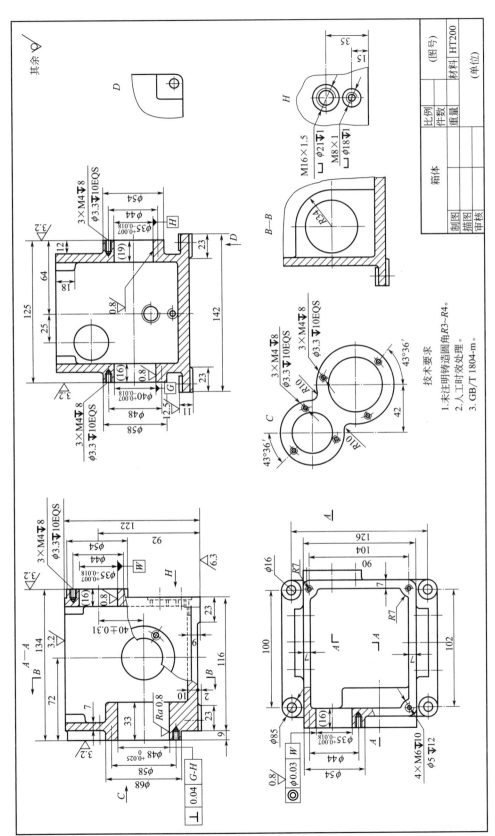

图 7-8 箱体类零件的视图表达

箱体类零件内外结构形状都很复杂，常需三个或三个以上的基本视图，并以适当的剖视表达主体内部的结构。

基本视图尚未表达清楚的局部结构可用局部视图、断面图等表达。对加工表面的截交线、相贯线和非加工表面的过渡线应认真分析，正确作图。

7.2　常见零件结构的画法

7.2.1　螺纹

螺纹连接是指用螺纹件将被连接件连成一体的可拆卸连接，是一种广泛使用的连接方式，具有结构简单、连接可靠、装拆方便等优点。

（1）螺纹要素

螺纹要素包括螺纹牙型、螺纹直径、螺纹线数（n）、螺距（P）、导程（S）、旋向。

① 螺纹牙型　在通过螺纹轴线的断面上，螺纹的轮廓形状，称为螺纹牙型。常见的有三角形、梯形、锯齿形和矩形，如图 7-9 所示。不同的螺纹牙型，有不同的用途。

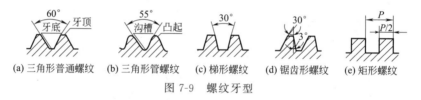

(a) 三角形普通螺纹　(b) 三角形管螺纹　(c) 梯形螺纹　(d) 锯齿形螺纹　(e) 矩形螺纹

图 7-9　螺纹牙型

② 螺纹直径　可分为螺纹大径（公称直径）、螺纹小径和螺纹中径（图 7-10）。

螺纹大径（公称直径）——是螺纹的最大直径，即与外螺纹牙顶或内螺纹牙底相重合的假想圆柱面的直径，外螺纹大径用 d 表示，内螺纹大径用 D 表示。

螺纹小径——是螺纹的最小直径，即与外螺纹牙底或内螺纹牙顶相重合的假想圆柱面的直径，外螺纹用 d_1 表示，内螺纹 D_1 表示。

螺纹中径——在大径与小径圆柱面之间有一假想圆柱，在母线上牙型的沟槽和凸起宽度相等，此假想圆柱称为中径圆柱，其直径称为中径，它是控制螺纹精度的主要参数之一，外螺纹中径用 d_2 表示，内螺纹中径用 D_2 表示。

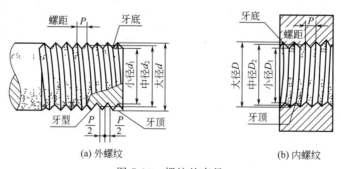

(a) 外螺纹　　　　　　　　　(b) 内螺纹

图 7-10　螺纹的直径

③ 螺纹线数（n）　螺纹有单线（常用）和多线之分，沿一条螺旋线形成的螺纹为单线螺纹，沿轴向等距分布的两条或两条以上的螺旋线形成的螺纹为多线螺纹，如图 7-11 所示。

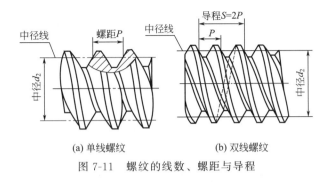

图 7-11 螺纹的线数、螺距与导程

④ 螺距（P）和导程（S）　螺纹相邻两牙在中径线上对应两点间的轴向距离称为螺距，同一条螺纹线上相邻两牙在中径线上对应两点间的轴向距离称为导程，由图 7-11 可知，螺距和导程的关系如下。

单线螺纹 $\qquad\qquad\qquad\qquad P=S$

多线螺纹 $\qquad\qquad\qquad\qquad S=nP$

⑤ 旋向　螺纹分右旋和左旋两种，顺时针旋转时旋入的螺纹称为右旋螺纹，逆时针旋转时旋入的螺纹称为左旋螺纹，如图 7-12 所示。

工程上常用右旋螺纹。只有牙型、直径、螺距、线数和旋向完全相同的内螺纹与外螺纹才能相互旋合。

⑥ 旋合长度　根据 GB/T 14791—2013《螺纹　术语》，旋合长度是指两个配合螺纹的有效螺纹相互接触的轴向长度，如图 7-13 所示。螺纹旋合长度用于决定螺纹零件连接的可靠性。

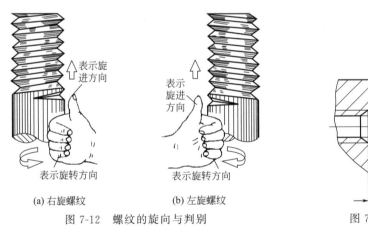

图 7-12　螺纹的旋向与判别

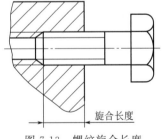

图 7-13　螺纹旋合长度

螺纹旋合长度不能过短，短了则不能保证连接的可靠性。螺纹旋合长度也不宜过长，一是加工过长螺纹，精度难以保证，成本随之增加；二是螺孔的深度局限性很大；三是由于温差变形及加工误差等，旋入深度过长会出现卡死现象，连接效果反而不好。一般原则是在保证连接强度的前提下，尽可能短。

一般来讲，前三个螺距长度将承载 80% 以上的力，因此螺纹旋合长度一般不能少于 5 倍螺距长度。

螺纹旋合长度的经验公式一般有两个：一是根据螺孔材料不同，钢或青铜为 $1d$（d 为螺纹公称直径），铸铁为（$1.25\sim1.5$）d，合金为（$1.5\sim2.5$）d；二是根据螺钉受力递减规律，取（8～10）P（P 为螺距）。

第一个经验公式，其主要考虑的是材料的性能，即不同材料的螺纹损坏的难易程度不同。第二个经验公式，是螺纹承受轴向力时，其强度根据螺纹的大小和螺距而定。

因为螺纹承受轴向力时，第一个螺距长度承受的力最大，往后依次递减，到第8～10个螺距长度时几乎不受力了，所以螺纹再长也没什么意义。第二个公式忽略了材料特性的影响，考虑的是螺钉受力分析。

根据上述公式，常用螺纹的旋合长度见表7-1和表7-2。选取时可结合材料和零件结构综合考虑，有条件的情况下，对铸件和铝合金零件可适当选长一些。

表 7-1　常用螺纹旋合长度经验表（一）　　　　　　　　　　mm

螺纹规格	旋合长度		
	钢或青铜 1d	铸铁 (1.25～1.5)d	铝合金 (1.5～2.5)d
M5	5	6～8	8～13
M6	6	8～9	9～15
M8	8	10～12	12～20
M10	10	13～15	15～25
M12	12	15～18	18～30
M16	16	20～24	24～40
M20	20	25～30	30～50

表 7-2　常用螺纹旋合长度经验表（二）　　　　　　　　　　mm

螺纹规格	螺距 P	旋合长度[（8～10）P]		
		钢或青铜	铸铁	铝合金
M5	0.8	6～8	6～8	6～8
M6	1	8～10	8～10	8～10
M8	1.25	10～13	10～13	10～13
M10	1.5	12～15	12～15	12～15
M12	1.75	14～18	14～18	14～18
M16	2	16～20	16～20	16～20
M20	2.5	20～25	20～25	20～25

（2）螺纹的规定画法

根据机械制图国家标准的规定，在图样上绘制螺纹时按规定的画法作图，而不必画出真实的投影。

① 外螺纹的画法　如图7-14所示，外螺纹无论其牙型如何，其牙顶（大径）及螺纹终止线均用粗实线表示，螺杆的倒角或倒圆部分也应画出，牙底（小径）用细实线表示。画图时小径尺寸近似地取 $d_1 \approx 0.85d$。在垂直于螺纹轴线投影面上的视图中，表示牙底的细实线圆只画约 3/4 圈，此时倒角省略不画。画剖视图时螺纹终止线只画一小段粗实线到小径处，剖面线应画到粗实线。

② 内螺纹的画法　如图 7-15 所示，在剖视图中，内螺纹小径用粗实线表示，大径用细实线表示；在投影为圆的视图上，表示大径圆用细实线只画约 3/4 圈，倒角省略不画。螺纹的终止线用粗实线表示，剖面线画到粗实线处。绘制不穿通的螺纹时应将螺孔和钻孔深度分别画出，一般钻孔应比螺孔深 3 牙以上，钻孔底部的锥角应画成 120°。表示不可见螺纹所有图线均画成虚线。

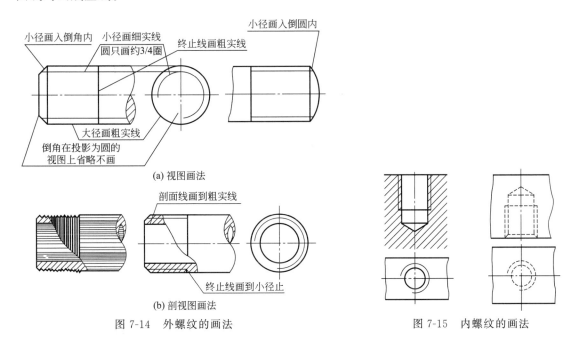

图 7-14　外螺纹的画法　　　　　　图 7-15　内螺纹的画法

（3）螺纹的标注

按螺纹要素可将螺纹分为标准螺纹、特殊螺纹和非标准螺纹三类。国家标准对螺纹要素中的牙型、公称直径和螺距作了规定。凡是上述三项要素都符合标准的螺纹称为标准螺纹，仅牙型符合标准的螺纹称为特殊螺纹，连牙型也不符合标准的螺纹称为非标准螺纹。

螺纹按用途可分为连接螺纹和传动螺纹两类，连接螺纹包括普通螺纹和管螺纹，主要起连接作用，传动螺纹包括梯形螺纹和锯齿形螺纹，用于传递动力和运动。

根据 GB/T 4459.1—1995《机械制图　螺纹及螺纹紧固件表示法》，螺纹按规定画法画出后，图上要标明螺纹特征代号、公称直径、螺距、线数和旋向等要素。

完整的螺纹标记由螺纹特征代号、尺寸代号、公差带代号及其他有必要进一步说明的个别信息组成。

① 普通螺纹　牙型角为 60°，有粗牙和细牙之分，即在相同的大径下，有几种不同规格的螺距，螺距最大的一种，为粗牙普通螺纹，其余为细牙普通螺纹。

常用普通螺纹的螺距见表 7-3。

表 7-3　常用普通螺纹的螺距　　　　　　　　　　　　　　　　　　　　mm

螺纹	粗牙	细牙	螺纹	粗牙	细牙
M1	0.25	0.2	M2.5	0.45	0.35
M1.6	0.35	0.2	M3	0.5	0.35
M2	0.4	0.25	M4	0.7	0.5

螺纹	粗牙	细牙	螺纹	粗牙	细牙
M5	0.8	0.5	M16	2	1.5,1
M6	1	0.75	M20	2.5	2,1.5,1
M8	1.25	1,0.75	M24	3	2,1.5,1
M10	1.5	1.25,1,0.75	M30	3.5	3,2,1.5,1
M12	1.75	1.5,1.25,1	M33	3.5	3,2,1.5

螺纹标记:

M [公称直径] × [螺距] – [螺纹中径公差带代号] [螺纹顶径公差带代号] – [旋合长度代号] [旋向代号]

标注时注意:粗牙螺纹不标注螺距;中径和顶径具有相同公差带代号的,只标注一个。

旋合长度可分为短、中、长三种,分别用代号 L、N、S 表示,当旋合长度为中等时,N 可省略。

对左旋螺纹,应在旋合长度代号之后标注 LH,旋合长度代号与旋向代号间用"-"分开。右旋螺纹不标注旋向代号。

螺纹公差、旋合长度具体数值可从 GB/T 197—2018《普通螺纹　公差》中查出。

温馨提醒

国家标准将旋合长度分为 L、N、S 三组,但在一般情况下,应首先考虑选用 N 组旋合长度,L、S 组旋合长度只是为解决特殊的设计要求而规定的,在必要和特殊的情况下才选用,对绝大多数的螺纹连接来讲,采用中等旋合长度完全能够满足使用要求,没有必要选择其他的旋合长度,这样可以减少刀具、量具的品种和数量。

举例如下。

粗牙普通螺纹 M10:公称直径为 10mm,螺距为 1.5mm,其标注形式如图 7-16(a)所示。

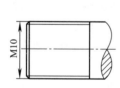 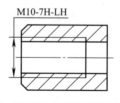 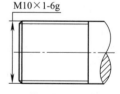

(a) 不带公差的粗牙普通螺纹　　(b) 带公差的左旋粗牙普通螺纹　　(c) 带公差的细牙普通螺纹

图 7-16　普通螺纹标注

粗牙普通螺纹 M10-7H-LH:公称直径为 10mm,螺距为 1.5mm,中径公差带代号为 7H,顶径公差带代号为 7H,左旋,其标注形式如图 7-16(b)所示。

细牙普通螺纹 M10×1-6g:公称直径为 10mm,螺距为 1mm,中径公差带代号为 6g,顶径公差带代号为 6g,其标注形式如图 7-16(c)所示。

② 梯形螺纹和锯齿形螺纹　梯形螺纹用来传递双向动力,其牙型角为 30°,不按粗、细牙分类;锯齿形螺纹用来传递单向动力。梯形螺纹、锯齿形螺纹只标注中径公差带代号;旋

合长度只分为 N、L 两组，当旋合长度为 N 时不标注。

梯形螺纹和锯齿形螺纹的标记形式如下。

单线格式：
| 特征代号 | 公称直径×螺距 | 旋向代号 | -中径公差带代号 | -旋合长度代号 |

多线格式：
| 特征代号 | 公称直径×导程(P螺距) | 旋向代号 | -中径公差带代号 | -旋合长度代号 |

举例如下。

单线梯形螺纹 Tr36×6-8e：Tr 表示梯形螺纹，螺纹大径为 36mm，螺距为 6mm，中径公差带代号为 8e，其标注形式如图 7-17(a) 所示。

多线梯形螺纹 Tr36×12（P6）LH-8e-L：Tr 表示梯形螺纹，螺纹大径为 36mm，导程为 12mm，螺距为 6mm，左旋，中径公差带代号为 8e，长旋合长度，其标注形式如图 7-17(b) 所示。

锯齿形螺纹 B40×14（P7）LH-8e-L：B 表示锯齿形螺纹，螺纹大径为 40mm，导程为 14mm，螺距为 7mm，左旋，中径公差带代号为 8e，长旋合长度，其标注形式如图 7-18所示。

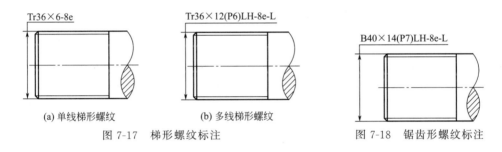

(a) 单线梯形螺纹　　(b) 多线梯形螺纹

图 7-17　梯形螺纹标注

图 7-18　锯齿形螺纹标注

③ 管螺纹　在水管、油管、煤气管的管道连接中常用管螺纹，管螺纹分为非螺纹密封的管螺纹和用螺纹密封的管螺纹。管螺纹应标注螺纹特征代号和尺寸代号；非螺纹密封的外管螺纹还应标注公差等级代号。

螺纹标记：
| 螺纹特征代号 | -尺寸代号 | -公差等级代号 | -旋向 |

标注时注意：尺寸代号不是管子的外径，也不是螺纹的大径，而是指管螺纹用于管子孔径（英寸）的近似值；公差等级代号对外螺纹分 A、B 两级标注，内螺纹不标记；右旋螺纹的旋向不标注，左旋螺纹标注 LH。

管螺纹在图样上的标注见表 7-4。标注时管螺纹在图样上一律标注在引出线上，引出线应由大径或由对称中心处引出。

表 7-4　管螺纹标注

螺纹种类	标注示例	代号意义
55°非密封管螺纹	G1/2A	G—非螺纹密封的管螺纹 1/2—尺寸代号 A—A 级外螺纹

螺纹种类	标注示例	代号意义
55°密封管螺纹	Rp1½	Rp—55°密封管螺纹圆柱内螺纹代号 $1\frac{1}{2}$—尺寸代号
	Rc1½	Rc—55°密封管螺纹圆锥内螺纹代号 $1\frac{1}{2}$—尺寸代号
	R1½	R—55°密封管螺纹圆锥外螺纹代号 $1\frac{1}{2}$—尺寸代号
60°密封管螺纹	NPT3/4-LH	NPT—60°密封管螺纹代号 3/4—尺寸代号 LH—左旋

知识拓展

（1）钢丝螺套

钢丝螺套是一种新型的内螺纹紧固件，适用于螺纹连接，旋入并紧固在被连接件之一的螺孔中，形成标准内螺纹，螺栓（或螺钉）再拧入其中，又名螺纹丝套，简称丝套。它是用高强度、高精度、表面光洁的冷轧菱形不锈钢丝精确加工而成的一种弹簧状内、外螺纹同心体，主要用于增强和保护低强度材质的内螺纹。其原理是在螺钉和基体内螺纹之间形成弹性连接，消除螺纹制造误差，提高连接强度。

钢丝螺套嵌入铝、镁合金及铸铁、玻璃钢、塑料等低强度的工程材料的螺孔中，能形成符合国际标准的高精度内螺纹，具有连接强度高，抗振、抗冲击和耐磨损的功能，并能分散应力保护基体螺纹，大大延长基体的使用寿命。

其外侧螺纹旋入机件上专门安装钢丝螺套的螺纹槽中，内侧螺纹是连接件紧固所用的标准内螺纹，其剖面形状是内外两个螺牙的组合。钢丝螺套分为普通型和锁紧型两种，如图 7-19 所示，每种又有无折断槽和有折断槽之分。

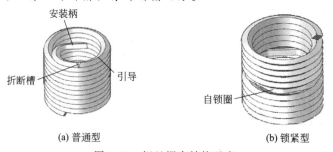

(a) 普通型　　(b) 锁紧型

图 7-19　钢丝螺套结构示意

锁紧型是在普通型螺套的基础上增加一圈或多圈的多边形锁紧圈（图7-20）。锁紧圈的弹性对螺钉有制动作用，锁紧型钢丝螺套具有普通型钢丝螺套的所有优点，不影响螺钉的安装，仅在安装时增加适当的力矩。

安装钢丝螺套需使用钢丝螺套专用工具，主要包括钢丝螺套专用丝锥、钢丝螺套安装扳手、冲断器、卸套器和钢丝螺套内螺纹底孔塞规。其中，丝锥用于加工钢丝螺套的安装螺纹底孔，安装扳手用于钢丝螺套的安装，冲断器用于安装尾柄的冲断，卸套器用于螺套的拆卸，底孔塞规用于安装底孔的检验。

如图7-21所示，自由状态下的钢丝螺套直径比其装入的螺孔直径稍大，装配时钢丝螺套受专用扳手扭力从而使其直径变小，进入已经用专用丝锥攻好的螺孔中，装好后，钢丝螺套产生类似弹簧膨胀的作用，使其牢牢地固定在螺孔内，而不会随螺钉的拧出而松动。

钢丝螺套的专用丝锥用代号 $ST\ d \times P$ 表示，d 为公称直径，P 为螺距。

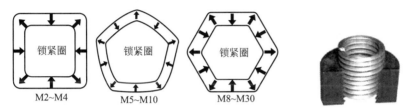

图7-20　钢丝螺套的锁紧圈结构　　　　图7-21　丝套装入螺孔示意图

钢丝螺套的画法和标注可参见 GB/T 4459.1—1995《机械制图　螺纹及螺纹紧固件表示法》。实际使用中，钢丝螺套的标记通常包含钢丝螺套的直径、螺距和长度三个参数，此处的直径和长度指的是安装后的内螺纹直径和安装后形成的实际螺纹长度。因此，钢丝螺套一般按下述方法标记：

$$M D（公称直径）\times P（螺距）-n D（螺纹深度）$$

如图7-22所示，钢丝螺套公称直径为2.5mm，螺距为0.45mm，螺纹深度为5mm。

（2）唐氏螺纹

唐氏螺纹是一种"双旋向、变截面、非连续"的螺纹，如图7-23所示。唐氏螺纹突破了"单旋向、等截面、连续"的螺纹概念，是螺纹自发明以来的最重大突破。

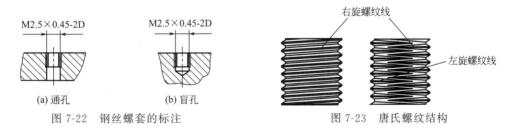

图7-22　钢丝螺套的标注　　　　　　图7-23　唐氏螺纹结构

唐氏螺纹防松方式是一种"纯结构"螺纹防松方式，突破了传统螺纹依靠第三者力防松的局限，依靠左旋螺纹和右旋螺纹相互制约，将螺纹连接的防松性能推向了巅峰，是螺纹防松领域的最重大突破。

在连接时，使用左、右两种不同旋向的螺母，如图7-24所示。被连接件支承面上的螺母称为紧固螺母，非支承面上的螺母称为锁紧螺母。使用时先将紧固螺母拧紧，然后再将锁紧螺母拧紧。

在有振动、冲击的情况下，紧固螺母和锁紧螺母可能都有松动的趋势，但由于紧固螺母的松退方向是锁紧螺母的拧紧方向，锁紧螺母的拧紧正好阻止了紧固螺母的松退。

在使用唐氏螺纹紧固件时，其紧固螺母和锁紧螺母的预紧力是不一样的，锁紧螺母的预紧力一定要大于紧固螺母的预紧力，否则会影响其防松效果。一般要求紧固螺母的预紧力应是锁紧螺母预紧力的80%左右。

唐氏螺纹在图样中的标记（图7-25）：

$$\text{TM}d(公称直径)\times P(螺距)$$

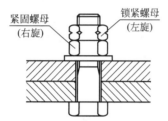

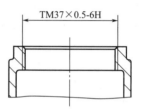

图 7-24　唐氏螺纹紧固件的防松原理　　　　　　图 7-25　唐氏螺纹的标注

7.2.2　键槽

（1）常用键连接

键连接是通过键实现轴和轴上零件间的周向固定以传递运动和转矩。键的种类很多，有平键、半圆键和花键等，常用的为平键连接。

图 7-26 所示为普通平键连接的结构形式。平键的两侧面是工作面，上表面与轮毂槽底之间留有间隙。工作时，靠键与键槽的互相挤压传递转矩。平键连接具有结构简单、装拆方便、对中性好等特点，因而得到广泛应用。这种键连接不能承受轴向力，因而对轴上的零件不能起到轴向固定的作用。普通平键的端部形状可制成圆头（A 型）、方头（B 型）或单圆头（C 型），如图 7-27 所示。圆头键的轴槽用指形铣刀加工，键在槽中固定良好。方头键的轴槽用盘形铣刀加工，键卧于槽中用螺钉紧固。单圆头键常用于轴端。

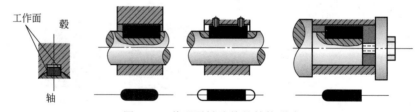

图 7-26　普通平键连接的结构形式

（2）平键的选择与键槽的画法

键的选择包括类型选择和尺寸选择两个方面。选择键连接类型时，一般需考虑传递转矩的大小，轴上零件沿轴向是否有移动及移动距离的大小，对中性要求和键在轴上的位置等因素，并结合各种键连接的特点加以分析选择。

在机械设计中，一般常采用平键连接。平键的规格尺寸和键槽的宽度与深度，可根据被连接的轴径在标准中查得，键长和轴上的键槽长 L，应根据轮毂的宽度，在键的长度标准系列中选用（键长不超过轮毂宽度）。平键键槽的画法和尺寸注法如图 7-28 所示。表 7-5 列出了普通平键键槽的尺寸与公差，绘图时可供参考。更多内容详见 GB/T 1095—2003《平键键槽的剖面尺寸》。

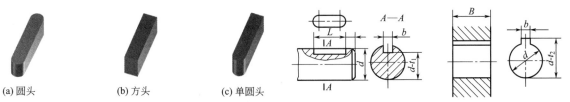

(a) 圆头　　　　(b) 方头　　　　(c) 单圆头

图 7-27　普通平键的端部形状　　　　图 7-28　平键键槽的画法和尺寸注法

表 7-5　普通平键键槽的尺寸与公差　　　　　　　　　　　mm

轴的公称直径 d	键尺寸 $b \times h$	键槽								
		宽度 b						深度		
		基本尺寸	极限偏差					轴 t_1		毂 t_2
			正常连接		紧密连接	松连接		基本尺寸	极限偏差	基本尺寸	极限偏差
			轴 N9	毂 JS9	轴和毂 P9	轴 H9	毂 D10				
6～8	2×2	2	−0.004 −0.029	±0.0125	−0.006 −0.031	+0.025 0	+0.060 +0.020	1.2	+0.1 0	1.0	+0.1 0
>8～10	3×3	3						1.8		1.4	
>10～12	4×4	4	0 −0.030	±0.015	−0.012 −0.042	+0.030 0	+0.078 +0.030	2.5		1.8	
>12～17	5×5	5						3.0		2.3	
>17～22	6×6	6						3.5		2.8	
>22～30	8×7	8	0 −0.036	±0.018	−0.015 −0.051	+0.036 0	+0.098 +0.040	4.0		3.3	
>30～38	10×8	10						5.0		3.3	
>38～44	12×8	12	0 −0.043	±0.0215	−0.018 −0.061	+0.043 0	+0.120 +0.050	5.0		3.3	
>44～50	14×9	14						5.5		3.8	
>50～58	16×10	16						6.0	+0.2 0	4.3	+0.2 0
>58～65	18×11	18						7.0		4.4	
>65～75	20×12	20	0 −0.052	±0.026	−0.022 −0.074	+0.052 0	+0.149 +0.065	7.5		4.9	
>75～85	22×14	22						9.0		5.4	
>85～95	25×14	25						9.0		5.4	
>95～110	28×16	28						10.0		6.4	
>110～130	32×18	32						11.0		7.4	
>130～150	36×20	36	0 −0.062	±0.031	−0.026 −0.088	+0.062 0	+0.180 +0.080	12.0		8.4	
>150～170	40×22	40						13.0		9.4	
>170～200	45×25	45						15.0		10.4	
>200～230	50×28	50						17.0		11.4	
>230～260	56×32	56						20.0	+0.3 0	12.4	+0.3 0
>260～290	63×32	63	0 −0.074	±0.037	−0.032 −0.106	+0.074 0	+0.220 +0.100	20.0		12.4	
>290～330	70×36	70						22.0		14.4	
>330～380	80×40	80						25.0		15.4	
>380～440	90×45	90	0 −0.087	±0.0435	−0.037 −0.124	+0.087 0	+0.260 +0.120	28.0		17.4	
>440～500	100×50	100						31.0		19.5	

轴的公称 直径 d	键尺寸 b×h	键槽									
		宽度 b						深度			
		基本 尺寸	极限偏差					轴 t_1		毂 t_2	
			正常连接		紧密连接	松连接		基本 尺寸	极限 偏差	基本 尺寸	极限 偏差
			轴 N9	毂 JS9	轴和毂 P9	轴 H9	毂 D10				
L 的系列		6,8,10,12,14,16,18,20,22,25,28,32,36,40,45,50,56,63,70,80,90,100,110,125,140,160, 180,200,220,250,280,320,360,400,450,500									

注：1. "轴的公称直径 d"和"L 的系列"，原载于 GB 1095—79《平键　键和键槽的剖面尺寸》（经 1990 年复审，确认继续有效）。实际上，在普通设计中，仍主要按"轴的公称直径 d"进行键的尺寸选择。

2. 键槽的槽底推荐表面粗糙度为 $Ra6.3\mu m$，两侧面推荐表面粗糙度为 $Ra6.3\sim1.6\mu m$。

7.2.3　轴承与轴承挡

轴承是当代机械设备中一种重要零部件。它的主要功能是支承机械旋转体，降低其运动过程中的摩擦因数，并保证其回转精度。轴承是机械工业中使用广泛、要求严格的配套件和基础件，是各种机械的旋转轴或可动部位的支承元件，它依靠滚动体的滚动实现对旋转体的支承作用。

（1）轴承的分类与基本结构

轴承的精度、性能、寿命和可靠性对主机的精度、性能、寿命和可靠性起着决定性的作用。按运动元件摩擦性质的不同，轴承可分为滚动轴承和滑动轴承两大类。

滚动轴承是最常用的一种轴承，根据所承受载荷方向的不同，滚动轴承可分为向心轴承、推力轴承和向心推力轴承三种。向心轴承主要承受径向载荷；推力轴承主要承受轴向载荷；向心推力轴承可同时承受径向载荷和轴向载荷。

滚动轴承的结构（图 7-29）基本相同，一般由外圈、内圈、滚动体和保持架组成。使用时，外圈装在机座的孔内，内圈套在轴上。在大多数情况下是外圈固定不动而内圈随轴转动。

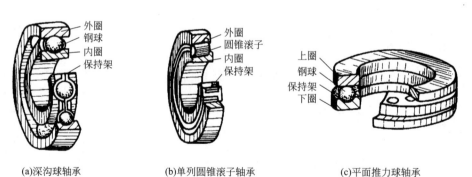

(a)深沟球轴承　　　　(b)单列圆锥滚子轴承　　　　(c)平面推力球轴承

图 7-29　滚动轴承的结构

（2）轴承挡的配合尺寸与公差

由图 7-30 可知，绘制轴承挡，即轴、轴承座孔及轴承压盖等相关零件的结构时，需要知道轴承的内径尺寸 d、外径尺寸 D 和宽度 B，才能确定轴与轴承内圈的配合尺寸 d 及配合公差，轴肩尺寸 d_a，轴承座孔与轴承外圈的配合尺寸 D 及配合公差，轴承座孔挡肩的尺寸 D_a，轴承压盖的内孔尺寸 D_a，以及轴的长度 L、轴承座孔的深度 H、压盖止口的高度

h 等。

轴承的相关尺寸是按照标准公差制造的，可通过查阅相关国家标准获得。轴承的种类繁多，在 GB/T 272—2017《滚动轴承　代号方法》中详细列出了各滚动轴承的标准号，通过查阅相应的国家标准，可得到不同型号、不同规格的滚动轴承的内径尺寸 d、外径尺寸 D 和宽度 B。

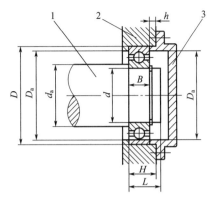

图 7-30　轴承挡结构示意
1—轴；2—座孔零件；3—轴承压盖

轴颈和轴承座孔的直径公差决定了轴承内圈与轴、外圈与轴承座孔的配合松紧程度。选择时，轴承内圈与轴的配合采用基孔制，轴承外圈与轴承座孔的配合采用基轴制。GB/T 275—2015《滚动轴承　配合》中，给出了向心轴承和轴的配合——轴公差带（表 7-6）、向心轴承和轴承座孔的配合——孔公差带（表 7-7），推力轴承和轴的配合——轴公差带（表 7-8），推力轴承和轴承座孔的配合——孔公差带（表 7-9）。可以根据不同的需要选择相应的配合公差。

表 7-6　向心轴承和轴的配合——轴公差带

载荷情况		举例	轴承公称内径/mm			公差带
			深沟球轴承、调心球轴承和角接触球轴承	圆柱滚子轴承和圆锥滚子轴承	调心滚子轴承	
圆柱孔轴承						
内圈承受旋转载荷或方向不定载荷		轻载荷	输送机、轻载齿轮箱	≤18 >18~100 >100~200 >140~200	— ≤40 >40~140 >140~200	— ≤40 >40~140 >140~200	h5 j6① k6① m6①
		正常载荷	一般通用机械、电机、泵、内燃机、正齿轮传动装置	≤18 >18~100 >100~140 >140~200 >200~280 —	≤40 >40~100 >100~140 >140~200 >200~400	≤40 >40~65 >65~100 >100~140 >140~280 >280~500	j5 或 js5 k5② m5② m6 n6 p6 r6
		重载荷	铁路机车车辆轴箱、牵引电机、破碎机等	— — — —	>50~140 >140~200 >200	>50~100 >100~140 >140~200 >200	n6③ p6③ r6③ r7③
内圈承受固定载荷	所有载荷	内圈需在轴向易移动	非旋转轴上的各种轮子	所有尺寸			f6 g6
		内圈不需在轴向易移动	张紧轮、绳轮				h6 j6
仅有轴向负荷		所有应用场合	所有尺寸			j6 或 js6

载荷情况	举例	轴承公称内径/mm			公差带
		深沟球轴承、调心球轴承和角接触球轴承	圆柱滚子轴承和圆锥滚子轴承	调心滚子轴承	
圆锥孔轴承					
所有载荷	铁路机车车辆轴箱	装在退卸套上	所有尺寸		h8(IT6)④⑤
	一般机械传动	装在紧定套上	所有尺寸		h9(IT7)④⑤

① 凡精度要求较高的场合，应用 j5、k5、m5 代替 j6、k6、m6。
② 圆锥滚子轴承、角接触球轴承配合游隙的影响不大，可用 k6 和 m6 代替 k5 和 m5。
③ 重负荷下轴承游隙的选择，按 GB/T 4604.1—2012 应大于 N 组。
④ 凡精度要求较高或转速要求较高的场合，应选用 h7（IT5）代替 h8（IT6）等。
⑤ IT6、IT7 表示圆柱度公差数值。

由表 7-6 可知，选择轴与向心轴承内圈的配合公差时，首先应考虑载荷相对轴承内圈的旋转情况。按照径向载荷相对于轴承内圈的旋转情况，轴承内圈所承受的载荷可分为旋转载荷、方向不定载荷、固定载荷，旋转载荷或方向不定载荷又可分为轻载荷、正常载荷和重载荷三种，固定载荷时分内圈需在轴向易移动和内圈不需在轴向易移动两种情况。再根据不同的轴承类型以及轴承的尺寸大小选择。

表 7-7　向心轴承和轴承座孔的配合——孔公差带

载荷情况		举例	其他状况	公差带①	
				球轴承	滚子轴承
外圈承受固定载荷	轻、正常、重	一般机械、铁路机车车辆轴箱	轴向易移动,可采用剖分式轴承座	H7、G7②	
	冲击		轴向能移动,可采用整体或剖分式轴承座	J7、JS7	
方向不定载荷	轻、正常	电机、泵、曲轴主轴承	轴向不移动,采用整体式轴承座	K7	
	正常、重			K7	
	重、冲击	牵引电机		M7	
外圈承受旋转载荷	轻	张紧轮		J7	K7
	正常	轮毂轴承		M7	N7
	重			—	N7、P7

① 并列公差带随尺寸的增大从左至右选择。对旋转精度有较高要求时，可相应提高一个公差等级。
② 不适用于剖分式轴承座。

由表 7-7 可知，选择轴承座孔与向心轴承外圈的配合公差时，首先应考虑轴承外圈承受的载荷情况。轴承外圈所承受的载荷可分为固定载荷、方向不定载荷、旋转载荷。在此基础上再根据载荷的是属于轻、正常、重和冲击中的哪一种，以及轴向是否易移动，按球轴承和滚子轴承进行选择。

表 7-8　推力轴承和轴的配合——轴公差带

载荷情况	轴承类型	轴承公称内径/mm	公差带
仅有轴向载荷	推力球轴承推力圆柱滚子轴承	所有尺寸	j6、js6

载荷情况		轴承类型	轴承公称内径/mm	公差带
径向和轴向联合载荷	轴圈承受固定载荷	推力调心滚子轴承 推力角接触球轴承 推力圆锥滚子轴承	≤250 >250	j6 js6
	轴圈承受旋转载荷或方向不定载荷		≤200 >200~400 >400	k6[①] m6[①] n6[①]

① 要求较小过盈时，可分别用 j6、k6、m6 代替 k6、m6、n6。

表 7-9　推力轴承和轴承座孔的配合——孔公差带

载荷情况		轴承类型	公差带
仅有轴向载荷		推力球轴承	H8
		推力圆柱、圆锥滚子轴承	H7
		推力调心滚子轴承	—[①]
径向和轴向联合载荷	座圈承受固定载荷	推力角接触球轴承	H7
	座圈承受旋转载荷或方向不定载荷	推力调心滚子轴承	K7[②]
		推力圆锥滚子轴承	M7[③]

① 轴承座孔与座圈间间隙为 0.001D （D 为轴承公称外径）。
② 一般工作条件。
③ 有较大径向载荷时。

由表 7-8 和表 7-9 可知，选择轴与推力轴承内圈、轴承座孔与推力轴承外圈的配合公差时，首先应考虑载荷情况，是仅有轴向载荷，还是承受径向和轴向联合载荷，径向和轴向联合载荷又分为固定载荷和旋转载荷或方向不定载荷两种情况。再根据不同的推力轴承类型和尺寸大小进行选择。

--- 重点提示 ---

常用轴承的国家标准有：

GB/T 272《滚动轴承　代号方法》；

GB/T 276《滚动轴承　深沟球轴承　外形尺寸》；

GB/T 281《滚动轴承　调心球轴承　外形尺寸》；

GB/T 292《滚动轴承　角接触球轴承　外形尺寸》；

GB/T 301《滚动轴承　推力球轴承　外形尺寸》；

GB/T 275《滚动轴承　配合》；

GB/T 12613.1《滑动轴承　卷制轴套　第 1 部分：尺寸》。

7.2.4　轴挡与孔挡

轴挡（轴用弹性挡圈）和孔挡（孔用弹性挡圈）是机械设计中常用的两种零件，其作用是用来进行零件的轴向位置固定，以防止零件轴向窜动。安装时用卡簧钳，将钳嘴插入挡圈的钳孔中，扩张或压缩挡圈，放入预先加工好的轴挡与孔挡沟槽内。

（1）轴挡

轴用弹性挡圈是一种安装于轴上的沟槽内，用作固定安装在轴上的其他零件或部件，以防止其轴向窜动的紧固件，如图 7-31 所示。GB/T 894—2017《轴用弹性挡圈》中根据轴的公称尺寸 d_1 详细给出了挡圈的规格尺寸，以及沟槽的公称尺寸和极限偏差，包括直径 d_2 及宽度 m 等。

（2）孔挡

孔用弹性挡圈是一种安装于圆孔内，用作固定安装在孔内的其他零件或部件，以防止其轴向窜动的紧固件，如图 7-32 所示。GB/T 893—2017《孔用弹性挡圈》中根据孔的公称尺寸 d_1 详细给出了挡圈的规格尺寸，以及沟槽的公称尺寸和极限偏差，包括直径 d_2 及宽度 m 等。

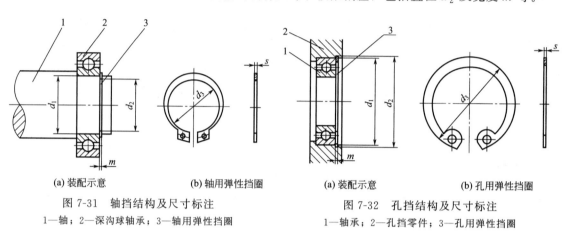

| (a) 装配示意 | (b) 轴用弹性挡圈 | (a) 装配示意 | (b) 孔用弹性挡圈 |

图 7-31　轴挡结构及尺寸标注　　　　　图 7-32　孔挡结构及尺寸标注

1—轴；2—深沟球轴承；3—轴用弹性挡圈　　　1—轴承；2—孔挡零件；3—孔用弹性挡圈

7.2.5　锥度与斜度

（1）锥度

在机床附件和零件制造中，有许多工具和零件是采用锥度配合的。圆锥体表面的母线与轴线相交成某种角度时，在圆锥面上就形成最大圆锥直径 D 和最小圆锥直径 d，D 和 d 之差与圆锥长度 L 之比就是锥度 C。

锥度在图样上用 $1:n$ 的形式进行标注。例如，图样中标注出锥度 $C=1:10$ 的圆锥工件，表示若圆锥长度 $L=10\text{mm}$ 则 D 与 d 之差为 1mm，若 $L=100\text{mm}$ 则 D 与 d 之差为 10mm。锥度符号的画法如图 7-33 所示。

重点提示

标注锥度符号时，其方向要与圆锥方向一致。

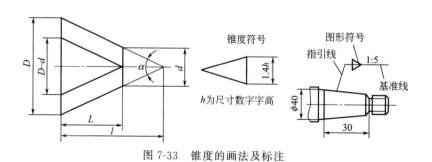

图 7-33　锥度的画法及标注

锥体各部分尺寸的计算公式见表 7-10。

表 7-10　锥体各部分尺寸的计算公式

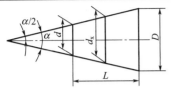

D—最大圆锥直径；d—最小圆锥直径；d_x—给定截面圆锥直径；
L—圆锥长度；α—圆锥角；$\alpha/2$—圆锥半角

尺寸名称	代号	计算公式
锥度	C	$C = 2\tan\dfrac{\alpha}{2} = \dfrac{D-d}{L}$
最大圆锥直径	D	$D = d + 2L\tan\dfrac{\alpha}{2} = d + CL$
最小圆锥直径	d	$d = D - 2L\tan\dfrac{\alpha}{2} = D - CL$

当圆锥角较小时（$\alpha < 3°$），能传递很大转矩，而且圆锥面配合的同轴度较高，拆卸方便，因此在机器制造中被广泛采用。例如，车床主轴前端锥孔、尾座套筒锥孔、锥度心轴、圆锥定位销等都是采用圆锥面配合。

根据 GB/T 157—2001《产品几何量技术规范（GPS）圆锥的锥度和锥度系列》，圆锥几何参数已系列化、标准化，形成一般用途圆锥的锥度系列和特定用途圆锥的锥度。

一般用途圆锥的锥度系列见表 7-11，设计绘图时应首选系列 1。特定用途圆锥的锥度有 1：16、7：24、莫氏锥度等。

表 7-11　一般用途圆锥的锥度

系列 1	120°，90°，60°，45°，30°，1：3，1：5，1：10，1：20，1：30，1：50，1：100，1：200，1：500
系列 2	75°，1：4，1：6，1：7，1：8，1：12，1：15

圆锥管螺纹具有 1：16 的锥度，这一锥度使缠绕在螺纹上的生料带能更均匀地分布于螺纹上，具有更好的密封性，同时使管壁更厚，具有更高的耐压性，普遍用于密封液体和气体的管路中。

机床主轴孔及刀杆的锥体普遍采用 7：24 的锥度。7：24 是机床主轴孔通用的锥度，大端直径为 69.55mm，锥孔长为 101.75mm，是根据数控加工应用而设计的，为了实现自动换刀。7：24 锥度既可定心又不会自锁，锥度大了定心变差，锥度小了会自锁使换刀困难，7：24 好比一个轴配合的黄金分割点，恰到好处。

圆锥几何参数已标准化的圆锥称为标准圆锥，例如常用工具、刀具上的圆锥面。莫氏圆锥是标准圆锥的一种，按尺寸由小到大有 0、1、2、3、4、5、6 七个号数。号数不同，圆锥角和尺寸都不同，如表 7-12 所示。常用的莫氏锥度有莫氏 3 号和莫氏 4 号。

―――――――――――――――――　**重点提示**　―――――――――――――――――

在设计绘图时，特别是锥孔设计时，如要采用钻、铰孔工艺加工，要选用常用标准圆锥的锥度，并要首先咨询刀具供应商，是否有相应锥度的刀具，是否能订到相应锥度的刀具。

表 7-12 莫氏锥度

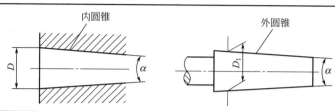

圆锥号数	锥度 C	锥角 α	内圆锥大端直径 D/mm	外圆锥大端直径 D_1/mm
0	$1:19.212=0.05205$	$2°58'54''$	9.045	9.212
1	$1:20.047=0.04988$	$2°51'26''$	12.065	12.24
2	$1:20.020=0.04995$	$2°51'41''$	17.78	17.98
3	$1:19.922=0.05020$	$2°52'32''$	23.825	24.051
4	$1:19.254=0.05194$	$2°58'31''$	31.267	31.542
5	$1:19.002=0.05263$	$3°0'53''$	44.399	44.731
6	$1:19.180=0.05214$	$2°59'12''$	63.348	63.76

（2）斜度

斜度是指一直线或平面对另一直线或平面的倾斜程度，其大小用两直线或平面间的夹角的正切来度量。在图样中以 $1:n$ 的形式标注。图 7-34 所示为斜度 $1:5$ 的画法及标注。

重点提示

标注斜度符号时，其方向要与倾斜方向一致。

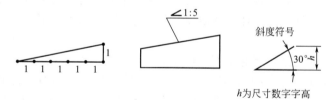

图 7-34　斜度的画法及标注

7.2.6　中心孔

中心孔又称顶尖孔，是用中心钻在轴类工件的端面上钻出的孔。中心孔是轴类零件的工艺基准，也是轴类零件的测量基准。

（1）中心孔的类型

根据中心孔的夹角可将中心孔分为 $60°$、$75°$、$90°$三类，其基准分别是 $60°$、$75°$、$90°$的圆锥面；根据 GB/T 145—2001《中心孔》，中心孔可分为 A 型、B 型、C 型和 R 型四类。机械加工中常用的是 $60°$A 型、B 型和 R 型中心孔，其主要参数及选用见表 7-13。

表 7-13　中心孔的主要参数及选用　　　　　　　　　　　　　　　mm

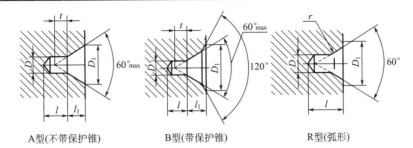

A型(不带保护锥)　　　　B型(带保护锥)　　　　R型(弧形)

D	A 型	B 型	R 型	A 型	B 型	R 型	A 型	B 型	R 型		工件直径		工件最大质量/kg≈
	D_1			l_1(参考)		l_{min}	t(参考)		r_{max}	r_{min}	大于	至	
1.00	2.12	3.15	2.12	0.97	1.27	2.3	0.9	0.9	3.15	2.50	6	10	—
(1.25)	2.65	4.00	2.65	1.21	1.60	2.8	1.1	1.1	4.00	3.15	10	16	—
1.60	3.35	5.00	3.35	1.52	1.99	3.5	1.4	1.4	5.00	4.00	10	16	15
2.00	4.25	6.30	4.25	1.95	2.54	4.4	1.8	1.8	6.30	5.00	16	26	120
2.50	5.30	8.00	5.30	2.42	3.20	5.5	2.2	2.2	8.00	6.30	26	40	200
3.15	6.70	10.0	6.70	3.07	4.03	7.0	2.8	2.8	10.00	8.00	40	55	500
4.00	8.50	12.5	8.50	3.90	5.05	8.9	3.5	3.5	12.50	10.00	55	70	800
(5.00)	10.6	16.0	10.6	4.85	6.41	11.2	4.4	4.4	16.00	12.50	70	90	1000
6.30	13.2	18.0	13.2	5.98	7.36	14.0	5.5	5.5	20.00	16.00	80	120	1500
(8.00)	17.0	22.4	17.0	7.79	9.36	17.9	7.0	7.0	25.00	20.00	120	180	2000
10.00	21.2	28.0	21.2	9.70	11.66	22.5	8.7	8.7	31.50	25.00	180	220	2500

注：括号内尺寸尽量不采用。

中心孔的直径尺寸 D 需根据轴类工件的直径和工件重量来选定。必须指出，生产中选用的中心孔和中心钻尺寸不规范，会使某些工件（如刀具扁尾处的中心孔打得过大或重型工件上的中心孔打得过小）报废。

对比解析

A 型中心孔：主要用于粗加工或不要求保留中心孔的工件。

B 型中心孔：因有 120° 的保护锥面，可避免 60° 定心锥被破坏，主要用于需要保留中心孔的工件，以及对于工序较长、精度要求较高的工件。

R 型中心钻：主要特点是强度高，可避免 A 型和 B 型中心钻在其小端圆柱段和 60° 圆锥部分交接处产生应力集中现象，中心钻断头现象可以大大减少。使用证明，R 型中心钻的使用寿命，比普通中心钻平均提高 1 倍以上。

（2）标准中心孔的符号与标注

为了表达在完工的零件上是否保留中心孔的要求，可采用表 7-14 中规定的符号。

表 7-14 标准中心孔的符号

要求	符号	标注示例	解释
在完工的零件上要求保留中心孔		GB/T 4459.5-B2.5/8	采用 B 型中心孔 $D=2.5mm$, $D_1=8mm$ 在完工的零件上要求保留
在完工的零件上可以保留中心孔		GB/T 4459.5-A4/8.5	采用 A 型中心孔 $D=4mm$, $D_1=8.5mm$ 在完工的零件上是否保留都可以
在完工的零件上不允许保留中心孔		GB/T 4459.5-A1.6/3.35	采用 A 型中心孔 $D=1.6mm$, $D_1=3.35mm$ 在完工的零件上不允许保留

（3）中心孔在图样上的标注

① 如同一轴的两端中心孔相同，可只在其一端标出，但应注出其数量，如图 7-35 所示。

② 如需指明中心孔的标准编号时，也可按图 7-36 所示方法标注。

图 7-35 两端中心孔相同时的注法　　　　　图 7-36 需指明中心孔标准编号时的注法

③ 中心孔工作表面的粗糙度应在引出线上标出，如图 7-37（a）所示。表面粗糙度的上限值为 $1.25\mu m$。

④ 以中心孔的轴线为基准时，基准代（符）号可按图 7-37（b）所示方法标注。

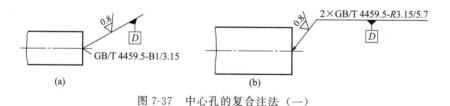

图 7-37 中心孔的复合注法（一）

温馨提醒

根据新标准，推荐采用标准标注符号（完整图形符号）标注零件的表面粗糙度，即应按图 7-38 所示的复合注法绘制，但考虑到目前生产中各企业的实际使用情况，在不违背国家标准中根本性原则的前提下，图 7-37 所示的采用简单标注符号（扩展图形符号）绘制的方法更普遍，也更为简洁。

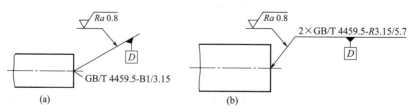

图 7-38 中心孔的复合注法（二）

7.2.7 退刀槽与砂轮越程槽

（1）退刀槽

退刀槽是用于车削加工中，在轴的根部和孔的底部制出的环形沟槽。沟槽的作用一是保证加工到位，二是保证装配时相邻零件的端面靠紧。

退刀槽的尺寸应单独标注，因为它的宽度一般是由切刀的宽度决定的，可按"槽宽×直径"或"槽宽×槽深"的形式注写，如图 7-39 中 2×ϕ18、2×0.5 等。

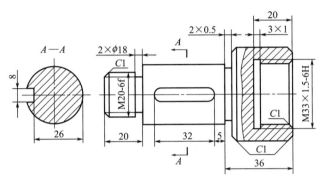

图 7-39　退刀槽的尺寸标注

（2）砂轮越程槽

在机械零件加工过程中，经常会遇到一些阶梯轴、阶梯孔、盲孔等回转类零件以及台阶面等非回转类零件，其多级外圆、内孔、台阶面由于尺寸公差很小，或具有较高的表面粗糙度要求，或与其他尺寸有较高的几何公差要求，采用车削、铣削的方法不能满足图纸要求时，需采用磨削的方法以达到图样要求。由于磨削砂轮的结构特点，往往在阶梯的根部、内孔的末端以及台阶的交界处，设计砂轮越程槽，以保证磨削后的零件能清角，满足相互配合零件的装配尺寸要求。用于磨削回转面、端面以及台阶面的砂轮越程槽如图 7-40 所示。

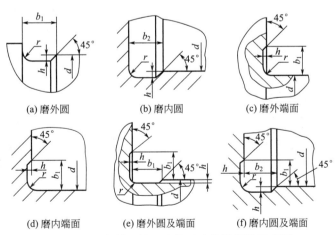

(a) 磨外圆	(b) 磨内圆	(c) 磨外端面
(d) 磨内端面	(e) 磨外圆及端面	(f) 磨内圆及端面

图 7-40　磨削回转面及端面砂轮越程槽示意图

7.2.8 铸件结构

铸件的结构设计不仅要考虑符合使用的要求，还必须考虑是否符合铸造工艺及铸造性能的要求。合理地设计铸件结构，可简化铸造工艺、提高生产效率、改善铸件质量、降低生产成本。

（1）铸件的外形

铸件外形应尽量采用规则的易加工平面、圆柱面及垂直连接等，避免不必要的曲面，以便于制模和造型。除此以外，还应考虑如下方面。

① 铸造圆角是铸件结构的基本特征。当零件的毛坯为铸件时，因铸造工艺的要求，铸件各表面相交的转角处都应制成圆角，如图 7-41 所示。铸造圆角可防止铸件浇注时转角处的落砂现象及避免金属冷却时产生缩孔和裂纹。铸造圆角的大小应与铸件的壁厚相适应，一般可取 $R3\sim5mm$，可在技术要求中统一注明。

② 造型时为便于起模，在垂直于分型面的侧壁上，一般应设计 $1°\sim3°$ 的拔模斜度。拔模斜度的大小随壁的高度增加而减小，并且内壁的斜度大于外壁的斜度，如图 7-42 所示。拔模斜度在图上可不予标注，也不一定画出，必要时，可在技术要求中用文字说明。

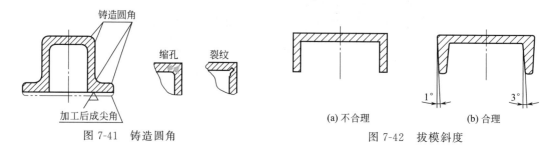

图 7-41　铸造圆角　　　　　　　　　图 7-42　拔模斜度

③ 铸件上的凸台不应妨碍起模以减少活块。对箱体、缸盖等零件上的凸台、肋板，设计时分布应合理，厚度应适当，这样可使造型时起模方便，少用或不用活块造型，简化铸造工艺。图 7-43(a)、(b) 所示的凸台一般要用活块或型芯才能取出模样。对于图 7-43(a) 所示结构，将凸台延伸至分型面后，可采用简单的两箱造型，避免了活块；对于图 7-43(b) 所示结构，将邻近的三个凸台连成一片，即可将三个活块减少为一个活块。

④ 铸件应避免外部侧凹以减少分型面。外壁侧凹的铸件一般要采用砂芯、三箱或多箱造型，增加了分型面数量，造型难度较大。而避免侧凹可采用两箱造型，减少分型面和砂箱的数量，从而简化铸造工艺，还能减少错型和偏芯，以提高铸件的精度，如图 7-44 所示。

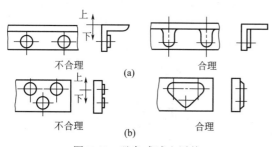

图 7-43　避免或减少活块

⑤ 铸件结构应有利于自由收缩以防裂纹。图 7-45 所示为手轮轮辐的三种设计方案：图 (a) 所示方案采用偶数直轮辐，易在轮辐和轮缘处产生裂纹，故结构不合理；图 (b)、(c) 所示方案采用偶数弯曲轮辐或奇数轮辐后，可防止开裂，结构较合理。

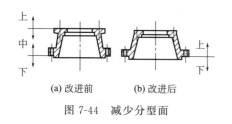

(a) 改进前　　(b) 改进后

图 7-44　减少分型面

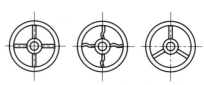

(a) 偶数直轮辐 (b) 偶数弯曲轮辐 (c) 奇数轮辐

图 7-45　轮辐的设计

⑥ 避免过大水平面以防铸造缺陷。过大的水平面不利于金属液的填充，易浇不到和产生冷隔；在大水平面上方，铸型受金属液的高温烘烤使型砂拱起，铸件易产生夹砂的缺陷。将大的水平面改为倾斜面，可防止上述缺陷的产生。

（2）铸件的壁厚

① 壁厚应均匀，避免"热节"。铸件各部分壁厚相差过大，不仅容易在较厚处产生缩孔、缩松，还会使各部位冷速不均，产生较大的铸造内应力，造成铸件开裂。可采用加强肋或工艺孔等措施使铸件壁厚均匀，如图 7-46 所示。

如结构上有要求厚、薄壁相连时，应逐步过渡，避免尺寸突变，以防产生铸造内应力和出现应力集中，如图 7-47 所示。

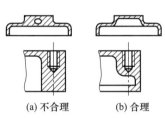

(a) 不合理　(b) 合理

图 7-46　铸件的壁厚应均匀

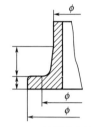

图 7-47　壁厚逐步过渡

② 壁厚应合理。铸件的壁不宜太薄，否则浇注时金属液在狭窄的型腔内流动性受到影响，易浇不到、产生冷隔等。在一定的铸造条件下，铸造合金能充满铸造型腔的最小厚度称为最小壁厚。铸件的最小壁厚与金属的流动性有关，还与铸件尺寸大小有关，见表 7-15。

表 7-15　砂型铸造铸件的最小壁厚　　　　　　　　　　　　　　　　　　　　mm

铸件最大轮廓尺寸	灰铸铁	球墨铸铁	可锻铸铁	铸钢	铸铝合金	铸造锡青铜	铸造黄铜
<200	3～4	3～4	2.5～4.5	8	3～5	3～6	≥8
200～400	4～5	4～8	4～5.5	9	5～6	8	≥8
400～800	5～6	8～10	5～8	11	6～8	8	≥8

铸件的壁厚也不宜过大，否则由于铸件冷却过慢使晶粒粗大，且易产生缩孔、缩松等缺陷，使性能下降，所以不能靠无节制地增大铸件的壁厚来提高承载能力。可采取在铸件的脆弱处增设加强肋的方法来提高铸件的强度和刚度，如图 7-48 所示。因此，铸件的壁厚应小于"临界壁厚"，砂型铸造铸件的临界壁厚约取最小壁厚的 3 倍。

（3）铸件尺寸与机械加工余量

铸件尺寸包括铸件的基本尺寸与尺寸公差。铸件的基本尺寸为机械加工前的毛坯铸件的尺寸，包括必要的机械加工余量。

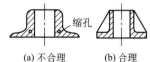

(a) 不合理　(b) 合理

图 7-48　铸件壁厚不宜过大

① 铸件的尺寸公差　是指允许铸件尺寸的变动量。铸件的尺寸公差分为 16 个等级，标记为 DCTG1～DCTG16，各尺寸公差等级对应的线性尺寸公差值可在 GB/T 6414—2017《铸件　尺寸公差、几何公差与机械加工余量》中查得。

在默认条件下，铸件的尺寸公差应相对于公称尺寸对称设置，即一半为正，一半为负。铸件的尺寸公差也可以不对称，不对称公差应按 GB/T 1800.1 和 GB/T 1800.2 的规定，在铸件公称尺寸后面单独标注。各类铸件所能达到的尺寸公差等级可参见 GB/T 6414—2017。

② 铸件的机械加工余量　根据 GB/T 6414—2017《铸件　尺寸公差、几何公差与机械加工余量》,在毛坯铸件上为了随后可用机械加工方法去除铸造对金属表面的影响,并使之达到所要求的表面特征和必要的尺寸精度而留出的金属余量,称为铸件的机械加工余量。

确定铸件的机械加工余量之前,需先确定机械加工余量等级。铸件的机械加工余量等级分为 10 级,分别为 RMAG A～RMAG K,推荐用于各种铸造合金及铸造方法的机械加工余量等级见表 7-16。

表 7-16　铸件的机械加工余量等级

方法	机械加工余量等级								
	钢	灰铸铁	球墨铸铁	可锻铸铁	铜合金	锌合金	轻金属合金	镍基合金	钴基合金
砂型铸造手工铸造	G～J	F～H	F～H	F～H	F～H	F～H	F～H	G～K	G～K
砂型铸造机器造型和壳型	F～H	E～G	E～G	E～G	E～G	E～G	E～G	F～H	F～H
金属型(重力铸造和低压铸造)	—	D～F	D～F	D～F	D～F	D～F	D～F	—	—
压力铸造					B～D	B～D	B～D		
熔模铸造	E	E	E	—	E	—	E	E	E

在零件图上标有加工符号的地方,制模时必须留有加工余量。加工余量的大小,要根据铸件的大小、生产批量、合金种类、铸件复杂程度及加工面在铸型中的位置来确定。灰铸铁件表面光滑平整,精度较高,加工余量小;铸钢件的表面粗糙,变形较大,其加工余量比铸铁件要大些;有色金属件由于表面光洁、平整,其加工余量可小些;机器造型比手工造型精度高,故加工余量可小些。

铸件的机械加工余量适用于整个成品铸件,所有加工表面的加工余量应按表 7-17 中最大公称尺寸对应的范围选取。

表 7-17　铸件的机械加工余量　　　　　　　　　　　　　　　mm

铸件公称尺寸		铸件的机械加工余量等级									
大于	至	A	B	C	D	E	F	G	H	J	K
—	40	0.1	0.1	0.2	0.3	0.4	0.5	0.5	0.7	1.0	1.4
40	63	0.1	0.2	0.3	0.3	0.4	0.5	0.7	1.0	1.4	2.0
63	100	0.2	0.3	0.4	0.5	0.7	1.0	1.4	2.0	2.8	4.0
100	160	0.3	0.4	0.5	0.8	1.1	1.5	2.2	3.0	4.0	6.0
160	250	0.3	0.5	0.7	1.0	1.4	2.0	2.8	4.0	5.5	8.0
250	400	0.4	0.7	0.9	1.3	1.8	2.5	3.5	5.0	7.0	10
400	630	0.5	0.8	1.1	1.5	2.2	3.0	4.0	6.0	9.0	12
630	1000	0.6	0.9	1.2	1.8	2.5	3.5	5.0	7.0	10	14
1000	1600	0.7	1.0	1.4	2.0	2.8	4.0	5.5	8.0	11	16
1600	2500	0.8	1.1	1.6	2.2	3.2	4.5	6.0	9.0	13	18
2500	4000	0.9	1.3	1.8	2.5	3.5	5.0	7.0	10	14	20
4000	6300	1.0	1.4	2.0	2.8	4.0	5.5	8.0	11	16	22
6300	10000	1.1	1.5	2.2	3.0	4.5	6.0	9.0	12	17	24

注:等级 A 和等级 B 只适用于特殊情况,如带有工装定位面、夹紧面和基准面的铸件。

铸件某一部位的最大尺寸应不超过加工尺寸与加工余量及铸造公差之和,当有斜度时,斜度应另外考虑。对于砂型铸件,其上表面和铸孔比其他表面需要更大的加工余量,因此可以选择高一级的加工余量,机械加工余量应单独注明。

零件上的孔与槽是否铸出,应考虑工艺上的可行性和使用上的必要性。一般来讲,较大的孔和槽应铸出,以节约金属,减少切削加工工时,同时可以减小铸件的热节;较小的孔,尤其是位置精度要求高的孔和槽则不必铸出,留待机械加工反而更经济。通常情况下,最小铸出孔径可参考表 7-18。

表 7-18 最小铸出孔径   mm

生产批量	灰铸铁件	铸钢件
大量	12~15	—
成批	15~30	30~50
单件、小批	30~50	50

7.2.9 锻件结构

锻造是一种利用锻压机械对金属坯料施加压力,使其产生塑性变形以获得具有一定机械性能、一定形状和尺寸锻件的加工方法。通过锻造能消除金属在冶炼过程中产生的铸态疏松等缺陷,优化微观组织结构,同时由于保存了完整的金属流线,锻件的力学性能一般优于同样材料的铸件。相关机械中负载高、工作条件严苛的重要零件,除形状较简单的可用轧制的板材、型材或焊接件外,多采用锻件。

(1)自由锻件的结构工艺性

自由锻主要生产形状简单、精度较低和表面粗糙度值较高的毛坯。自由锻件的设计原则是:在满足使用性能的前提下,锻件的形状应尽量简单,易于锻造。

① 锻件上应避免有锥形、斜面和楔形表面。

锻造具有锥形或斜面结构的锻件,需制造专用工具,锻件成形也比较困难,从而使工艺过程复杂,不便于操作,影响设备使用效率,应尽量避免,尽量采用圆柱面或平行平面,以利于锻造,如图 7-49 所示。

② 各表面交接处应避免弧线或曲线,尽量采用直线或圆,以利于锻制,如图 7-50 所示。

③ 应避免肋板或凸台,以利于减少余块和简化锻造工艺,如图 7-51 所示。

④ 大件和形状复杂的锻件,可采用锻-焊、锻-螺纹连接等组合结构,设计成由数个简单件构成的组合体,以利于锻造和机械加工,每个简单件锻造成形后,再用焊接或机械连接方式构成整体零件,如图 7-52 所示。

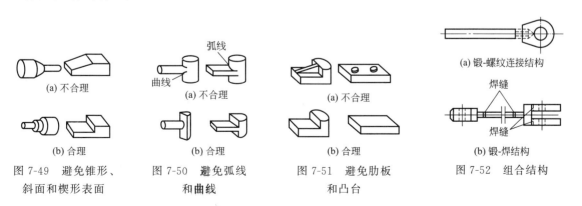

图 7-49 避免锥形、斜面和楔形表面

图 7-50 避免弧线和曲线

图 7-51 避免肋板和凸台

图 7-52 组合结构

（2）模锻件的结构工艺性

设计模锻零件时，应根据模锻特点和工艺要求，使其结构符合下列原则：

① 模锻零件应具有合理的分模面，以使金属易于充满模腔，模锻件易于从锻模中取出，且敷料最少，锻模容易制造。

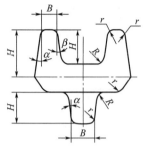

图 7-53　模锻斜度和
圆角半径

② 为了使锻件易于出模，在锻件出模方向设有斜度，称为锻件的模锻斜度，或称拔模斜度。锻件冷缩时与模壁之间间隙增大部分的斜度称为外模锻斜度 α，与模壁之间间隙减小部分的斜度称为内模锻斜度 β，如图 7-53 所示。

显然，锻件斜度越大，出模越容易。但是增大斜度会增加金属的消耗，所以在保证锻件能顺利出模的前提下，应尽量减少模锻斜度。锻件模锻斜度的大小随着锻件高度的变化而变化，锻件高度增大时，斜度增大。热锻时，锻件锻后产生冷却收缩，内孔缩小而包紧模具，外轮廓缩小脱离模壁，所以内模锻斜度要比外模锻斜度大一些，一般大 $2°\sim3°$。

一般外模锻斜度 α 为 $5°$、$7°$、$10°$，常取 $7°$；内模锻斜度 β 为 $7°$、$10°$、$12°$，常取 $10°$。表 7-19 是生产上常用的模锻斜度。

表 7-19　各种金属锻件的模锻斜度

锻件材料	外模锻斜度	内模锻斜度
铝、镁合金	$3°$、$5°$（精锻时为 $1°$、$3°$）	$5°$、$7°$（精锻时为 $3°$、$5°$）
钢、钛、耐热合金	$5°$、$7°$（精锻时为 $3°$、$5°$）	$7°$、$10°$、$12°$（精锻时为 $5°$、$7°$、$10°$）

③ 锻件上凸起和凹下的部位均应带有适当的圆角，不允许出现锐角。如图 7-53 所示，生产上把模锻件的凸圆角半径称为外圆角半径 r，凹圆角半径称为内圆角半径 R。

凸圆角的作用是避免锻模在热处理时和模锻过程中因应力集中导致开裂，也使金属易于充满相应的部位。凹圆角的作用是使金属易于流动，防止模锻件产生折叠，防止模腔过早磨损和被压塌。

适当加大圆角半径，对防止锻件转角处的流线被切断、提高模锻件品质和模具寿命有利。然而，增加外圆角半径 r 将会减少相应部位的机械加工余量，增加内圆角半径 R 将会加大相应部位的机械加工余量，增加材料损耗。对某些复杂锻件，内圆角半径 R 过大，也会使金属过早流失，造成局部充不满现象。

圆角半径的大小与模锻件各部分高度 H 以及高度 H 与宽度 B 的比值 H/B 有关，可按照下列公式计算。

当 $H/B \leqslant 2$ 时　　　　　　　　$r=0.05H+0.5, R=2.5r+0.5$ 　　　　　　　　(7-1)

当 $4 > H/B > 2$ 时　　　　　　　$r=0.05H+0.5, R=3.0r+0.5$ 　　　　　　　　(7-2)

当 $H/B \geqslant 4$ 时　　　　　　　　$r=0.05H+0.5, R=3.5r+0.5$ 　　　　　　　　(7-3)

为保证锻件外圆角处的最小机械加工余量，对外圆角半径 r 进行校核，即在按照式(7-1)、式(7-2) 或式(7-3) 计算的值和式(7-4) 的计算值中取大值。

$$r=余量+a \tag{7-4}$$

式中，a 为零件相应处的圆角半径或倒角值。

为了适应制造模具所用刀具的标准化，可按照下列序列值设计圆角半径：1.0mm，1.5mm，2.0mm，2.5mm，3.0mm，4.0mm，5.0mm，6.0mm，8.0mm，10.0mm，12.0mm，

15.0mm。当圆角半径大于15mm后，按以5mm为递增值生成序列选取。

应当指出，在同一锻件上选定的圆角半径规格应尽量一致，不宜过多。

④ 零件的外形应力求简单、平直、对称，避免零件截面间差别过大，或具有薄壁、高肋等不良结构。一般来讲，零件的最小截面与最大截面之比不要小于0.5。图7-54（a）所示零件的凸缘太薄、太高，中间下凹太深，金属不易充型。图7-54（b）所示零件的肋板过于扁薄，薄壁部分金属模锻时容易冷却，不易锻出，对保护设备和锻模也不利。

⑤ 在零件结构允许的条件下，应尽量避免有深孔或多孔结构。孔径小于30mm或孔深大于直径两倍时，锻造困难。如图7-55所示，为保证齿轮零件纤维组织的连贯性以及更好的力学性能，常采用模锻方法生产，但齿轮上的4个ϕ20mm的孔不方便锻造，只能采用机械加工成形。

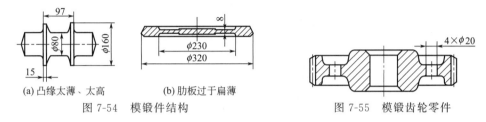

(a) 凸缘太薄、太高　　(b) 肋板过于扁薄　　　　　(图7-55 左)　4×ϕ20

图7-54　模锻件结构　　　　　　　　　　图7-55　模锻齿轮零件

⑥ 由于模锻件尺寸精度高和表面质量好，因此零件上只有与其他机件配合的表面才需进行机械加工，其他表面均应设计为非加工表面。

7.3　典型机械零件的画法

7.3.1　弹簧

弹簧是一种能储存能量的零件，可用来减振、夹紧、储能和测量等。弹簧的种类很多，常见的弹簧有螺旋弹簧、涡卷弹簧、板弹簧及碟形弹簧等。螺旋弹簧又分为压缩弹簧、拉伸弹簧和扭转弹簧，如图7-56所示。

(a) 螺旋压缩弹簧　(b) 螺旋拉伸弹簧　(c) 螺旋扭转弹簧

弹簧的画法主要有剖视图、视图和示意图三种画法。GB/T 4459.4—2003《机械制图　弹簧表示法》给出了各种弹簧的三种画法和主要弹簧的图样格式。

(d) 涡卷弹簧　(e) 截锥螺旋压缩弹簧　(f) 板弹簧　(g) 碟形弹簧

图7-56　弹簧的种类

表7-20给出了螺旋压缩弹簧和螺旋拉伸弹簧的三种画法。

表7-20　螺旋压缩弹簧和螺旋拉伸弹簧的三种画法

名称	螺旋压缩弹簧	螺旋拉伸弹簧
视图		
剖视图		

名称	螺旋压缩弹簧	螺旋拉伸弹簧
示意图	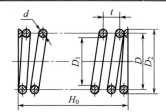	

注：1. 在平行于螺旋弹簧轴线的投影面的视图中，其各圈的轮廓应画成直线。

2. 螺旋弹簧均可画成右旋，对必须保证的旋向要求应在"技术要求"中注明。

3. 有效圈数在四圈以上的螺旋弹簧中间部分可以省略；圆柱螺旋弹簧中间部分省略后，允许适当缩短图形的长度。

（1）圆柱螺旋压缩弹簧的图样画法和标注

圆柱螺旋压缩弹簧的尺寸代号及标注方法见表 7-21。

表 7-21　圆柱螺旋压缩弹簧的尺寸代号及标注方法

尺寸代号	名称	定义及公式
d	材料直径	制造弹簧的钢丝直径
D	弹簧中径	弹簧的平均直径，$D=\dfrac{1}{2}(D_1+D_2)$
D_1	弹簧内径	弹簧的最小直径，$D_1=D_2-2d$
D_2	弹簧外径	弹簧的最大直径
t	节距	除两端支撑圈外，弹簧上相邻两圈对应两点之间的轴向距离
H_0	自由高度	弹簧未受载荷时的高度，$H_0=nt+(n_2-0.5d)$
n	有效圈数	弹簧中参加弹性变形的圈数
n_1	总圈数	不参加工作的圈数加上参加工作的圈数，$n_1=n+n_2$
n_2	支撑圈数	在使用时，弹簧两端并紧并磨平的若干圈不产生弹性变形，称为支撑圈（或称死圈），大多数的支撑圈为 2.5 圈
L	展开长度	缠绕单个弹簧所需的钢丝长度，$L=n_1\sqrt{(\pi D)^2+t^2}\approx n_1\pi D$

根据圆柱螺旋压缩弹簧的外径 D_2、弹簧线径（即材料直径）d、节距 t 和有效圈数 n，即可计算出弹簧中径 D 和自由高度 H_0，就能按照图 7-57 所示方法与步骤绘制出圆柱螺旋压缩弹簧。

圆柱螺旋压缩弹簧零件图样画法和标注参照图 7-58 所示的图样格式。图形上标注出弹簧的材料直径 d、弹簧中径 D、弹簧的自由高度 H_0 等弹簧参数。根据 GB/T 2089—2009《普通圆柱螺旋压缩弹簧尺寸及参数（两端圈并紧磨平或制扁）》，圆柱螺旋压缩弹簧的材料直径 d 为 0.5～60mm。

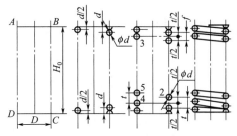

图 7-57　圆柱螺旋压缩弹簧的画图步骤

与其他零件图相比，不管是圆柱螺旋压缩弹簧，还是圆柱螺旋拉伸弹簧，一般情况下都要在主视图的上方，用图解方式绘制弹簧的力学性能曲线，表达弹簧的特性。如图 7-58 所示，弹簧的力学性能曲线画成直线，并用粗实线绘制，F_1、F_2 为工作负荷，f_1、f_2 为相应的变形量，F_j 为极限负荷，f_j 为极限负荷下变形量。

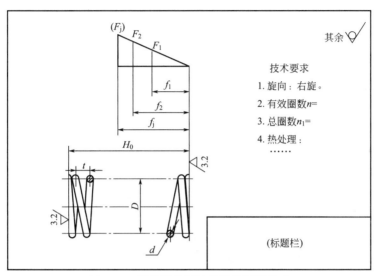

图 7-58　圆柱螺旋压缩弹簧的图样格式

圆柱螺旋压缩弹簧的标记由类型代号、规格、精度代号、旋向代号和标准号组成：

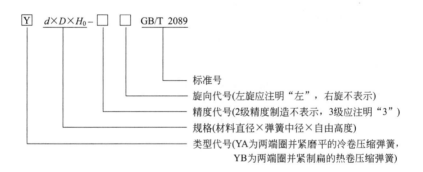

（2）圆柱螺旋拉伸弹簧的画法和标注

圆柱螺旋拉伸弹簧的尺寸代号及标注方法见表 7-22。

表 7-22　圆柱螺旋拉伸弹簧的尺寸代号及标注方法

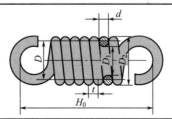

尺寸代号	名称	定义及公式
d	材料直径	制造弹簧的钢丝直径
D	弹簧中径	弹簧的平均直径，$D=\frac{1}{2}(D_1+D_2)$
D_1	弹簧内径	弹簧的最小直径，$D_1=D_2-2d$
D_2	弹簧外径	弹簧的最大直径
t	节距	弹簧上相邻两圈对应两点之间的轴向距离
H_0	自由长度	弹簧未受载荷时的长度
n	有效圈数	弹簧中参加弹性变形的圈数

根据 GB/T 2088—2009《普通圆柱螺旋拉伸弹簧尺寸及参数》，圆柱螺旋拉伸弹簧的类型分为 LⅠ半圆钩环、LⅢ圆钩环钮中心、LⅥ圆钩环压中心三种，见表 7-23。三种类型的弹簧，每一种又按有效圈数尾数分 A 型和 B 型，A 型有效圈数尾数为 0.5，B 型有效圈数尾数为 0.25，如图 7-59 所示。

表 7-23　圆柱螺旋拉伸弹簧的类型

代号	简图	端部结构
LⅠ		半圆钩环
LⅢ		圆钩环钮中心
LⅥ		圆钩环压中心

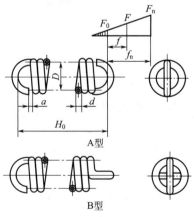

图 7-59　弹簧型式
（B 型应在标记中注明）

以圆钩环圆柱螺旋拉伸弹簧为例，圆柱螺旋拉伸弹簧的零件图画法和标注参照图 7-60 所示的图样格式。图形上标注出弹簧的材料直径 d、弹簧中径 D、弹簧的自由长度 H_0 等弹簧参数。弹簧的力学性能曲线画成直线，并用粗实线绘制，F_1、F_2 为工作负荷，f_1、f_2 为相应的变形量，F_0 为初拉力，F_j 为极限负荷，f_j 为极限负荷下变形量。

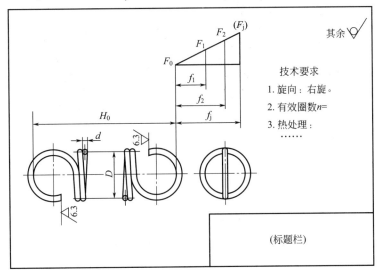

图 7-60 圆柱螺旋拉伸弹簧的图样格式

圆柱螺旋拉伸弹簧的标记由类型代号、型式代号、规格、精度代号、旋向代号和标准号组成：

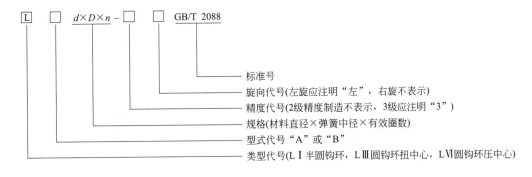

标准号
旋向代号(左旋应注明"左"，右旋不表示)
精度代号(2级精度制造不表示，3级应注明"3")
规格(材料直径×弹簧中径×有效圈数)
型式代号"A"或"B"
类型代号(LⅠ半圆钩环，LⅢ圆钩环扭中心，LⅥ圆钩环压中心)

重点提示

在设计绘制圆柱螺旋压缩/拉伸弹簧的零件图时，注意以下几点。

① 一般要用图解方式绘制弹簧特性：在主视图的上方绘制圆柱螺旋压缩/拉伸弹簧的力学性能曲线，性能曲线画成直线，并用粗实线绘制。

② 图形上要标注弹簧的钢丝直径 d、弹簧中径 D、弹簧的自由高度/长度 H_0 等弹簧参数，当直接标注有困难时可在"技术要求"中说明。

③ "技术要求"中要注明弹簧的旋向、有效圈数。

7.3.2 齿轮

齿轮是机器中的重要传动零件，应用广泛。其功能是将主动轴的转动传送到从动轴上，以完成功率传递、变速及换向等。

按两轴的相对位置不同，可将齿轮传动分为圆柱齿轮传动、锥齿轮传动、蜗杆传动三大类（图 7-61）。

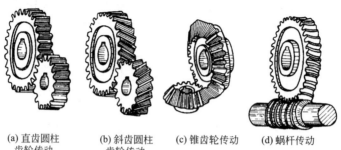

(a) 直齿圆柱　　　(b) 斜齿圆柱　　　(c) 锥齿轮传动　　　(d) 蜗杆传动
　　齿轮传动　　　　齿轮传动

图 7-61　齿轮传动的形式

圆柱齿轮传动——用于传递两平行轴的运动。

锥齿轮传动——用于传递两相交轴的运动。

蜗杆传动——用于传递两垂直交叉轴的运动。

齿形轮廓曲线有渐开线、摆线及圆弧等，通常采用渐开线齿廓。

（1）圆柱齿轮

圆柱齿轮按齿轮轮齿方向的不同可分为直齿、斜齿、人字齿等。

① 直齿圆柱齿轮各部分名称和代号　图 7-62 所示为直齿圆柱齿轮各部分名称和代号。

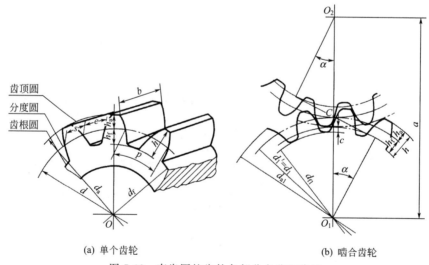

(a) 单个齿轮　　　　　　　　　　　(b) 啮合齿轮

图 7-62　直齿圆柱齿轮各部分名称和代号

a. 齿顶圆：通过轮齿顶部的圆称为齿顶圆，其直径用 d_a 表示。

b. 齿根圆：通过轮齿根部的圆称为齿根圆，其直径用 d_f 表示。

c. 齿宽：沿齿轮轴线方向量得的轮齿宽度称为齿宽，用 b 表示。

d. 齿厚与齿槽宽：在齿轮的任意圆周上，一个轮齿两侧间的弧长，称为该圆上的齿厚，用 s_k 表示；相邻两齿之间的空间称为齿槽，一个齿槽两侧齿廓在该圆上所截取的弧长，称为齿槽宽，以 e_k 表示。

e. 分度圆：为了便于设计和制造，在齿顶圆和齿根圆之间，取一个直径为 d 的圆作为基准圆，称为分度圆。分度圆上的齿厚、齿槽宽分别用 s、e 表示，对于标准齿轮，其分度圆上的齿厚与齿槽宽相等，即 $s=e$。

f. 齿距：在分度圆上相邻两齿对应点之间的弧长称为齿距，用 p 表示。

g. 全齿高、齿顶高、齿根高：齿顶圆与齿根圆的径向距离称为全齿高，用 h 表示；齿顶圆与分度圆的径向距离称为齿顶高，用 h_a 表示；齿根圆与分度圆的径向距离称为齿根高，用 h_f 表示。$h=h_a+h_f$。

h. 顶隙：为了防止互相啮合的一对齿轮的齿顶与齿根相碰，并便于储存润滑油，应使齿顶高略小于齿根高，在一轮齿顶到另一轮齿根间留有径向间隙，如图 7-62（b）所示，称为顶隙，用 c 表示。

i. 传动比：主动齿轮转速 n_1 与从动齿轮转速 n_2 之比，即 $i=n_1/n_2$，由于转速与齿数成反比，因此传动比也等于从动齿轮齿数 z_2 与主动齿轮齿数 z_1 之比，即 $i=n_1/n_2=z_2/z_1$。

② 直齿圆柱齿轮的基本参数

a. 齿数 z：齿轮上轮齿的总数，设计时根据传动比确定。

b. 模数 m：计算齿轮各部分尺寸和加工齿轮时的基本参数。GB/T 1357—2008《通用机械和重型机械用圆柱齿轮　模数》对模数规定了标准数值（表 7-24）。

表 7-24　标准模数

第一系列	1	1.25	1.5	2	2.5	3	4	5	6
	8	10	12	16	20	25	32	40	50
第二系列	1.75	2.25	2.75	(3.25)	3.5	(3.75)	4.5	5.5	(6.5)
	7	9	(11)	14	18	22	28	36	45

注：1. 本标准适用于渐开线圆柱齿轮，对于斜齿轮是指法向模数。

2. 在选用模数时，应优先选用第一系列，其次选用第二系列，括号内模数尽可能不选用。

c. 压力角：啮合接触点 C 处 ［图 7-62（b）］ 两齿廓曲线的公法线与中心连线的垂直线的夹角，称为分度圆压力角，通常称为齿轮的压力角，以 α 表示。渐开线齿廓上各点的压力角是不相等的，分度圆上的压力角称为齿形角。压力角也是加工轮齿时所用刀具的刀具角。为了便于设计制造，压力角已标准化，我国规定的标准压力角为 $\alpha=20°$。

③ 直齿圆柱齿轮各部分的尺寸计算　当齿轮的齿数、模数和压力角确定后，可按表 7-25 的计算公式计算齿轮的各部分尺寸。

表 7-25　标准直齿圆柱齿轮各公称尺寸计算公式

名称	符号	计算公式
齿距	p	$p=\pi m$
齿顶高	h_a	$h_a=m$
齿根高	h_f	$h_f=1.25m$
全齿高	h	$h=2.25m$
分度圆直径	d	$d=mz$
齿顶圆直径	d_a	$d_a=m(z+2)$
齿根圆直径	d_f	$d_f=m(z-2.5)$
中心距	a	$a=\dfrac{1}{2}m(z_1+z_2)$

④ 直齿圆柱齿轮的画法　齿轮结构较复杂，尤其是轮齿部分。为了简化作图，国家标准规定对齿轮的轮齿部分采用规定画法。

根据 GB/T 4459.2—2003《机械制图　齿轮表示法》，齿顶圆和齿顶线用粗实线绘制；分度圆和分度线用细点画线绘制；齿根圆和齿根线用细实线绘制，也可省略不画，在投影为非圆的剖视图中，齿根线用粗实线绘制；表示单个圆柱齿轮一般用两个视图，或者用一个视图和一个局部视图。在剖视图中，当剖切平面通过齿轮的轴线时，无论剖切平面是否剖切到轮齿，其轮齿一律按不剖处理，均不画剖面线，如图 7-63 所示。

若为斜齿轮，则在投影为非圆的视图上，用三条与齿线方向一致的互相平行的细实线表示轮齿的方向，如图 7-63(b) 所示。

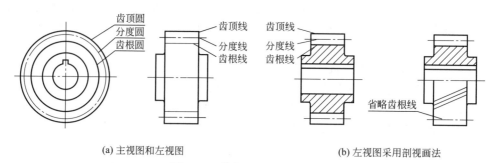

(a) 主视图和左视图　　　　　(b) 左视图采用剖视画法

图 7-63　单个圆柱齿轮的画法

如需要表明齿形，可在图形中用粗实线画出一个或两个齿，如图 7-64 所示；或用适当比例的局部放大图表示。

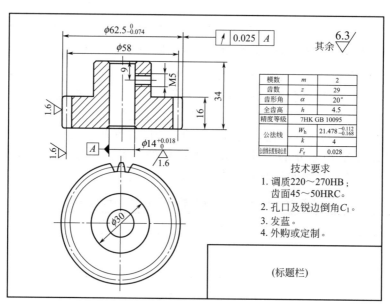

模数	m	2
齿数	z	29
齿形角	α	20°
全齿高	h	4.5
精度等级		7HK GB 10095
公法线	W_h	$21.478_{-0.168}^{-0.112}$
	k	4
公法线长度变动公差	F_r	0.028

技术要求
1. 调质220～270HB；
　齿面45～50HRC。
2. 孔口及锐边倒角C_1。
3. 发蓝。
4. 外购或定制。

(标题栏)

图 7-64　圆柱齿轮

利用软件制图时，如要绘制轮齿，点击命令【齿形】按钮，弹出如图 7-65 所示的【渐开线齿轮齿形参数】对话框，填写"齿数"和"模数"等参数，点击【下一步（N）】按钮，弹出如图 7-66 所示的【渐开线齿轮齿形预显】对话框，如不勾选"有效齿数"，则生成全齿数，如勾选"有效齿数"，则需填写"有效齿数"和"有效齿起始角"等参数，点击

【预显［P］】按钮可预显生成效果，如不合适，进行修改，满意后点击【完成】按钮，可生成相应轮齿。

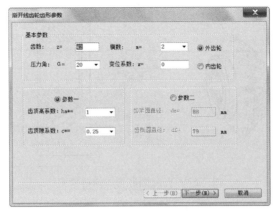

图 7-65　【渐开线齿轮齿形参数】对话框

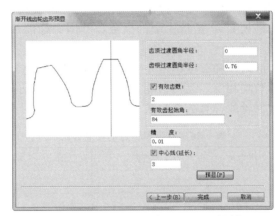

图 7-66　【渐开线齿轮齿形预显】对话框

绘制圆柱齿轮零件图，与常规零件图不同之处，还需在图纸的右上角空白处，用表格的形式列出齿轮的参数项目和检验项目，包括模数 m、齿数 z、压力角 α、精度等级等，如图 7-64 所示。根据 GB/T 4459.2—2003，具体参数项目可根据需要增减，检验项目按功能要求而定。

（2）（圆）锥齿轮

锥齿轮俗称伞齿轮，用于传递两相交轴间的回转运动，以两轴相交成直角的锥齿轮传动应用最广泛。

由于锥齿轮的轮齿位于锥面上，所以轮齿的齿厚从大端到小端逐渐变小，模数和分度圆也随之变化。为了设计和制造的方便，规定几何尺寸的计算以大端为准，因此以大端模数为标准模数，来计算大端轮齿的各部分尺寸。

① 直齿锥齿轮的结构要素及各部分尺寸计算　如图 7-67 所示，由于锥齿轮的轮齿位于圆锥面上，因此其轮齿一端大另一端小，其齿厚和齿槽宽等也随之由大到小逐渐变化，其各处的齿顶圆、齿根圆和分度圆也不相等，而是分别处于共顶的齿顶圆锥面、齿根圆锥面和分度圆锥面上。

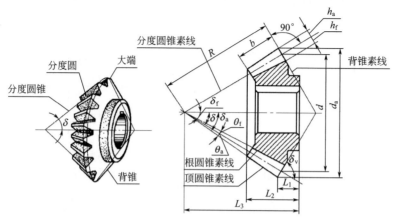

图 7-67　直齿锥齿轮的结构要素

分度圆锥面的素线与齿轮轴线间的夹角称为分度圆锥角（简称分锥角），用 δ 表示。从顶点沿分度圆锥面的素线至背锥面的距离称为外锥距，用 R 表示。锥齿轮的齿顶圆直径 d_a、齿根圆直径 d_f 和分度圆直径 d 是在背锥面上度量的，齿顶高 h_a、齿根高 h_f 和齿高 h 是沿素线度量的。锥齿轮的模数 m 是指大端的模数，其国家标准数值见表 7-24。锥齿轮的压力角一般为 $20°$。

模数 m、齿数 z、齿形角 α 和分度圆锥角 δ 是直齿锥齿轮的基本参数，是决定其他尺寸的依据。只有模数和齿形角均相等，且两齿轮分锥角之和等于两轴线间夹角的一对直齿锥齿轮才能正确啮合。直齿锥齿轮的计算公式见表 7-26。

表 7-26　直齿锥齿轮的计算公式

基本参数：模数 m　齿数 z　压力角 $\alpha=20°$　分度圆锥角 δ			已知：$m=3.5\text{mm}$　$z=25$　$\alpha=20°$　$\delta=45°$
名称	符号	计算公式	举例计算
齿顶高	h_a	$h_a=m$	$h_a=3.5\text{mm}$
齿根高	h_f	$h_f=1.2m$	$h_f=4.2\text{mm}$
全齿高	h	$h=2.2m$	$h=7.7\text{mm}$
分度圆直径	d	$d=mz$	$d=87.5\text{mm}$
齿顶圆直径	d_a	$d_a=m(z+2\cos\delta)$	$d_a=92.45\text{mm}$
齿根圆直径	d_f	$d_f=m(z-2.4\cos\delta)$	$d_f=81.55\text{mm}$
外锥距	R	$R=\dfrac{mz}{2\sin\delta}$	$R=61.88\text{mm}$
齿顶角	θ_a	$\tan\theta_a=\dfrac{2\sin\delta}{z}$	$\tan\theta_a=\dfrac{2\sin45°}{25}$　$\theta_a=3°14'$
齿根角	θ_f	$\tan\theta_f=\dfrac{2.4\sin\delta}{z}$	$\tan\theta_f=\dfrac{2.4\sin45°}{25}$　$\theta_f=3°53'$
顶锥角	δ_a	$\delta_a=\delta+\theta_a$	$\delta_a=45°+3°14'=48°14'$
根锥角	δ_f	$\delta_f=\delta-\theta_f$	$\delta_f=45°-3°53'=41°07'$
齿宽	b	$b\leqslant R/3$	$b=20\text{mm}$

② 直齿锥齿轮的画法　单个直齿锥齿轮的画法与圆柱齿轮的画法基本相同。主视图多用全剖视图。端视图中大端、小端齿顶圆用粗实线画出，大端分度圆用细点画线画出，齿根圆和小端分度圆规定不画，如图 7-68 所示。单个直齿锥齿轮的绘图步骤如图 7-69 所示。

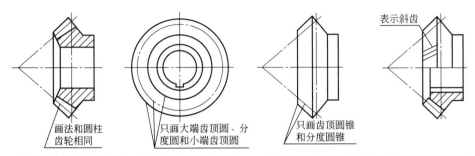

(a) 非圆视图采用全剖视画法　(b) 投影为圆的视图画法　(c) 非圆视图不剖的画法　(d) 斜齿圆锥齿轮的表示方法

图 7-68　单个锥齿轮的画法

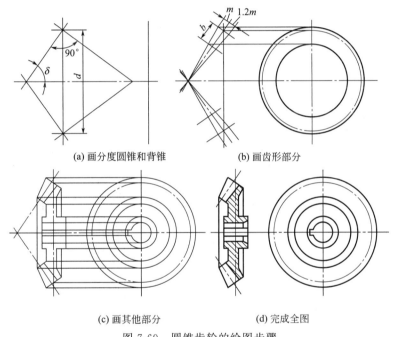

(a) 画分度圆锥和背锥　　　　(b) 画齿形部分

(c) 画其他部分　　　　(d) 完成全图

图 7-69　圆锥齿轮的绘图步骤

绘制圆锥齿轮零件图，与绘制圆柱齿轮一样，还需在图纸的右上角空白处，用表格的形式列出圆锥齿轮的参数项目和检验项目，包括模数 m、齿数 z、齿形角 α、分度圆锥角 δ、精度等级等，如图 7-70 所示。根据 GB/T 4459.2—2003，具体参数项目可根据需要增减，检验项目按功能要求而定。

7.3.3　蜗杆、蜗轮

蜗杆传动用于两交错轴（交错角一般为直角）。如图 7-71 所示，蜗杆传动由蜗杆和蜗轮组成，一般蜗杆为主动件，作减速传动；当反行程不自锁时，也可以蜗轮为主动件，作增速传动。蜗杆传动的功率一般应在 50kW 以下（最大可达 1000kW 左右），齿面间相对滑动速度应在 15m/s 以下（最高可达 35m/s）。蜗杆和螺纹一样有右旋和左旋之分，分别称为右旋

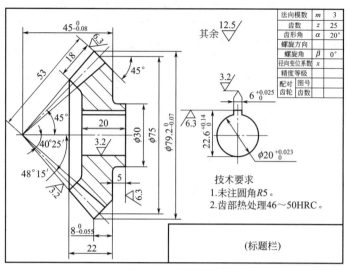

法向模数	m	3
齿数	z	25
齿形角	α	20°
螺旋方向		
螺旋角	β	0°
径向变位系数	x	
精度等级		
配对齿轮	图号	
	齿数	

技术要求
1. 未注圆角R5。
2. 齿部热处理46～50HRC。

(标题栏)

图 7-70　圆锥齿轮

蜗杆和左旋蜗杆。蜗杆传动具有结构紧凑、传动平稳、传动比大等优点，但摩擦发热大，效率较低。

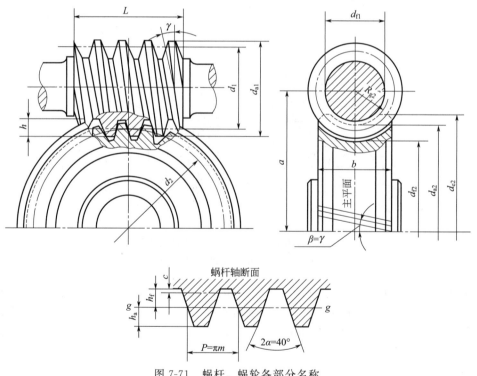

图 7-71　蜗杆、蜗轮各部分名称

蜗杆传动虽然属于齿轮传动的三种类型之一，但实际应用中常将蜗杆传动单独划分出来，与齿轮传动并列。

（1）蜗杆、蜗轮的主要参数及部分尺寸计算

根据 GB/T 10087—2018《圆柱蜗杆基本齿廓》，对于模数≥1mm、轴交角 $\sum$ ＝90°的圆

柱蜗杆传动，蜗杆的类型有阿基米德蜗杆（ZA 蜗杆）、法向直廓蜗杆（ZN 蜗杆）、渐开线蜗杆（ZI 蜗杆）和锥面包络蜗杆（ZK 蜗杆）。GB/T 10085—2018《圆柱蜗杆传动基本参数》推荐采用 ZI 蜗杆和 ZK 蜗杆。

① 模数 m 和分度圆直径 d_1　GB/T 10088—2018《圆柱蜗杆模数和直径》规定了蜗杆模数 m、蜗杆的分度圆直径 d_1。如表 7-27 和表 7-28 所示。

表 7-27　蜗杆的模数 m　　mm

第一系列	0.1	0.12	0.16	0.2	0.25	0.3	0.4	0.5	0.6	0.8	1	1.25	1.6	2
第二系列									0.7	0.9		1.5		
第一系列	2.5	3.15	4		5		6.3	8	10	12.5	16	20	25	31.5	40
第二系列	3	3.5	4.5	5.5	6	7		12	14					

表 7-28　蜗杆的分度圆直径 d_1　　mm

第一系列	1	4.5	5.6	6.3	7.1	8	9	10	11.2	12.5	14	16	18
第二系列			6		7.5	8.5					15		
第一系列	20	22.4	25	28	31.5	35.5	40	45	50	56	63	71	80
第二系列				30		38		48	53	60	67	75	
第一系列	90	100	112	125	140	160	180	200	224	250	280	315	355
第二系列	95	106	118	132	144	170	190				300		

对于模数≥1mm、轴交角 $\Sigma=90°$ 的圆柱蜗杆传动，圆柱蜗杆的基本尺寸和参数应按 GB/T 10085—2018《圆柱蜗杆传动基本参数》进行选取，按不同的模数 m，选取相应的分度圆直径 d_1、蜗杆头数 z_1，并得出相应的蜗杆直径系数 q 等参数（表 7-29）。

表 7-29　蜗杆的基本尺寸和参数

模数 m/mm	轴向齿距 p_x/mm	分度圆直径 d_1/mm	蜗杆头数 z_1	直径系数 q	齿顶圆直径 d_{a1}/mm	齿根圆直径 d_{f1}/mm	分度圆柱导程角 γ	说明
1	3.142	18	1	18.000	20	15.6	3°10′47″	自锁
1.25	3.927	20	1	16.000	22.5	17	3°34′35″	
		22.4	1	17.920	24.9	19.4	3°11′38″	自锁
1.6	5.027	20	1	12.500	23.2	16.16	4°34′26″	
			2				9°05′25″	
			4				17°44′41″	
		28	1	17.500	31.2	24.16	3°16′14″	自锁

蜗杆直径系数 q 是蜗杆的一个特征参数，它等于蜗杆的分度圆直径 d_1 与模数 m 的比值，即 $q=d_1/m$。对应于不同的标准模数，标准规定了相应的 q 值，引入这一系数的目的是减少蜗轮加工刀具的数目，降低生产成本。

② 中心距 a　一般圆柱蜗杆传动的减速装置的中心距 a 应按下列数值选取：40mm，50mm，63mm，80mm，100mm，125mm，160mm，（180mm），200mm，（225mm），250mm，（280mm），315mm，（355mm），400mm，（450mm），500mm。大于 500mm 的中心距可按优先数系 R20 的优先数选用，括号中的数值尽可能不采用。

③ 传动比 i 一般圆柱蜗杆传动的减速装置的传动比 i 的公称值应按下列数值选取：5，7.5，10，12.5，15，20，25，30，40，50，60，70，80。其中，10、20、40、80为基本传动比，应优先采用。

④ 蜗杆、蜗轮各部分尺寸 设计绘制蜗杆、蜗轮零件图时，应首先确定蜗杆、蜗轮传动的中心距 a、传动比 i 和模数 m，这三个参数定了以后，就可以确定蜗杆的分度圆直径 d_1、蜗杆头数 z_1、蜗轮齿数 z_2 等参数（表7-30）。

表7-30 蜗杆、蜗轮参数的匹配

中心距 a/mm	传动比 i	模数 m/mm	蜗杆分度圆直径 d_1/mm	蜗杆头数 z_1	蜗轮齿数 z_2	蜗轮变位系数 x_2	说明
40	4.83	2	22.4	6	29	−0.100	
	7.25	2	22.4	4	29	−0.100	
	9.5①	1.6	20	4	38	−0.250	
	14.5	2	22.4	2	29	−0.100	
	19①	1.6	20	2	38	−0.250	—
	29	2	22.4	1	29	−0.100	
	38①	1.6	20	1	38	−0.250	
	49	1.25	20	1	49	−0.500	
	62	1	18	1	62	0.000	自锁

① 基本传动比。表中传动比 $i=z_2/z_1$，为蜗杆传动比的实际计算值，不完全等同于蜗杆传动比的公称值。

蜗轮的轮齿分布在圆环面上，是一个在齿宽方向具有弧形轮缘的斜齿轮，蜗轮的模数 m 为标准数。一对互相啮合的蜗杆、蜗轮，它们的模数相等。

根据蜗杆头数 z_1、模数 m、蜗轮齿数 z_2，即可计算蜗杆、蜗轮各部分尺寸（见表7-31）。

表7-31 圆柱蜗杆传动几何尺寸

名称	符号	蜗杆	蜗轮
分度圆直径	d	d_1 标准值，按规定选取	$d_2=mz_2$
蜗杆齿顶圆及蜗轮喉圆直径	d_a	$d_{a1}=d_1+2m$	$d_{a2}=m(z_2+2)$
齿根圆直径	d_f	$d_{f1}=d_1-2.4m$	$d_{f2}=m(z_2-2.4)$
蜗轮外圆直径	d_{e2}		$d_{e2}=m(z_2+3)$
蜗轮轮缘宽度	b_2		$b_2=(0.65\sim0.75)d_{a1}$
中心距	a	$a=\dfrac{1}{2}(d_1+d_2+2+2x_2m)$	
蜗杆分度圆柱上螺旋导程角	γ	$\tan\gamma=mz_1/d_1$	
蜗杆轴向齿距和蜗轮分度圆齿距	p	$p=p_{x1}=p_{t2}=\pi m$	
分度圆上齿厚	s	$s_1=s_2=0.45\pi m$	
蜗杆螺旋部分长度	b_1	$z_1=1$、2 时 $b_1=(13\sim16)m$ $z_1=3$、4 时，$b_1=(15\sim20)m$ 磨削蜗杆加长量：当 $m<10$mm 时加长 25mm；当 $m=10\sim16$mm 时加长 35mm；当 $m>16$mm 时加长 45mm	

根据 GB/T 10085—2018，设计蜗杆传动，绘制蜗杆、蜗轮零件图时，应首先确定蜗杆传动的中心距 a，然后根据中心距 a，在对应的传动比 i 范围内选择合适的传动比 i，定下传动比 i 后，就可以确定模数 m、分度圆直径 d_1、蜗杆头数 z_1、蜗轮齿数 z_2，从而可以计算出各部分尺寸。

（2）蜗杆、蜗轮的画法

蜗杆、蜗轮的齿形部分采用国家标准规定的画法，其他部分按真实投影绘制。蜗杆的画法如图 7-72 所示，蜗轮的画法如图 7-73 所示。

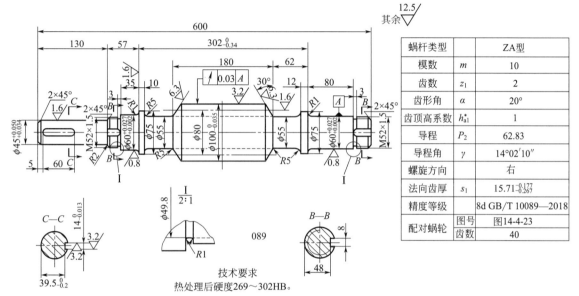

蜗杆类型		ZA型
模数	m	10
齿数	z_1	2
齿形角	α	20°
齿顶高系数	h_{a1}^*	1
导程	P_2	62.83
导程角	γ	14°02′10″
螺旋方向		右
法向齿厚	s_1	$15.71_{-0.267}^{-0.177}$
精度等级		8d GB/T 10089—2018
配对蜗轮	图号	图14-4-23
	齿数	40

技术要求
热处理后硬度269～302HB。

图 7-72　蜗杆的主要尺寸和画法

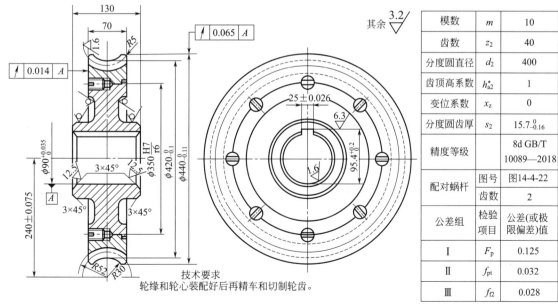

模数	m	10
齿数	z_2	40
分度圆直径	d_2	400
齿顶高系数	h_{a2}^*	1
变位系数	x_z	0
分度圆齿厚	s_2	$15.7_{-0.16}^{0}$
精度等级		8d GB/T 10089—2018
配对蜗杆	图号	图14-4-22
	齿数	2
公差组	检验项目	公差（或极限偏差）值
Ⅰ	F_p	0.125
Ⅱ	f_{pt}	0.032
Ⅲ	f_{f2}	0.028

技术要求
轮缘和轮心装配好后再精车和切制轮齿。

图 7-73　蜗轮的主要尺寸和画法

绘制蜗杆、蜗轮零件图，与绘制圆柱齿轮一样，还需在图纸的右上角空白处，用表格的形式列出蜗杆、蜗轮的参数项目和检验项目，包括蜗杆的类型、模数 m、齿数 z、齿形角 α、螺旋方向、精度等级、配对蜗轮图号等，蜗轮的模数 m、齿数 z、分度圆直径 d_2、精度等级、配对蜗杆图号等。根据 GB/T 4459.2—2003，具体参数项目可根据需要增减，检验项目按功能要求而定。

7.3.4 带轮

（1）带传动的工作原理、类型

带传动主要由主动轮1、从动轮2和紧套在两轮上的带3所组成，如图 7-74 所示。

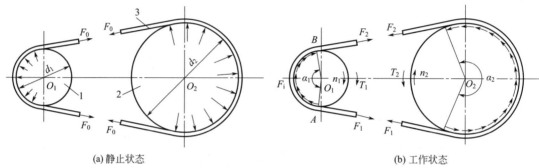

(a) 静止状态　　　　　　　　　　　　　　(b) 工作状态

图 7-74　带传动的工作原理

带安装后被张紧，带中产生张紧力 F_0，于是在带与带轮的接触面间产生了正压力 [图 7-74(a)]。当主动轮转动时，靠带与带轮之间产生的摩擦力 $\sum F_i$ [图 7-74(b)] 拖动从动轮回转传递运动和转矩。可见，带传动是依靠摩擦力进行工作的。

按带的剖面形状，传动带分为平带 [图 7-75(a)]、V 带 [图 7-75(b)]、多楔带 [图 7-75(c)] 和圆带 [图 7-75(d)]，还有靠啮合进行传动的同步带（图 7-76）。近年来，为适应工业上的需要，又出现了窄 V 带和高速环形平带等。

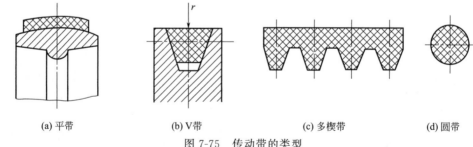

(a) 平带　　　　　(b) V 带　　　　　(c) 多楔带　　　　　(d) 圆带

图 7-75　传动带的类型

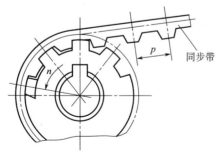

图 7-76　同步带传动

（2）V 带轮的结构和图样

V 带传动与平带传动相比，因其靠两侧面工作，形成楔面摩擦，其当量摩擦因数约为平带的 3 倍，故在相同的传动条件下，V 带传动的工作能力比平带传动的大。此外，V 带传动具有允许较大的传动比、结构紧凑、传动平稳（无接头）等优点，故得到广泛的应用。

V 带轮由工作部分（轮缘）、连接部分（轮辐）

和支承部分（轮毂）组成，如图 7-77 所示。轮缘是带轮外圈环形部分。V 带轮轮缘部分制有轮槽，其详细结构如图 7-78 所示，详细尺寸可参见有关设计手册。为了减少带的磨损，槽侧面的表面粗糙度不应高于 $Ra3.2\sim1.6\mu m$。为使带轮自身惯性力尽可能平衡，高速带轮的轮缘内表面也应加工。

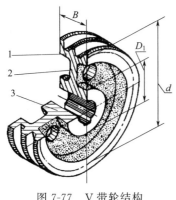

图 7-77　V 带轮结构
1—轮缘；2—轮辐；3—轮毂

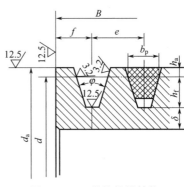

图 7-78　V 带轮轮槽结构

　　轮毂部分是带轮与轴配合的地方，其孔径必须与轴径相同，而外径和长度可依经验公式计算。

　　轮辐是连接轮毂与轮缘的中间部分，直径很小的带轮则其轮缘和轮毂成为一体（实心式）。

　　V 带轮的典型结构见表 7-32。

表 7-32　V 带轮的典型结构

类型	典型结构
实心式 $d<(2.5\sim3)d_h$	
辐板式 $d<300\sim400$	
轮辐式 $d>300\sim400$	

（3）平带轮的结构和图样

平带轮除轮缘需适应平带传动外，其他如设计要求、材料选择、结构和轮毂尺寸以及平衡等均与 V 带轮相同。

平带轮的直径、结构形式和辐板厚度 S、轮缘尺寸可参见有关手册，为防止掉带，通常在大带轮轮缘表面制出中凸度。

高速带传动必须使带轮质量小且均匀对称，运转时空气阻力小。通常都采用钢或铝合金制造。各个面都应进行加工，轮缘工作表面的表面粗糙度应为 $Ra3.2\mu m$。为防止掉带，主、从动轮轮缘表面都应制出中凸度。除薄型锦纶片复合平带的带轮外，也可将轮缘表面的两边做成 2°左右的锥度。为了防止运转时带与轮缘表面间形成气垫，轮缘表面应开环形槽，环形槽间距为 5～10mm。带轮必须按 GB/T 11357—2020 要求进行动平衡试验。

平带轮的典型结构见表 7-33。

表 7-33　平带轮的典型结构

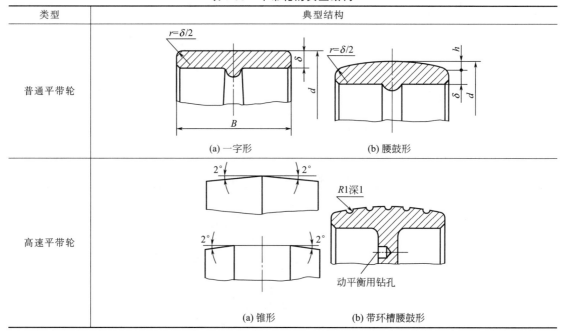

类型	典型结构
普通平带轮	(a) 一字形　　　(b) 腰鼓形
高速平带轮	(a) 锥形　　　(b) 带环槽腰鼓形

（4）同步带轮的结构和图样

同步带传动属于啮合传动，几乎可以在两轴或多轴同步传递运动和动力。同步带轮的齿形一般采用渐开线齿形，并由渐开线齿形带轮刀具用范成法加工而成，齿形尺寸取决于其加工刀具的尺寸。同步带轮也可采用直边齿形。直边齿带轮的结构如图 7-79 所示。

7.3.5　链轮

如图 7-80 所示，链传动是以链条为中间挠性件的啮合传动。它由装在平行轴上的主、从动链轮和绕在链轮上的链条组成，并通过链和链轮的啮合来传递运动和动力。由于它具有结构简单、传力大、传动比准确、能在较大的轴间距间传动、经济耐用、维护容易、有一定的缓冲减振作用等优点，在国民经济各部门获得了广泛的应用。

按用途不同，链条可分为传动链、输送链、曳引链和特种链四大类，但以用途划分链条类别并不是很严格和有明确界限的，有些链条既可作传动用，也可作输送或曳引用。

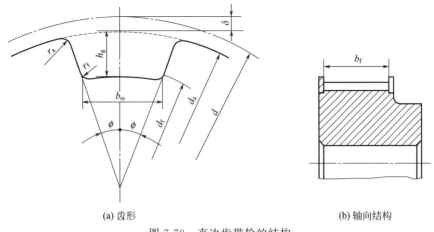

(a) 齿形   (b) 轴向结构

图 7-79　直边齿带轮的结构

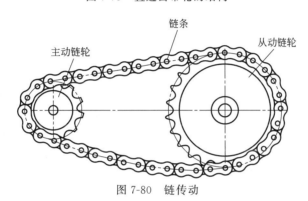

图 7-80　链传动

在链条的生产和应用中，短节距精密滚子链在传动中占有主要地位，传递功率可达 100kW，链速 v 在 15m/s 以下。现代先进的链传动技术已能使优质滚子链传动的功率达 5000kW，速度达 35m/s，高速齿形链的速度可达 40m/s。链传动的效率，一般传动为 94%～96%，用循环压力供油润滑的高精度传动则可达 98%。

（1）链条的主要基本参数

节距是链传动的基本特性参数。通常所指的节距是滚子的公称节距，是链条相邻两个铰副理论中心之间的距离，是链传动几何计算的基本参数，根据设计功率和小链轮的转速 n_1，参照 GB/T 1243—2006《传动用短节距精密滚子链、套筒链、附件和链轮》可选用适合链条的节距。所配链条的节距、滚子外径、排距、内链节内宽和内链板高度等主要基本参数与尺寸见表 7-34，表中链号数乘以 $\dfrac{25.4}{16}$ 即为节距值（mm），链号的后缀字母表示系列，我国滚子链以 A 系列为主体，供设计和出口用，B 系列主要供维修与出口用。

表 7-34　链条的主要基本参数与尺寸　　　　　　　　　　　　　　　　　　　　mm

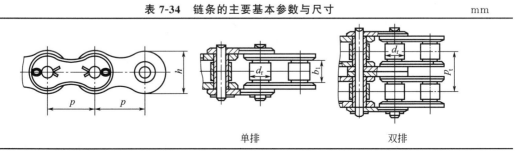

单排   双排

链号	08A	10A	12A	16A	20A	24A	28A	32A	40A	48A
节距 p	12.7	15.875	19.05	25.4	31.75	38.1	44.45	50.8	63.5	76.2
滚子外径 d_{rmax}	7.95	10.16	11.91	15.88	19.05	22.23	25.40	28.58	39.68	47.63
排距 p_t	14.38	18.11	22.78	29.29	35.76	45.44	48.87	58.55	71.55	87.83
内链节内宽 b_{1min}	7.85	9.40	12.57	15.75	18.90	25.22	25.22	31.55	37.85	47.35
内链板高度 h_{max}	12.07	15.09	18.08	24.13	30.18	36.20	42.24	48.26	60.33	72.39

（2）滚子链链轮的基本参数与主要尺寸

滚子链链轮的基本参数与主要尺寸见表7-35。

表7-35 滚子链链轮的基本参数与主要尺寸　　　　　　　　　　　　　　mm

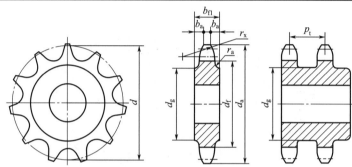

名称		符号	计算公式		
基本参数	小链轮齿数	z_1	小链轮齿数 $z_1 \geqslant z_{min}$，$z_{min}=9$ 应参照链速和传动比选取，推荐 $z_1 \approx 29-2i$		
			链速 $v/(m/s)$	0.6～3	3～8	>8
			z_1	15～17	19～21	23～25
			齿数应优先选用以下数列：17,19,21,23,25,38,57,76,95,114		
	传动比	i	$i=\dfrac{n_1}{n_2}=\dfrac{z_2}{z_1}$ n_1，n_2 分别为小、大链轮的转速(r/min) 通常 $i \leqslant 7$，推荐 $i=2 \sim 3.5$，当 $v<2m/s$ 且载荷平稳时，i 可达 10		
	大链轮齿数	z_2	$z_2=z_1 i$，z_2 通常 $\leqslant 120$		
主要尺寸	分度圆直径	d	$d=\dfrac{p}{\sin\dfrac{180°}{z}}$		
	齿顶圆直径	d_a	$d_{amax}=d+1.25p-d_r$　$d_{amin}=d+\left(1-\dfrac{1.6}{z}\right)p-d_r$ 可在 d_{amax} 与 d_{amin} 范围内选取，但当选用 d_{amax} 时，注意用展成法加工时会发生顶切 对于三圆弧一直线齿形，则 $d_a=p\left(0.54+\cot\dfrac{180°}{z}\right)$		
	齿根圆直径	d_f	$d_f=d-d_r$		
	齿侧凸缘直径	d_g	$d_g<p\cot\dfrac{180°}{z}-1.04h-0.76$		

名称		符号	计算公式			
主要尺寸	齿宽	单排	b_{f1}	$p \leqslant 12.7\text{mm}$ 时	$0.93b_1$	$p > 12.7\text{mm}$ 时	$0.95b_1$
		双、三排			$0.91b_1$		$0.93b_1$
		四排以上			$0.88b_1$		$0.93b_1$
	倒角宽		b_a	$b_a = (0.1 \sim 0.15)p$		
	倒角半径		r_x	$r_x \geqslant p$		
	圆角半径		r_a	$r_a \approx 0.04p$		

注：d_a、d_g 计算值舍小数取整，其他尺寸精确到 0.01mm。

(3) 齿槽形状

滚子链与链轮的啮合属非共轭啮合，链轮齿形的设计可以有较大的灵活性。GB/T 1243—2006 中没有规定具体的链轮齿形，仅规定了最大齿槽形状和最小齿槽形状及其极限参数。凡在两个极限齿槽形状之间的各种标准齿形均可采用。试验和使用表明，齿槽形状在一定范围内变动，在一般工况下对链传动的性能不会有很大影响。

目前较流行的一种齿形为三圆弧—直线齿形（或称凹齿形），当选用这种齿形并用相应的标准刀具加工时，链轮齿形在工作图上可不画出，只需在图上注明"齿形按 3R GB/T 1243—2006 规定制造"即可。对于单件生产、修配或无标准刀具和加工设备时，可采用其他齿槽形状。

表 7-36 给出了套筒滚子链链轮的最大、最小齿槽形状。

表 7-36 最大、最小齿槽形状   mm

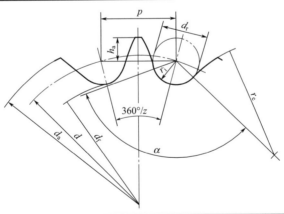

名称	符号	计算公式	
		最大齿槽形状	最小齿槽形状
分度圆弦齿高	h_a	$h_{a\,max} = \left(0.625 + \dfrac{0.8}{z}\right)p - 0.5d_r$	$h_{a\,min} = 0.5(p - d_r)$
齿面圆弧半径	r_e	$r_{e\,min} = 0.008d_r(z^2 + 180)$	$r_{e\,max} = 0.12d_r(z + 2)$
齿沟圆弧半径	r_i	$r_{i\,max} = 0.505d_r + 0.069\sqrt[3]{d_r}$	$r_{i\,min} = 0.505d_r$
齿沟角	α	$\alpha_{min} = 120° - \dfrac{90°}{z}$	$\alpha_{max} = 140° - \dfrac{90°}{z}$

7.3.6 焊接件

焊接是通过加热或加压，或两者并用，并且用或不用填充材料，使焊件达到原子结合的一种加工方法，工件焊接后形成的接缝称为焊缝。焊接是一种不可拆连接，具有工艺简单、连接可靠、节省金属、劳动强度低等优点，广泛应用于机械、造船、电子、化工和建筑等工业部门。

(a) 对接接头　(b) 搭接接头　(c) T形接头　(d) 角接接头

图 7-81　常见的焊接接头形式

常见的焊接接头有对接接头、搭接接头、T 形接头和角接接头，如图 7-81 所示。

焊接图是供焊接加工所用的图样，它除了将焊接件的结构表达清楚外，还应将焊缝的位置、接头形式及其尺寸等有关焊接的内容表示清楚。图样上的焊缝可采用技术制图方法表示，为了简化图样上焊缝，一般采用焊缝符号和焊接方法的数字代号来表示。

（1）焊缝的表示方法

在图样中简易地绘制焊缝时，可用视图、剖视图和断面图表示，也可用轴测图示意地表示，通常还应同时标注焊缝符号。

① 在视图中焊缝的画法　在视图中，焊缝可用一组细实线圆弧或直线段（允许徒手画）表示，如图 7-82(a)、(b)、(c) 所示，也可采用粗实线表示，线宽为（2~3）b，如图 7-82(d)、(e)、(f) 所示。

② 在剖视图或断面图中焊缝的画法　在剖视图或断面图中，焊缝的金属熔焊区通常应涂黑表示 [图 7-82(g)]，若同时需要表示坡口等的形状时，可用粗实线绘制熔焊区的轮廓，用细实线画出焊接前的坡口形状 [图 7-82(h)]。

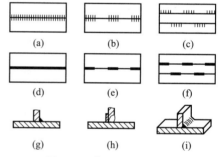

图 7-82　焊缝的表示方法

③ 在轴测图中焊缝的画法　用轴测图示意地表示焊缝的画法如图 7-82(i) 所示。

（2）焊缝符号

为了简化图样上焊缝的表示方法，一般应采用焊缝符号表示。焊缝符号一般由基本符号、补充符号、尺寸符号和指引线等组成。有关的焊缝符号的规定由 GB/T 324—2008《焊缝符号表示法》和 GB/T 12212—2012《技术制图　焊缝符号的尺寸、比例及简化表示法》给出。

① 基本符号　是表示焊缝横剖面形状的符号，它采用近似于焊缝横剖面形状的符号表示，共有 20 种，表 7-37 列出了其中的 4 种。基本符号采用实线绘制（线宽约为 $0.7b$）。

表 7-37　焊缝基本符号

名称	示意图	符号
I 形焊缝		‖
V 形焊缝		∨

名称	示意图	符号
角焊缝	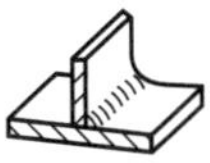	◿
带钝边 V 形焊缝		Y

② 基本符号的组合　标注双面焊缝或接头时，基本符号可以组合使用，见表 7-38。

表 7-38　基本符号的组合

名称	示意图	符号
双面 V 形焊缝 （X 形焊缝）	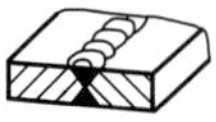	X
双面单 V 形焊缝 （K 形焊缝）		K
带钝边的双面 V 形焊缝		X
带钝边的双面单 V 形焊缝		K
双面 U 形焊缝		X

③ 补充符号　是为了补充说明焊缝的某些特征而采用的符号，见表 7-39。

表 7-39　补充符号

名称	符号	说明
平面	——	焊缝表面通常经过加工后平整
凹面	 ⌣	焊缝表面凹陷
凸面	 ⌢	焊缝表面凸起
圆滑过渡	 ⌣⌣	焊趾处过渡圆滑
永久衬垫	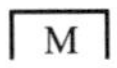 M	衬垫永久保留
临时衬垫	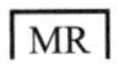 MR	衬垫在焊接完成后拆除
三面焊缝	⊏	三面带有焊缝
周围焊缝	○	沿着工件周边施焊的焊缝 标注位置为基准线与箭头线的交点处
现场焊缝	 ⚑	在现场焊接的焊缝
尾部	 ＜	可以表示所需的信息

④ 尺寸符号　必要时可附带有尺寸符号及数据，这些尺寸符号见表 7-40。

表 7-40　尺寸符号

符号	名称	示意图	符号	名称	示意图
δ	工件厚度	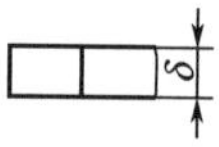	e	焊缝间距	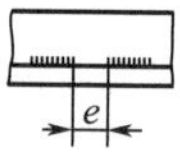
α	坡口角度	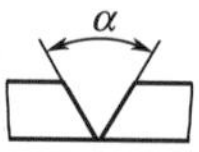	K	焊角尺寸	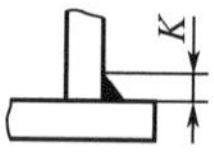
b	根部间隙	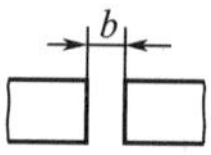	d	熔核直径	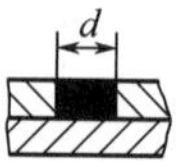
p	钝边	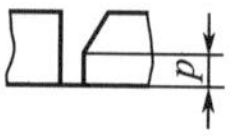	S	焊缝有效厚度	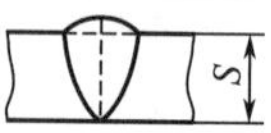
c	焊缝宽度	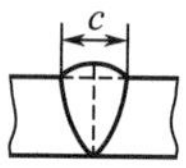	N	相同焊缝数量	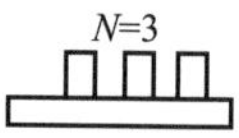
R	根部半径	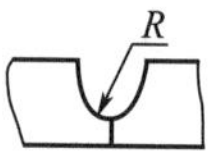	H	坡口深度	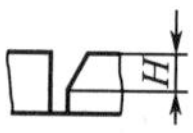
l	焊缝长度	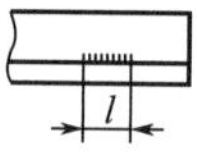	h	余高	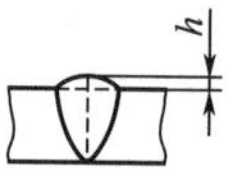
n	焊缝段数	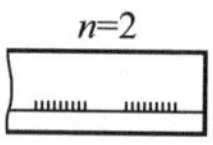	β	坡口面角度	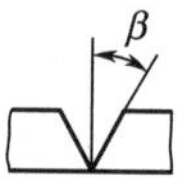

⑤ 指引线　一般由带有箭头的指引线和两条基准线（一条为实线，另一条为虚线）两部分组成，如图 7-83 所示，基准线的虚线可以画在上侧或下侧。

（3）焊接符号的标注

① 指引线的位置　指引线相对焊缝的位置一般没有特殊要求，可以指在焊缝的正面或反面。但在标注单边 V 形焊缝、带钝边的单边 V 形焊缝、带钝边 J 形焊缝时，指引线应指向带有坡口一侧的工件，如图 7-84 所示。

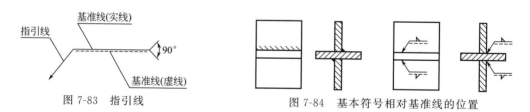

图 7-83　指引线

图 7-84　基本符号相对基准线的位置

② 基准线的位置　基准线一般应与图样的底边平行，但在特殊条件下也可与底边垂直。基准线的虚线可以画在基准线的实线的上侧或下侧。

③ 基本符号相对基准线的位置　当指引线直接指向焊缝正面时（即焊缝与指引线在接头的同侧），基本符号应注在基准线的实线侧；反之，基本符号应注在基准线的虚线侧，如图 7-84 所示。

标注对称焊缝以及不致引起误解的双面焊缝时，可不加虚线，如图 7-85 所示。

④ 焊缝尺寸符号及其标注位置　如图 7-86 所示。

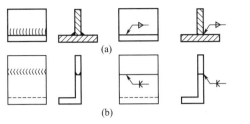

(a)

(b)

图 7-85　对称焊缝与双面焊缝的标注

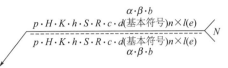

图 7-86　焊缝尺寸符号及其标注位置

⑤ 焊缝的标注示例　见表 7-41。

表 7-41　焊缝的标注示例

焊缝形式	标注示例	说明
		对接 V 形焊缝,坡口角度为 70°,焊缝有效厚度为 6mm,手工电弧焊
		搭接角焊缝,焊角高度为 4mm,在现场沿工件周围施焊
		断续三角焊缝,焊角高度为 4mm,焊缝长度为 80mm,焊缝间距为 30mm,三处焊缝各有 12 段

7.3.7　钣金折弯件

钣金是针对金属薄板（通常在 6mm 以下）的一种综合冷加工工艺，包括剪板、冲压、切割、折弯、拼接等。其显著的特征就是同一零件厚度一致。

在设计钣金件时，必须首先考虑钣金件的工艺性，钣金件良好的工艺性应保证材料消耗少，工序短，模具结构简单，产品质量稳定。

在一般情况下，对钣金件工艺性影响最大的是材料的性能、零件的几何形状、尺寸和结构。

（1）钣金件的材料

钣金件要求材料有比较好的塑性，常用材料有普通冷轧板、镀锌板和不锈钢板等，常用的材料牌号有 08、Q235A、65Mn、1Cr18Ni9Ti、SUS304 等。

① 普通冷轧板　是指钢锭经冷轧机连续轧制成要求厚度的板材。普通冷轧板表面没有任何防护，暴露在空气中极易氧化，特别是在潮湿的环境中氧化速度加快，出现暗红色的铁锈，在使用时表面要喷漆、电镀或者采取其他防护措施。

② 镀锌板　其底材为普通冷轧板，经脱脂、酸洗、电镀及各种后处理，成为镀锌板。镀锌板不但具有普通冷轧板的性能以及近似的加工性，而且具有优越的耐蚀性及装饰性。

③ 不锈钢板　1Cr18Ni9Ti 和 SUS304 是应用最广泛的不锈钢板，因含 Ni、Cr 等元素，具有良好的耐蚀、耐热和耐酸性能。

（2）钣金件的主要设计原则

① 钣金件的平面几何形状要与不同的下料方法相适应，在兼顾外形结构的同时，要考虑便于下料和成形。剪板下料时，平面外形要尽可能为直线过渡，不能有圆弧过渡、内凹直角；冲裁下料时，为延长模具寿命，要尽可能采用圆弧结构。如图 7-87(a) 所示，不能采用剪板下料；如图 7-87(b) 所示，因有内凹直角，不能全部采用剪板下料，内凹直角要采用切割的方式才能获得，必须要设计成图 7-87(c) 所示的外形结构，才能全部采用剪板的方式下料。采用激光下料时则不受上述限制。

② 节省材料意味着减少制造成本。在薄板构件的设计中，零件数量较大时，要优化外形结构，便于实现套裁，以节省材料。在批量较大的零件套裁下料时，省料效果会非常显著，如图 7-88 所示。

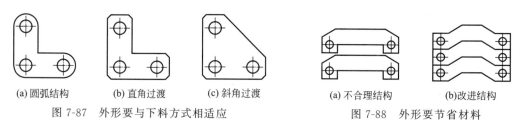

图 7-87　外形要与下料方式相适应 ｜ 图 7-88　外形要节省材料

(a)圆弧结构　　(b)直角过渡　　(c)斜角过渡　　　　(a)不合理结构　　(b)改进结构

③ 材料弯曲时，其圆角区上，外层受到拉伸，内层则受到压缩。当材料厚度一定时，内半径 r 越小，材料的拉伸和压缩就越严重。当外层圆角的拉伸应力超过材料的极限强度时，就会产生裂缝和折断。因此，弯曲零件的结构设计，应避免过小的弯曲圆角半径。为此

图 7-89　弯曲半径和直边高度

规定最小弯曲半径。一般 Q235A 的最小弯曲半径为 $0.5t$，08、1Cr18Ni9Ti、SUS304 的最小弯曲半径为 $0.4t$，65Mn 的最小弯曲半径为 $2.0t$。弯曲半径是指弯曲件的内侧半径 r，t 是材料的壁厚，如图 7-89 所示。

④ 材料弯曲时，直边高度不宜过小，否则不易形成足够的弯矩，很难得到形状准确的零件。弯曲件的直边最小高度要求 $h>2t$，如图 7-89 所示。

如果设计需要弯曲件的直边高度 $h \leqslant 2t$，则需加大弯边高度，弯好后再加工到需要尺寸。

⑤ 如图 7-90(a) 所示，当弯曲线和阶梯线一致时，有时会在根部开裂，可在根部设计切口避免，如图 7-90(b) 所示；或使弯曲线让开阶梯线，如图 7-90(c) 所示。

(a)根部裂纹　　　　　(b)根部设计圆弧切口　　　　(c)弯曲线错开根部

图 7-90　凸部的弯曲

⑥ 百叶窗通常用于各种电气控制柜、罩壳和机箱的通风散热，与简单的平面散热孔相比，可避免因意外有水从高处洒落时进入内部。其成形方法是借凸模的一边刃口将材料切开，而凸模的其余部分将材料同时进行拉伸变形，形成一边开口的起伏形状。

百叶窗的典型结构如图7-91所示，百叶窗的具体尺寸可在设计时联系制作企业按模具规格定制，要注意的是百叶窗的开口要朝下。

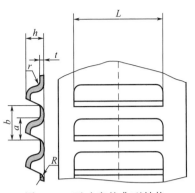

图 7-91　百叶窗的典型结构

7.3.8　液压阀块

液压阀块又称油路块、液压块、集成块等，是集成式液压系统的关键部件，用来安装各种液压阀、管接头、附件等元件。它既是其他液压元件的承装载体，又是油路连通的通道体。液压阀块一般采用长方体外形，通常由45钢制成。阀块上分布有与液压阀有关的安装孔、通油孔、连接螺钉孔、定位销孔，以及公共油孔、连接孔等，为保证孔道正确连通而不发生干涉，有时还要设置工艺孔。一般一个比较简单的阀块上至少有40～60个孔，稍微复杂一些的有上百个，这些孔道构成一个纵横交错的孔系网络。阀块上的孔道有光孔、阶梯孔、螺孔等多种形式，一般均为直孔，便于在普通钻床和数控机床上加工。有时出于特殊的连通要求设置成斜孔，但很少采用。液压阀块的外形及安装位置如图7-92所示。

(a) 液压阀块的外形　　　　(b) 液压阀块的安装位置

图 7-92　液压阀块

1—电机；2—进油管路；3—液压阀；4—液压阀块；5—油箱

（1）液压阀块的块体空间布局

阀块外表面是阀类元件的安装基面，内部是孔道的布置空间。阀块的六个面构成一个安装面的集合。通常底面不安装元件，而是作为与油箱或其他阀块的叠加面。在工程实际中，出于安装和操作方便的考虑，液压阀的安装角度通常采用直角。

液压阀块上六个表面的功用如下。

① 顶面和底面：液压阀块的顶面和底面为叠加接合面，表面布有公用压力油口P、公用回油口O、泄漏油口L以及四个螺栓孔。

② 前面、后面和右侧面：右侧面安装经常调整的元件，有压力控制阀类，如溢流阀、减压阀、顺序阀等，流量控制阀类，如节流阀、调速阀等；前面安装方向阀类，如电磁换向阀、单向阀等，当压力阀类和流量阀类在右侧面安装不下时，应安装在前面，以便调整；后

面安装方向阀类等不调整的元件。

③ 左侧面：液压阀块的左侧面设有连接执行机构的输出油口、外测压点以及其他辅助油孔，如蓄能器油孔、接备用压力继电器油孔等。

（2）液压阀块块体的空间布局规划

液压阀块块体的空间布局规划是根据液压系统原理图和布置图等的设计要求与设计人员的设计经验进行的。布局时应按以下原则进行。

① 安装于液压阀块上的液压元件的尺寸不得相互干涉。

② 阀块的几何尺寸主要考虑安装在阀块上的各元件的外形尺寸，使各元件之间有足够的装配空间。液压元件之间的距离应大于 5mm，换向阀上的电磁铁、压力阀上的先导阀以及压力表等可适当延伸到阀块安装平面以外，这样可减小阀块的体积。但要注意外伸部分不要与其他零件相碰。

③ 在布局时，应考虑阀体的安装方向是否合理，应使阀芯处于水平方向，防止阀芯的自重影响阀的灵敏度，特别是换向阀一定要水平布置。

④ 阀块公共油孔的形状和位置尺寸要根据系统的设计要求来确定。而确定阀块上各元件的安装参数则应尽可能考虑使需要连通的孔道最好正交，使它们直接连通，减少不必要的工艺孔。

⑤ 由于每个元件都有两个以上的通油孔道，这些孔道又与其他元件的孔道以及阀块体上的公共油孔连通，有时直接连通是不可能的，为此必须设计必要的工艺孔。阀块的孔道设计就是确定孔道连通时所需增加工艺孔的数量、类型和位置尺寸以及阀块上孔道的孔径和孔深。

⑥ 不通孔道之间的最小壁厚必须进行强度校核。

⑦ 要注意液压元件在阀块上的固定螺孔不要与油道相碰，其最小壁厚也应进行强度校核等。

根据以上布局原则，液压阀块布局的优化方法如下。

① 如果在液压阀块某面上的液压元件的数量不超过 4 个，则分别布置液压元件在 4 个角附近，不一定在角上。这样可以保证在两个边附近进行工艺孔设计。

② 如果在液压阀块某面上的液压元件的数量不超过 8 个，则除了分别布置液压元件在 4 个角附近以外，其他液压元件可根据情况分别布置在 4 条边附近。这样可以保证在 1~2 条边附近进行工艺孔设计。

③ 如果液压阀块某面上的液压元件的数量超过 8 个，可以考虑使用智能方法进行优化设计。

由于一般情况下，液压阀块包含的液压元件总和不会超过 10 个，所以分配到各个面上的液压元件数量不会超过 10 个，一般在 3~5 个左右。

由于在一般液压阀块设计中很少涉及大量的液压元件布置，所以根据前两条的规则可以满足系统设计的基本要求。

（3）液压阀块设计的注意事项

① 设计阀块前，首先要读通液压系统原理图，然后确定哪一部分油路可以集成。每个块体上包括的元件数量应适中。块体尺寸应考虑两个侧面所安装的元件类型及外形尺寸，以及在保证块体内油道孔间的最小允许壁厚的前提下，力求结构紧凑、体积小、重量轻。

② 要根据液压系统图，设计液压阀块单元回路原理图，液压阀块单元回路原理图实质上是液压系统原理图的一个等效转换，它是设计块式集成液压控制装置的基础，也是设计液压阀块的依据。

阀块图纸上要有相应的液压阀块单元回路原理图，原理图除反映油路的连通性外，还要标出所用元件的规格型号、油口的名称及孔径，如图 7-93 中所示。

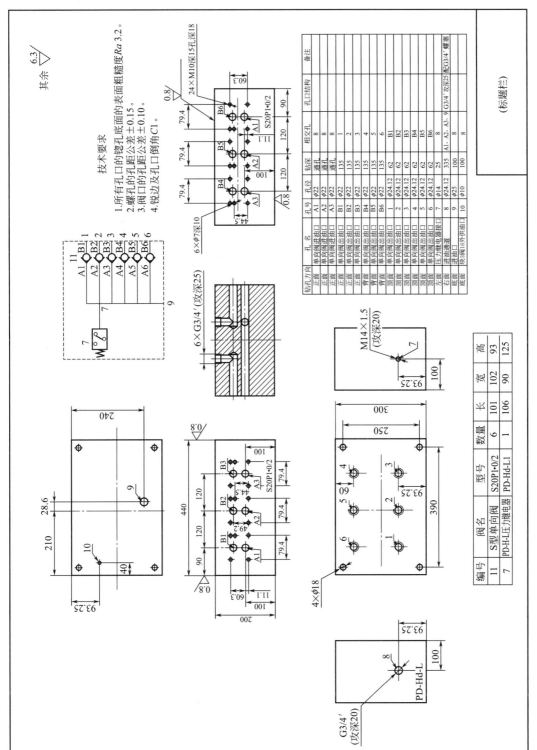

图 7-93 液压阀块

技术要求

1. 所有孔口的锪孔底面的表面粗糙度 Ra 3.2。
2. 螺孔的孔距公差 ±0.15。
3. 阀口的孔距公差 ±0.10。
4. 锐边及孔口倒角 C1。

其余 $\sqrt{\frac{6.3}{}}$

孔号	孔径	钻深	相交孔	孔口结构	备注
A1	φ22	通孔	8		
A2	φ22	通孔	8		
A3	φ22	通孔	1		
B1	φ22	135	2		
B2	φ22	135	3		
B3	φ22	135	4		
B4	φ22	135	5		
B5	φ22	135	6		
B6	φ22	135	B1		
1	φ24.12	62	B2		
2	φ24.12	62	B3		
3	φ24.12	62	B4		
4	φ24.12	62	B5		
5	φ24.12	62	B6		
6	φ24.12	62	8		
7	φ14	25	A1、A2、A3、9	G3/4 攻深25	配G3/4 螺塞
8	φ24.12	335	A1、A2、A3、9	G3/4 攻深25	螺塞
9	φ25	100	8		
10	φ10	100	8		

（孔名及钻孔方向）

钻孔方向	孔 名
正面	单向阀进油口
正面	单向阀进油口
正面	单向阀进油口
正面	单向阀出油口
正面	单向阀出油口
正面	单向阀出油口
背面	单向阀出油口
背面	单向阀出油口
背面	单向阀出油口
顶面	单向阀出油口
顶面	单向阀出油口
顶面	单向阀出油口
顶面	单向阀出油口
顶面	单向阀出油口
顶面	单向阀出油口
左面	压力继电器装口
右面	进油通口
底面	进油口
底面	块3通16个供油口

（标题栏）

编号	阀名	型号	数量	长	宽	高
11	S型单向阀	S20P1·0/2	6	101	102	93
7	PD-H-L压力继电器	PD-Hd-L1	1	106	90	125

7 零件图的绘制 | 215

③ 液压阀块设计中，油路应尽量简捷，尽量减少深孔、斜孔和工艺孔。

④ 阀块中孔径要和流量相匹配，特别应注意相贯通的孔必须保证有足够的通流面积，注意进、出油口的方向和位置，应与系统的总体布置及管道连接形式相匹配，并考虑安装操作的工艺性，有垂直或水平安装要求的元件，必须保证安装后符合要求。

⑤ 对于工作中需要调节的元件，设计时要考虑其操作和观察的方便性，如溢流阀、调速阀等可调元件应设置在便于操作的位置。需要经常检修的元件及关键元件如比例阀、伺服阀等应处于阀块的上方或外侧，以便于拆装。

⑥ 阀块设计中要设置足够数量的测压点，以供阀块调试用。

⑦ 对于 30kg 以上的阀块，应设置起吊螺钉孔。

⑧ 在满足使用要求的前提下，阀块的体积要尽量小。

图 7-93 所示为某设备液压系统的阀块，图中除了绘出阀块的详细结构、液压阀块单元回路原理图以外，还列出了安装液压阀的名称、型号、数量和外形尺寸，列出了各孔的钻孔方向、孔名、孔号、孔径、孔深等。

7.4　零件测绘与二次设计

零件测绘就是根据零件实物，通过测量，绘制出实物图样的过程。如果把设计工作视为构思实物的过程，则测绘工作可以说是一个认识实物和再现实物的过程。

测绘往往对某些零件的材料、特性要进行多方面的科学分析鉴定，甚至研制。因此，多数测绘工作带有研究的性质，基本属于产品研制范畴。

零件测绘常用于以下三种场合。

① 设计测绘——测绘为了设计。根据需要对原有设备的零件进行更新改造，这些测绘多是从设计新产品或更新原有产品的角度进行的。

② 机修测绘——测绘为了修配。零件损坏，又无图样和资料可查，需要对已损坏的零件进行测绘。

③ 仿制测绘——测绘为了仿制。为了学习先进技术，取长补短，常需对先进的产品进行测绘，以制造出更好的产品。

7.4.1　优先数和优先数系

当设计者选定一个数值作为某种产品的参数指标时，这个数值就会按照一定的规律，向一切有关的制品传播扩散。如螺栓尺寸一旦确定，与其相配的螺母就定了，进而传播到加工、检验用的机床和量具，继而又传向垫圈、扳手等。由此可见，在设计和生产过程中，技术参数的数值不能随意设定，否则，即使微小的差别，经过反复传播后，也会造成尺寸规格繁多、杂乱，以至于组织现代化生产及协作配套困难。因此，必须建立统一的标准。在生产实践中，人们总结出来了一种符合科学的统一数值标准——优先数和优先数系。

优先数系是公比分别为 $\sqrt[5]{10}$、$\sqrt[10]{10}$、$\sqrt[20]{10}$、$\sqrt[40]{10}$ 和 $\sqrt[80]{10}$，且项值中含有 10 的整数幂的几何级数的常用圆整值，分别用符号 R5、R10、R20、R40 和 R80 表示，称为 R5 系列、R10 系列、R20 系列、R40 系列和 R80 系列。R5 系列，其规律是每进 5 项值增大 10 倍，R10 则表示每进 10 项值增大 10 倍，依此类推。

R5、R10、R20、R40 四个系列是优先数系中的常用系列，也称基本系列；R80 系数称为补充系列；除此以外，还有派生系列。

GB/T 321—2005《优先数和优先数系》中的基本系列表和补充系列表中列出的 1～10 的范围与其一致，优先数系可向两个方向无限延伸，表中值乘以 10 的正整数幂或负整数幂后即可得其他十进制项值。

优先数是符合 R5、R10、R20、R40 和 R80 系列的圆整值。

优先数系是国际上统一的数值分级制度。优先数系有很多优点，在设计和测绘中遇到选择数值时，特别是在确定产品的参数系列时，必须按标准规定，最大限度地采用优先数和优先数系。

国家标准《公差与配合》中，标准公差值是按 R5 优先数系列确定的，而尺寸分段是按 R10 优先数系列确定的。

优先数的具体数值见表 7-42。

表 7-42　优先数的具体数值

系列	常用值
R5	1.00,1.60,2.50,4.00,6.30,10.00
R10	1.00,1.25,1.60,2.00,2.50,3.15,4.00,5.00,6.30,8.00,10.00
R20	1.00,1.12,1.25,1.40,1.60,1.80,2.00,2.24,2.50,2.80,3.15,3.55,4.00,4.50,5.00,5.60,6.30,7.10,8.00,9.00,10.00
R40	1.00,1.06,1.12,1.18,1.25,1.32,1.40,1.50,1.60,1.70,1.80,1.90,2.00,2.12,2.24,2.36,2.50,2.65,2.80,3.00,3.15,3.35,3.55,3.75,4.00,4.25,4.50,4.75,5.00,5.30,5.60,6.00,6.30,6.70,7.10,7.50,8.00,8.50,9.00,9.50,10.00
R80	1.00,1.03,1.06,1.09,1.12,1.15,1.18,1.22,1.25,1.28,1.32,1.36,1.40,1.45,1.50,1.55,1.60,1.65,1.70,1.75,1.80,1.85,1.90,1.95,2.00,2.06,2.12,2.18,2.24,2.30,2.36,2.43,2.50,2.58,2.65,2.72,2.80,2.90,3.00,3.07,3.15,3.25,3.35,3.45,3.55,3.65,3.75,3.85,4.00,4.12,4.25,4.37,4.50,4.62,4.75,4.87,5.00,5.15,5.30,5.45,5.60,5.80,6.00,6.15,6.30,6.50,6.70,6.90,7.10,7.30,7.50,7.75,8.00,8.25,8.50,8.75,9.00,9.25,9.50,9.75,10.00

7.4.2　测绘中零件尺寸的圆整与协调

（1）尺寸数值的圆整

按实物测量出来的尺寸往往需要进行处理，尺寸圆整后，可简化计算，使图形清晰，更重要的是可以采用更多的标准刀量具，缩短加工周期，提高生产效率。

基本原则：逢 4 舍，逢 6 进，遇 5 保证偶数。

例如：41.45→41；13.75→14；41.45→41.4；13.75→13.8；13.85→13.8。

一般，尺寸中的尾数多为 0、2、5、8 及某些偶数值。

（2）轴向主要尺寸（功能尺寸）的圆整

可根据实测尺寸和概率论，考虑到零件制造误差是由系统误差与随机误差造成的，其概率分布应符合正态分布曲线，故假定零件的实际尺寸应位于零件公差带中部，即当尺寸只有一个实测值时，就可将其当成公差中值，尽量将基本尺寸按国家标准圆整，并同时保证所给公差等级在 IT9 级以内。公差值可以采用单向公差或双向公差，最好为后者。

例如，现有一个实测值为非圆结构尺寸 19.98，确定基本尺寸和公差。

根据 GB/T 321—2005《优先数和优先数系》，20 与实测值接近。根据所给公差等级在 IT9 级以内的要求，初步定为 20IT9，查阅公差表，知公差值为 0.052。非圆的长度尺寸基本偏差一般处理为：孔按 H，轴按 h，一般长度按 js（对称公差带）。

取基本偏差代号为 js，公差等级取为 9 级，则此时的上、下偏差为 es＝＋0.026，ei＝－0.026。实测尺寸 19.98 在其范围内，故可确定其基本尺寸为 20，基本偏差为 js9。

（3）配合尺寸的圆整

配合尺寸属于零件上的功能尺寸，确定是否合适，直接影响产品性能和装配精度，要做好以下工作。

① 确定轴孔基本尺寸（方法同轴向主要尺寸的圆整）。

② 确定配合性质（根据拆卸时零件之间松紧程度，可初步判断出是有间隙的配合还是有过盈的配合）。

③ 确定基准制（一般取基孔制，但也要依零件的作用来决定）。

④ 确定公差等级（在满足使用要求的前提下，尽量选择较低等级）。

在确定好配合性质后，还应具体确定选用的配合。

例如，现有一个轴承挡的轴颈，实测值为 ϕ19.99，确定基本尺寸和公差。

根据 GB/T 321—2005《优先数和优先数系》，20 与实测值接近。配合尺寸的轴的公差等级一般在 IT6 级以内，初步定为 ϕ20IT6，查阅公差表，知公差值为 0.013。

取基本偏差代号为 h，公差等级取为 6 级，则此时的上、下偏差为 es＝0，ei＝－0.013。实测尺寸 19.99 在其范围内，故可确定其基本尺寸为 ϕ20，基本偏差为 h6。

（4）一般尺寸的圆整

一般尺寸为未注公差的尺寸，公差值可按 GB/T 1804—2000《一般公差　未注公差的线性和角度尺寸的公差》的规定或由企业统一规定。圆整这类尺寸，一般不保留小数，圆整后的基本尺寸要符合国家标准规定。

（5）尺寸协调

在零件图上标注尺寸时，必须注意把装配在一起的有关零件的测绘结果加以比较，并确定其基本尺寸和公差，不仅相关尺寸的数值要相互协调，在尺寸的标注形式上也必须采用相同的标注方法。

7.4.3　测绘中零件技术要求的确定

（1）确定几何公差

在测绘时，如果有原始资料，则可照搬。在没有原始资料时，由于有实物，可以通过精确测量来确定几何公差。但要注意两点：其一，选取几何公差应根据零件功用而定，不可采取只要能通过测量获得实测值的项目，都注在图样上；其二，随着国外科技水平尤其是工艺水平的提高，不少零件从功能上讲，对几何公差并无过高要求，但由于工艺方法的改进，大大提高了产品加工的精确性，使要求不甚高的几何公差提高到很高的精度。因此测绘中，不要盲目追随实测值，应根据零件要求，结合我国标准所确定的数值，合理确定。

（2）表面粗糙度的确定

① 根据实测值来确定。测绘中可用相关仪器测量出有关的数值，再参照我国标准中的数值加以圆整确定。

② 根据类比法，参照同类型、功能相近的零件进行确定。

③ 参照零件的尺寸精度及几何公差值来确定。

（3）热处理及表面处理等技术要求的确定

测绘中确定热处理等技术要求的前提是先鉴定材料，然后确定所测零件所用材料。注意，选材恰当与否，并不是完全取决于材料的力学性能和金相组织，还要充分考虑工作条件。

一般来讲，零件大多要经过热处理，但并不是说在测绘的图样上，都需要注明热处理要求，要依零件的作用来决定。

7.5 零件图中的其他技术要求

机械图样中的技术要求是机械制图中对零件加工提出的技术性加工内容与要求，包括几何精度方面的要求，如尺寸公差、几何公差、表面粗糙度等，以及理化性能方面的要求，如热处理和表面处理等。技术要求一般用符号、代号标注在图形上，或用文字注写在标题栏附近。用文字注写在标题栏附近的技术要求，即为其他技术要求，简称技术要求。

根据机械制图标准，不能在图形中表达清楚的其他制造要求，应在技术要求中用文字描述完全。对常规零件来说，技术要求主要包括：未注公差的尺寸，未经标注的粗糙度、倒角等，即除图中已标注以外的其余部分；热处理要求与表面处理要求；其他可能的技术要求，如铸造要求、锻造要求、切削后的纹理要求、运输储存要求等。

7.5.1 未注公差的尺寸

根据 GB/T 1804—2000《一般公差 未注公差的线性和角度尺寸的公差》，图纸上未注公差的尺寸，称为采用一般公差的尺寸，在该尺寸后不需注出其极限偏差数值。

一般公差是指在车间通常加工条件下可保证的公差，一般公差分精密 f、中等 m、粗糙 c、最粗 v 四个等级。未注公差的线性尺寸、倒圆半径和倒角高度尺寸、角度尺寸的各公差等级的极限偏差数值分别见表 7-43～表 7-45。

除另有规定，超出一般公差的工件，如未达到损害其功能时，通常不应判定拒收。

一般公差的图样表示是在"技术要求"中用文字标出标准号和公差等级代号，如选取中等级时标注为"线性尺寸未注公差按 GB/T 1804-m"。

表 7-43 未注公差的线性尺寸极限偏差数值   mm

公差等级	基本尺寸分段							
	0.5～3	>3～6	>6～30	>30～120	>120～400	>400～1000	>1000～2000	>2000～4000
精密 f	±0.05	±0.05	±0.1	±0.15	±0.2	±0.3	±0.5	—
中等 m	±0.1	±0.1	±0.2	±0.3	±0.5	±0.8	±1.2	±2
粗糙 c	±0.2	±0.3	±0.5	±0.8	±1.2	±2	±3	±4
最粗 v	—	±0.5	±1	±1.5	±2.5	±4	±6	±8

表 7-44 未注公差的倒圆半径和倒角高度尺寸极限偏差数值   mm

公差等级	基本尺寸分段			
	0.5～3	>3～6	>6～30	>30
精密 f	±0.2	±0.5	±1	±2
中等 m				

公差等级	基本尺寸分段			
	0.5~3	>3~6	>6~30	>30
粗糙 c	±0.4	±1	±2	±4
最粗 v				

注：倒圆半径和倒角高度的含义参见 GB/T 6403.4。

表 7-45　未注公差的角度尺寸极限偏差数值

公差等级	长度分段/mm				
	至 10	>10~50	>50~120	>120~400	>400
精密 f	±1°	±30′	±20′	±10′	±5′
中等 m					
粗糙 c	±1°30′	±1°	±30′	±15′	±10′
最粗 v	±3°	±2°	±1°	±30′	±20′

──────────────── 温馨提醒 ────────────────

　　线性尺寸的一般公差在正常维护和操作情况下代表经济加工精度，当功能允许的公差等于或大于一般公差时，均应采用一般公差。只有当要素的功能要求的公差大于一般公差，且又比按一般公差加工更为经济时，才在其尺寸旁直接注出其极限偏差。按一般公差标注的尺寸在车间正常生产能保证的条件下，一般可不检验，主要由工艺和加工者自行控制。

7.5.2　倒角与去毛刺

　　在金属机械加工中普遍存在毛刺，无论使用多么先进的加工设备，毛刺都将随产品一同形成。这主要是由于材料的塑性变形和在材料的加工边缘产生的过多铁屑。具有良好延展性或韧性的材料，特别容易产生毛刺。

　　毛刺的类型主要包括飞边毛刺、尖角毛刺、飞溅毛刺等，以及不符合产品设计要求的凸出的多余金属残留物等。对于毛刺问题，到目前为止，尚无有效的方法可用于在生产过程中预防。为了确保产品的设计要求，必须进行产品的去毛刺工作。目前，有许多不同的方法和设备可以去除不同产品的毛刺。

　　（1）倒角

　　倒角指的是把工件的棱角切削成一定斜面的加工，倒角是为了去除零件上因机械加工产生的毛刺，也为了便于零件装配，一般在零件端部制出倒角。把工件的棱角切削成圆弧面的加工，称为倒圆。

　　绝大多数零件都要倒角，倒角的作用一方面是防止零件的尖角锋口划伤人，另一方面便于零件的装配。常见的倒角为 45°，45°的倒角可按图 7-94 的形式标注，非 45°的倒角可按图 7-95 的形式标注。

　　图纸中零件的倒角可分为锐边倒角、孔口倒角、轴端倒角、螺孔和螺杆端部的倒角等。

　　① 锐边倒角：一般用于称呼非圆结构零件的锐边倒角，例如一矩形零件，共有 12 条锐

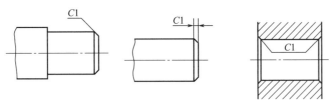

图 7-94 45°的倒角标注

边，零件图中如注明"锐边倒角 $C0.5$"，则这 12 条锐边应进行 $0.5×45°$ 的倒角处理。

② 孔口倒角：孔口包括圆形孔口和异形孔口，零件图中如注明"孔口倒角 $C0.5$"，那么零件所有孔口均应进行 $0.5×45°$ 的倒角处理，如果仅是局部要求，则应以特指的标示方法示出。

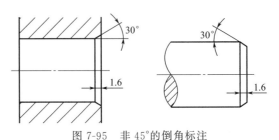

图 7-95 非 45°的倒角标注

③ 轴端倒角：指一根轴的两端的倒角，对于阶梯轴，如果轴肩也需倒角，则必须注明"轴肩倒角"。例如一阶梯轴，设计者要求所有的轴肩以及轴两端都倒 $0.5×45°$ 的角，则应注明"轴端、轴肩倒角 $C0.5$"。盘类零件的倒角不能注写"轴端倒角"，必须在零件图上画出并标识出来。

④ 螺孔和螺杆端部的倒角：螺孔和螺杆端部倒角的目的，一是去除孔口和轴端的毛刺，二是为螺纹的旋合导向，因此螺孔和螺杆端部的倒角要超过螺纹深度。

倒角一般安排在加工结束之前进行。车削加工过程中，尺寸较小的倒角可采用相应角度的车刀直接倒成，尺寸较大的倒角，可采用外圆车刀手动进给而成；钳工加工过程中，一般采用比孔径大一些的钻头进行倒角；在普通立式铣床上进行铣削加工过程中，则要将立铣头扳成一定的角度进行倒角；采用加工中心加工时，则要采用倒角刀进行倒角。

（2）去毛刺

去毛刺就是去除在零件棱边所形成的刺状物或飞边，达到光滑触感的要求。去毛刺是机械加工过程中一个非常重要的工序，也是非常容易疏忽和不容易做好的工序。零件外部的毛刺比较容易去除，可以采用常规的机械加工工艺。零件内部较小孔道交界处的毛刺去除有时非常困难，要借助先进的工艺和设备，如电解去毛刺和磨粒流去毛刺等。

机械加工过程中，要养成随手去毛刺的好习惯，能在机床上直接用刀具切削去除的毛刺，用刀具直接去除，不能用刀具直接去除的毛刺，可用锉刀、刮刀手工去毛刺。

在选择去毛刺方法时，需要考虑许多因素，例如零件的材料性能、结构形状、尺寸大小以及精细程度，尤其要注意表面粗糙度、尺寸公差和加工成本。

7.5.3 材料与热处理要求

机械零件常用的材料有钢、铸铁、有色金属和非金属等，常用材料的牌号、性能在第 2 章中已有介绍，更详细的材料及热处理知识可查阅机械设计手册。

（1）材料选用的技术要求

在机械设计中选择材料是一个重要环节。随着材料科学的不断发展，机械制造业对零件的要求也在提高。因此，设计者在选择材料时，应充分了解材料的性能和适用条件，并考虑零件的使用、工艺和经济性等要求。

① 使用要求　为保证机械零件不失效，根据载荷作用情况，对零件尺寸的限制和零件

重要程度，对材料提出强度、刚度、弹性、塑性、冲击韧性、阻尼性和吸振性等力学性能方面的相应要求。同时，由于零件工作环境等其他需求，对材料可能还有密度、导热性、耐腐蚀性、热稳定性等物理性能和化学性能方面的要求等。

② 工艺要求　选择零件材料时必须考虑到加工制造工艺的影响。铸造毛坯应考虑材料的液态流动性、产生缩孔或偏析的可能性等；锻造毛坯应考虑材料的延展性、热脆性和变形能力等；焊接零件应考虑材料的可焊性和产生裂纹的倾向等；对进行热处理的零件，应考虑材料的可淬性、淬透性及淬火变形的倾向等；对切削加工的零件，应考虑材料的易切削性、切削后能达到的表面粗糙度和表面性质的变化等。

如零件材料毛坯选用铸件、锻件或焊接件的，需在"技术要求"中注明毛坯验收的标准，包括化学成分、内部组织、力学性能、尺寸、外观、表面粗糙度、热处理状态等，有企业标准的选用企业标准，没有企业标准的选用国家标准。

③ 经济性要求　从经济观点出发，在满足性能要求的前提下，应尽可能选用价廉的材料，以降低材料费用。另外，还应综合考虑生产批量等因素的影响，如大量生产宜用铸造或锻造毛坯；单件生产采用焊接件，可以降低制造费用。

（2）热处理要求的标注

对有热处理要求的零件，在其图样上标注热处理技术要求是机械制图的重要内容，正确、清楚、完整、合理地标注热处理技术要求，对热处理质量和产品质量影响很大。

在零件图样上标注的热处理技术要求，是指成品零件热处理最终状态所应具有的性能要求和应达到的技术指标。以正火、调质（淬火＋高温回火）等作为最终热处理状态的零件，硬度要求通常以布氏硬度 HB 表示；淬火＋回火、渗碳淬火、渗氮淬火作为最终热处理状态的零件，硬度要求通常以洛氏硬度 HRC 表示。特定场合，用其他相应的硬度种类表示。对于其他力学性能要求，应注明其技术指标及取样方法和取样位置。对于大型锻件和铸件的不同部位、不同方向的不同性能要求也应在图样上注明。对于以试样表征零件热处理结果的，还要对试样尺寸进行严格规定，力求随炉试样的处理过程与工件一致。

热处理技术要求的指标一般以范围表示，可以标出上、下限值，如 60～65HRC。特殊情况下也可以标注下限值或上限值，此时应注明"不小于""不大于"或用符号"≥""≤"表示，例如"不大于 250HB"或"≤250HB"。

在同一产品或部件的所有零件图样上，必须采用统一表达形式。对局部热处理的零件，在技术要求的文字说明中要注明"局部热处理"。在需要热处理的部位用粗点画线框出，如果是轴对称零件，在不致引起误会的情况下，可以用一根粗点画线画在热处理部分外侧表示，如图 7-96、图 7-97 所示。

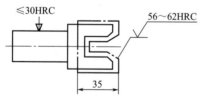

图 7-96　局部热处理在图样上标注
（左侧符号表示硬度测量点）

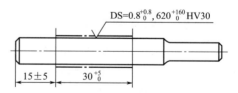

图 7-97　表面淬火零件热处理技术要求标注

如果零件形状复杂或者容易与其他工艺标注混淆，标注热处理技术要求有困难，文字说明也很难说清楚时，需要加附图专门对热处理要求进行标注。

例如，对于表面淬火零件，除要标注表面和心部硬度外，还要标注有效硬化层深度。如图 7-97 所示零件，是一个局部感应加热零件，离轴左端（15±5）mm 处开始，在长 30mm 一段内感应加热淬火并回火，表面硬度为 620～780HV30，有效硬化层深度 DS＝0.8～1.6mm。

温馨提醒

根据 JB/T 8555—2008《热处理技术要求在零件图样上的表示方法》粗虚线表示既可硬化又可不硬化的过渡表面。

热处理技术要求标注时应注意如下事项。

① 热处理技术要求指标应合理，具有热处理可行性。

② 热处理技术要求指标应正确。考虑到零件服役条件和结构要素，同一零件不同部位的技术要求可以不同，如带螺纹零件的螺纹部分不应淬硬或淬硬后再进行局部回火降低硬度，以减小应力集中和缺口敏感性；同一零件可以采用不同热处理工艺，技术要求指标可能相同也可能有所差异。

③ 热处理技术要求指标要完整。根据零件的重要性和质量要求，各种不同零件的技术要求不同。特别对于重要件有多项技术要求的，应逐一注明。

④ 热处理技术要求指标与使用性能、代用性能要一致。特别注意硬度与其他性能的关系，并选择合适的硬度表示法。

⑤ 热处理技术要求指标标注应明确，不要给工艺或现场操作带来歧义。

7.5.4 表面处理与零件防护

工业中应用最广泛的钢铁材料，在大气、海水、土壤等环境中使用时，均会发生不同程度的腐蚀。据统计，全世界每年因腐蚀而损失的钢铁材料大约可占到其总产量的 1/3。为了保证钢铁制品的正常使用，延长其使用寿命，钢铁的防腐蚀保护技术一直受到人们的普遍重视。

广义的表面处理，包括前处理、电镀、涂装、化学氧化、热喷涂等众多物理、化学方法在内的工艺方法；狭义的表面处理，包括喷砂、抛光等在内的前处理部分。

表面处理技术指的是通过对材料的表面进行改性或者涂覆一层其他材料实现对基底材料的保护。表面处理的目的是满足产品的耐蚀性、耐磨性、装饰或其他特种功能要求。

常用的表面处理与零件防护有机械处理、转化膜处理、表面喷涂和热浸镀锌等。

（1）机械处理

工业中常采用机械处理方法来清理、强化及光整金属表面，如喷丸处理、滚压加工、内孔挤压以及磨光和抛光等，其中喷丸、磨光、抛光处理在生产中应用很广泛。

① 喷丸处理　是利用高速喷射的砂丸或铁丸，对工件表面进行强烈的冲击，使其表面发生塑性变形，从而达到强化表面和改变表面状态的一种工艺方法。喷丸的方法通常有手工操作和机械操作两种。常用的喷丸有以下几种：铸铁弹丸、钢弹丸、玻璃弹丸、砂丸等，其中黑色金属常选用铸铁弹丸、钢弹丸和玻璃弹丸，而有色金属与不锈钢常用玻璃弹丸和不锈钢弹丸。

喷丸处理是工厂广泛采用的一种表面强化工艺，其设备简单、成本低廉，不受工件形状和位置限制，操作方便，但工作环境较差。喷丸广泛用于提高零件机械强度以及耐磨性、抗疲劳性和耐腐蚀性等，还可用于表面消光、去氧化皮和消除铸、锻、焊件的残余应力等。

② 磨光和抛光　磨光是用磨光轮对零件表面进行加工，以获得平整光滑磨面的一种表面处理方法。其作用是去掉零件表面的锈蚀、砂眼、焊渣、划痕等缺陷，提高零件的表面平

整度。磨光分粗磨和细磨两种。粗磨是将粗糙的表面和不规则的外形修正成形，可用手工或机械操作。手工操作多数用于有色金属；机械操作用于钢材，一般在砂轮上进行；经过粗磨后金属表面磨痕很深，需要通过细磨加以消除，为抛光做准备。细磨有手工细磨和机械细磨。手工细磨是由粗到细在各号金相砂轮上进行；机械细磨常用预磨机、蜡盘、抛光膏加速细磨过程。磨光用的磨料，对于青铜、黄铜、铸铁、锌等软材料用人造金刚砂；对于钢用人造刚玉。金刚砂可用于所有金属的磨光，尤其适用于软韧金属材料。

抛光是镀层表面或零件表面装饰加工的最后一道工序，其目的是消除磨光工序后残留在表面上的细微磨痕，获得光亮的外观。抛光方法有机械、化学、电解等多种，常用的方法是抛光轮抛光，它是将数层圆形的布、毛毡等叠缝成车轮状，安装在抛光机轴上使其旋转进行抛光。抛光时可用金刚石、氧化铁研磨粉，也可用氧化铬研磨粉，或者使用半固态或液态的研磨剂。

（2）转化膜处理

转化膜处理是将工件浸入某些溶液中，在一定条件下使其表面产生一层致密的保护膜，提高工件防腐蚀的能力，增加装饰作用。常用的转化膜处理有氧化处理、电镀与化学镀、磷化处理等。

① 钢的氧化处理　将钢件在空气-水蒸气或化学药物中加热到适当温度，使其表面形成一层蓝色（或黑色）的氧化膜，以改善钢的耐蚀性和外观，这种工艺称为氧化处理，又称发蓝处理。氧化膜是一层致密而牢固的 Fe_3O_4 薄膜，对钢件的尺寸精度无影响。氧化处理后的钢件还要进行肥皂液浸渍处理和浸油处理，以提高氧化膜的防腐蚀能力和润滑性能。

氧化处理工艺常用于仪器、仪表、工具、枪械及某些机械零件的表面，使其达到耐磨、耐蚀以及防护与装饰的目的。

② 铝及其合金的氧化处理　铝或铝合金在自然条件下很容易生成致密的氧化膜，可以防止空气中水分和有害气体的氧化和侵蚀，但是在碱性和酸性溶液中易被腐蚀。为了在铝和铝合金表面获得更好的保护氧化膜，应进行氧化处理。常用的处理方法有化学氧化法与电化学氧化法。

化学氧化法是把铝或铝合金零件放入化学溶液中进行氧化处理而获得牢固的金黄色氧化膜。化学氧化法主要用于提高铝和铝合金的耐蚀性和耐磨性，此工艺方法操作简单，成本低，用于大批量生产，适用于纯铝及铝镁、铝锰等合金。

电化学氧化法是在电解液中使铝和铝合金表面形成氧化膜的方法，又称阳极氧化法。将以铝或铝合金为阳极的工件置于电解液中，通电后阳极上产生氧气，使铝或铝合金发生化学或电化学溶解，结果在阳极表面形成一层氧化膜。阳极氧化膜不仅具有良好的力学性能与耐蚀性能，而且还具有较强的吸附性，采用不同的着色方法后，还可获得各种不同颜色的装饰外观。

③ 电镀与化学镀　电镀是将被镀金属制品作为阴极，外加直流电，使金属盐溶液的阳离子在工件表面沉积形成电镀层。电镀实质上是一种电解过程，其阴极上析出物质的重量与电流强度、时间成正比。

电镀可以为材料或零件覆盖一层比较均匀、具有良好结合力的镀层，以改变其表面特性和外观，达到材料保护或装饰的目的。电镀除了可使产品美观、耐用外，还可获得特殊的功能，可提高金属制品的耐蚀性、耐磨性、耐热性、反光性、导电性、润滑性、表面硬度以及修复磨损零件尺寸及表面缺陷等。例如，在半导体器件上镀金，可以获得很低的接触电阻；在电子元件上镀铝锡合金可以获得很好的钎焊性能；在活塞环及轴上镀铬可以获得很高的耐磨性；此外还有防止局部渗碳的镀铜、防止局部渗氮的镀锡等。目前，广泛应用的电镀工艺有镀铜、镀镍、镀铬、镀锌、镀银、镀金等。

采用电镀工艺时，需在"技术要求"中注明电镀的种类以及镀层的厚度，镀锌时还要指出是镀白锌还是黄锌。

化学镀也称无电解镀或自催化，是在无外加电流的情况下借助合适的还原剂，使镀液中金属离子还原成金属，并沉积到零件表面的一种镀覆方法。

化学镀技术是在金属的催化作用下，通过可控制的氧化还原反应产生金属的沉积过程。与电镀相比，化学镀技术具有镀层均匀、装饰性好、不需直流电源设备、能在非导体上沉积和具有某些特殊性能等特点。另外，由于化学镀技术废液排放少，对环境污染小以及成本较低；在防护方面，能提高产品的耐蚀性和使用寿命；在功能性方面，能提高加工件的耐磨导电性、润滑性等特殊功能，因而在许多领域已逐步取代电镀，成为一种环保型的表面处理工艺。目前，化学镀技术已在电子、机械、石油化工、汽车、航空航天等工业中得到广泛的应用。

④ 磷化处理 把钢件浸入磷酸盐为主的溶液中，使其表面沉积形成不溶于水的结晶型磷酸盐转化膜的过程称为磷化处理。磷化处理的防腐蚀能力是发蓝处理的 2～10 倍。磷化膜与基体结合力较强，有较好的耐蚀性能和较高的绝缘性能，在大气、油类、苯及甲苯等介质中均有很好的耐蚀性，对油、蜡、颜料及漆等具有极佳的吸收力，适合作为油漆底层。但磷化膜本身的强度、硬度较低，有一定的脆性，当钢材变形较大时易出现细小裂纹，不耐冲击，在酸、碱、海水及水蒸气中耐蚀性较差。在磷化处理后进行表面浸漆、浸油处理，耐蚀性可较大提高。磷化处理所需设备简单，操作方便，成本低，生产效率高。在一般机械设备中可作为钢铁材料零件的防护层，也可作为各种武器的润滑层和防护层。

（3）表面喷涂

常用的表面喷涂技术有喷漆和喷塑。如采用喷漆或喷塑进行表面防护处理，在"技术要求"中要注明喷漆或喷塑的颜色，对颜色色号有要求的，还需注明色号。

① 喷漆 金属表面喷漆是一种保护金属不被氧化腐蚀的方法。良好的喷漆涂装保护层保持连续完整无损，结合良好，能够成为抑制腐蚀介质侵入的屏障。

② 喷塑 是将塑料粉末喷涂在零件上的一种表面处理方法。喷塑亦即静电粉末喷涂涂装，其处理工艺是 20 世纪 80 年代以来国际上采用较为普遍的一种金属表面处理的装饰技术。其工作原理在于将塑料粉末通过高压静电设备充电，在电场的作用下，将涂料喷涂到工件的表面，粉末会被均匀地吸附在工件表面，形成粉状的涂层，该粉状涂层经高温烘烤后流平固化，塑料颗粒会熔化成一层致密的保护涂层，牢牢附着在工件表面。

静电粉末喷涂技术与普通喷漆表面处理相比，优点体现在工艺先进、节能高效、安全可靠、色泽艳丽等方面：不需稀料，施工对环境无污染，对人体无毒害；涂层外观质量优异，附着力及机械强度高，喷涂施工固化时间短，涂层耐蚀耐磨能力强，不需底漆，施工简便，对工人技术要求低；成本低于喷漆工艺；有些施工场合已经明确提出必须使用喷塑工艺处理；静电粉末喷涂过程中不会出现喷漆工艺中常见的流淌现象。

（4）热浸镀锌

热浸镀锌是延缓钢铁材料环境腐蚀的最有效手段之一，它是将表面经清洗、活化后的钢铁制品浸于熔融的锌液中，通过铁锌之间的反应和扩散，在钢铁制品表面镀覆附着性良好的锌合金镀层。与其他金属防护方法相比，热浸镀锌工艺在镀层的物理屏障与电化学保护相结合的保护特性上，镀层与基体的结合强度上，镀层的致密性、耐久性、免维护性和经济性及其对制品形状与尺寸的适应性上，具有无可比拟的优势。

目前热浸镀锌产品主要有钢板、钢带、钢丝、钢管等，其中热浸镀锌钢板所占比例最大。长期以来，热浸镀锌工艺因其低廉的成本，优良的保护特性和漂亮的外观而受到人们的青睐，广泛应用于汽车、建筑、家电、化工、机械、石油、冶金、轻工、交通、电力、航空和海洋工程等领域。

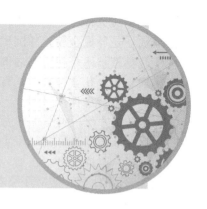

8 装配图的绘制

产品都是由若干个零件和部件组成的。按照规定的技术要求，将若干个零件接合成部件或将若干个零件和部件接合成整机，并经过调试、检验使之成为合格产品的过程，称为装配。前者称为部件装配，后者称为总装配。

装配始于装配图纸的设计。

8.1　装配图的图形画法

8.1.1　CAXA 软件中的标准件图库调用

装配图设计过程中会经常用到各种标准件，如螺栓、螺母、轴承、垫圈等，采用 CAXA 软件绘制装配图时，不需要一笔一画地绘制这些标准件，可以直接从软件中调用生成，并插入图形中，避免不必要的重复劳动，大大提高绘图的效率。

CAXA 电子图板为用户定义了在设计时经常用到的各种标准件和常用的图形符号，如螺栓、螺母、轴承、垫圈、电气符号等。CAXA 电子图板图库中的标准件和图形符号，统称为图符。图符分为参量图符和固定图符。参量图符是包含尺寸的图符，包括各种标准件，这些尺寸作为变量，提取时按指定的尺寸规格生成图形；固定图符是不包含尺寸的图符，通常是一些图形符号（如液压气动符号、电气符号、农机符号等），提取时不能改变尺寸，但可以放大、缩小或旋转。

对于已经插入图中的参量图符，可以通过"驱动图符"功能，修改其尺寸规格。图符的每个视图在提取出来时可以定义为块，因此在调用时可以进行块消隐。利用图库及块操作，为用户绘制零件图、装配图等工程图提供了极大的方便。

提取图符就是从图库中选择合适的图符，并将其插入到图中合适的位置。电子图板图库中的图符数量非常大，提取图符时又需要快速查找到要提取的图符，因此电子图板的图库中所有的图符均按类别进行划分并存储在不同的目录中，这样能方便区分和查找。

选择参量图符与选择固定图符的执行过程是不同的。如果选择的是参量图符，要经过图符预处理，选择其尺寸规格；如果选择的是固定图符，将直接插入。

（1）提取标准件图符的操作步骤

① 单击绘图区左上角的【图库】菜单命令（图 8-1），系统弹出【图库】对话框，如图 8-2 所示；根据需要在【图库】对话框中选择要提取的标准件大类的名称，双击，逐层打

开进入，直到标有国标号的标准件出现。此时，在【图库】对话框中，上部为图符选择区，下部为图符预览区。

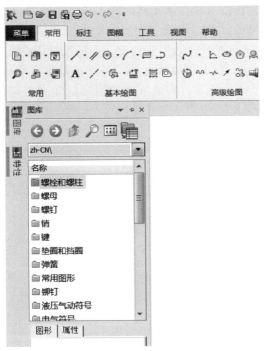

图 8-1 【图库】菜单命令

图 8-2 【图库】对话框

② 拖动滚动条，点击不同的标准件国标号及名称，预览图符，选择所需的标准件，双击，弹出如图 8-3 所示的【图符预处理】对话框。

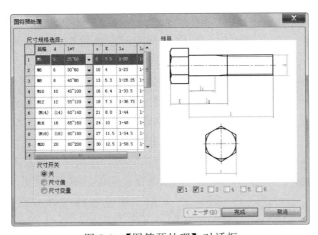

图 8-3 【图符预处理】对话框

对话框左半部是尺寸规格选择区和尺寸开关区，右半部为图符预览区和视图控制开关区。尺寸规格选择区，以电子表格的形式出现。表格的表头为尺寸变量名，在右侧预览区内可直观地看到每个尺寸变量名的具体位置和含义。

③ 根据需要在【图符预处理】对话框中，选择一行数据，此时该行阴影显示，可根据需要选择图符的尺寸规格、设置图符的尺寸，选择要输出的视图。

尺寸变量名后带有"＊"号，说明该尺寸是系列尺寸，单元格中给出的是一个范围，单击单元格右端的▼按钮，弹出一个下拉列表，列出当前范围内的所有系列值，从中选择合适的系列尺寸值，如图8-4(a)所示；用户也可以直接在单元格内输入新的数值。

尺寸变量名后带有"？"号，表示该变量可以设定为动态变量。动态变量是指尺寸值不限定，当某一变量设定为动态变量时，则它不再受给定数据的约束，在提取时用户可通过键盘输入新值或拖动鼠标任意改变该变量的大小。右击相应数据行中动态变量对应的单元格，单元格内的尺寸值后出现"？"号，如图8-4(b)所示，则插入图符时可以动态决定该尺寸的数值。再次右击该单元格，问号消失，插入时不作为动态变量尺寸。

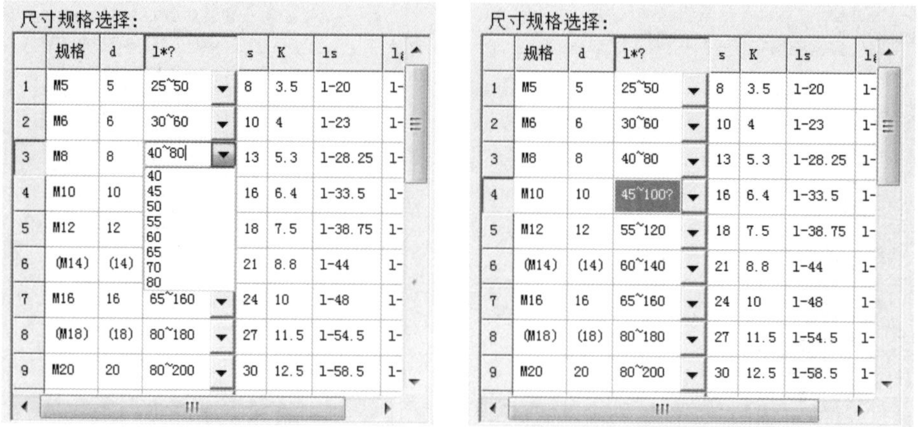

(a) 在下拉列表中选择　　　　　　　　　　(b) 设定为动态变量

图 8-4　尺寸规格选择

在尺寸开关区，设置图符提取后的尺寸标注情况，其各选项含义如下："关"表示不标注任何尺寸；"尺寸值"表示标注实际尺寸值；"尺寸变量"表示只标注尺寸变量名，而不标注实际尺寸值。

在视图控制开关区，选择要输出的视图。预览区下面排列有 6 个视图控制开关，单击可打开或关闭任意一个视图，被关闭的视图将不被提取。这里虽然有 6 个视图控制开关，但不是每一个图符都具有 6 个视图，一般的图符用 2～3 个视图就足够了。

若对所选的图符不满意，可单击【上一步】按钮，返回到提取图符的操作，更换提取其他图符。若已设定完成，单击【完成】按钮，则系统重新返回到绘图状态，此时可以看到图符已挂在了十字光标上。

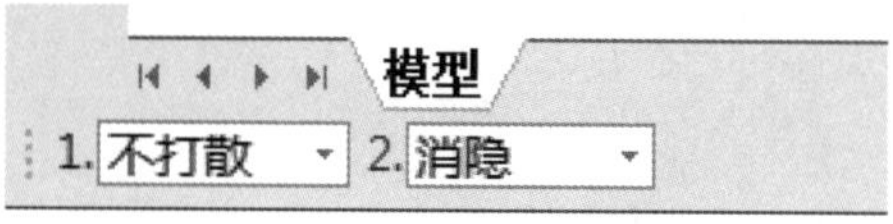

图 8-5　参量图符的立即菜单

④ 此时，在绘图区的左下角，系统弹出如图8-5所示的立即菜单，根据需要设置图符的输出形式。

第 1 项可切换选择"打散"或"不打散"方式。"不打散"方式是将图符的每一个视图作为一个块插入。"打散"方式是将块打散，也就是将每一个视图打散成相互独立的元素。

──────────── 温馨提醒 ────────────

在绘制装配图时，多数情况下选择将图符作为一个块提取，这样在装配图中可以使用消隐块功能，标注零件序号时，还可自动生成零件明细表中相关内容，从而提高绘图速度。

⑤ 系统提示"图符定位点"，定位点确定后，图符只转动而不移动。系统提示"旋转角"，用户可输入旋转角度或指定旋转位置，如选择不旋转则直接右击或按 Enter 键，即可提取完成图符的一个视图。

温馨提醒

如果在当前视图中设置了动态变量，则在确定了视图的旋转角度后，系统提示"请拖动确定 x 的值："（x 为尺寸变量名），此时，该尺寸随鼠标位置的变化而变化，拖动到合适的位置单击就确定了该尺寸，也可用键盘输入该尺寸的数值。

---

⑥ 若图符具有多视图，即在步骤③中选择输出的视图数大于 1 时，十字光标又自动挂上第二个、第三个……打开的视图，系统仍会继续提示输入定位点和旋转角，按照提示操作即可完成一个图符所有视图的提取，如图 8-6 所示。

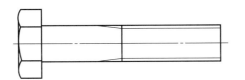

图 8-6　提取的参量图符

⑦ 系统仍提示输入定位点和旋转角，开始重复提取。十字光标又挂上了第 1 个视图，可继续插入所提取图符的所有视图，直至右击结束。

（2）标准件图符的修改

对已经提取出而没有被打散的参量图符进行驱动，即改变已提取的标准件图符的尺寸规格、尺寸标注情况及图符的输出形式。图符驱动实际上是对图符提取的完善处理。

双击要进行修改的标准件图符，弹出【图符预处理】对话框，并将所选图符作为当前图符显示出来。这时可修改该图符的尺寸等，操作方法与提取图符时的操作相同，单击【完成】按钮，绘图区内原图符被修改后的图符代替，但图符的定位与旋转角度仍与原图符相同，如图 8-7 所示。

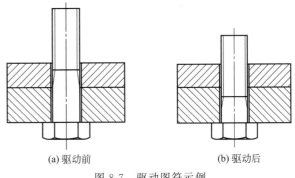

(a)驱动前　　　　　　(b)驱动后

图 8-7　驱动图符示例

8.1.2　装配结构的规定画法

装配图和零件图一样，应按技术制图国家标准规定，将装配体的内外结构和形状表达清楚，制图国家标准中有关机件的视图、剖视图、断面图等的表达方法都适用于装配图。但两种图样的作用不同，所表达的侧重点也就不同。因此，制图国家标准对装配结构的画法另有相应的规定。

（1）剖面线的画法

在装配图中，两个相邻零件的剖面线方向应相反，如果两个以上零件相邻时，可改变第三个零件剖面线的间隔或使剖面线错开,如图8-8所示。同一零件在各剖视图和断面图中剖面线倾斜方向和间隔均应一致,如图8-8中零件9在主视图和左视图中的剖面线方向和间隔都是相同的。利用剖面线的相同或不同,可以从装配图中区分出不同零件。

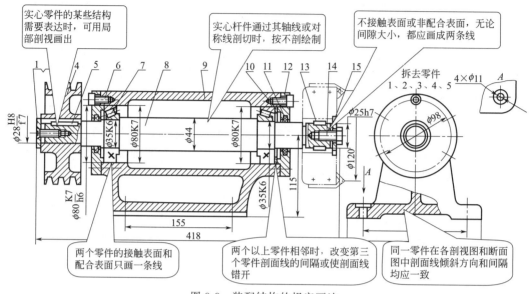

图 8-8 装配结构的规定画法

（2）标准件及实心件的画法

在装配图中,对于一些标准件(如螺母、螺栓、键、销等)及实心件(如轴、球、拉杆等),若剖切平面通过其轴线(或对称线)剖切这些零件时,则这些零件按不剖绘制。如图8-8中零件8按不剖绘制,只画外形。这些零件的某些结构如凹槽、键槽、销孔等需要表达时,可用局部剖视画出,如图8-8中零件8为了表达螺孔的结构,用局部剖视图。

（3）零件接触面与配合面的画法

在装配图中,两个零件的接触表面和配合表面只画一条线,而不接触的表面或非配合表面,无论间隙大小,都应画成两条线。如图8-8中零件14螺栓与孔壁为非接触面,应画两条。

8.1.3 装配图中标准件和常用件的规定画法

（1）装配图中螺纹连接的画法

如图8-9所示,以剖视图表示内、外螺纹连接时,其旋合部分按外螺纹的画法表示,其余部分仍按各自的规定画法表示。

─────────────── 温馨提醒 ───────────────

绘制内、外螺纹连接剖视图时,要使内、外螺纹的大小径对齐,剖面线应画到粗实线。

───

螺纹紧固件连接是一种可拆卸的连接,常用的连接形式有螺栓连接、螺柱连接、螺钉连接等。

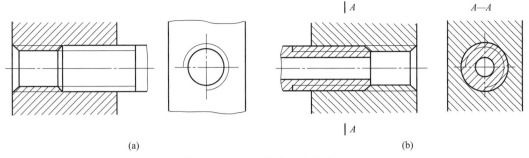

图 8-9　内、外螺纹连接的画法

如图 8-10 所示，螺栓用来连接不太厚而且又允许钻成通孔的零件。在被连接的零件上先加工出通孔，通孔略大于螺栓直径，一般为 $1.1d$，将螺栓插入孔中垫上垫圈，旋紧螺母。螺栓的公称长度 $L \geqslant \delta_1 + \delta_2 + h + m + a$。

如图 8-11 所示，当两个连接件中有一个较厚，加工通孔困难或因频繁拆卸，又不宜采用螺钉连接时，一般用螺柱连接。一个零件上加工出通孔，另一个零件上加工出螺孔，然后将双头螺柱的一端（旋入端）旋紧在螺孔内，再在双头螺柱的另一端（紧固端）套上带通孔的被连接零件，加上垫片，拧紧螺母。螺孔深度与螺柱的旋入端 b_m 有关。用螺柱连接时，应根据螺孔件的材料选择螺

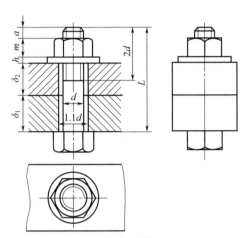

图 8-10　螺栓连接的画法

柱的标准号，即确定 b_m 长度。钢 $b_m = d$，铸铁 $b_m = (1.25 \sim 1.5)d$，铝 $b_m = 2d$。螺柱的公称长度 $L \geqslant \delta + h + m + a$，计算出螺柱的长度后，从相应的螺柱公称长度系列中选取与它相近的标准值。采用螺柱连接时，螺柱的拧入端必须全部旋入螺孔内，为此螺孔的深度应大于拧入端长度，螺孔深一般取拧入深度（b_m）加两倍的螺距（P），即 $b_m + 2P$，如图 8-12 所示。

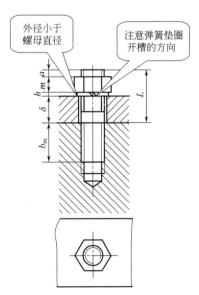

图 8-11　双头螺柱连接的画法

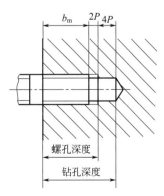

图 8-12　螺柱连接时螺孔深度的确定

温馨提醒

    装配图中，螺柱旋入端的螺纹终止线应与结合面平齐，表示旋入端全部拧入，足够拧紧。

    弹簧垫圈用作防松，外径比普通垫圈小，以保证紧压在螺母底面范围之内。弹簧垫圈开槽的方向应是阻止螺母松动的方向，在图中应画成与水平线成 60°上向左、下向右的两条线。

    螺钉连接用于不经常拆卸，并且受力不大的零件。如图 8-13 所示，在两个被连接零件中较厚的一个零件上加工出螺孔，较薄的零件上加工出通孔，不用螺母，直接将螺钉穿过通孔拧入螺孔中。绘制螺钉连接图时应注意以下几点：螺钉的螺纹终止线不能与结合面平齐，而应画入光孔件范围内；采用带一字槽的螺钉连接时，其槽的画法应按图 8-13 画出；当一字槽槽宽小于或等于 2mm 时，可涂黑表示；当采用锥端紧定螺钉连接时，其画法如图 8-14 所示。

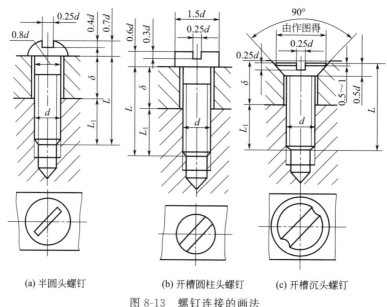

(a) 半圆头螺钉   (b) 开槽圆柱头螺钉   (c) 开槽沉头螺钉

图 8-13　螺钉连接的画法

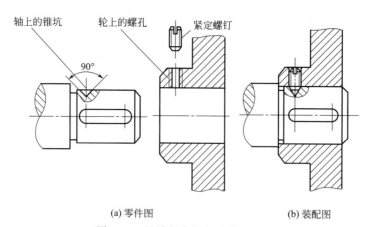

(a) 零件图   (b) 装配图

图 8-14　锥端紧定螺钉连接的画法

（2）装配图中键连接的画法

① 普通平键连接（图 8-15）和半圆键连接（图 8-16） 这两种键连接的作用原理相似，半圆键常用于载荷不大的传动轴上。

a. 连接时，普通平键和半圆键的两侧面是工作面，与轴、轮毂的键槽两侧面相接触，分别只画一条线。

b. 键的上、下底面为非工作面，上底面与轮毂键槽面之间留有一定的间隙，画两条线。

c. 在反映键长方向的剖视中，键按不剖处理。

② 花键连接 矩形花键连接用剖视表示时，其连接部分按外花键画，如图 8-17 所示。

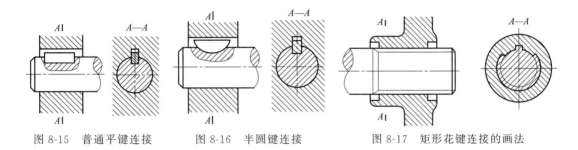

图 8-15 普通平键连接　　　　图 8-16 半圆键连接　　　　图 8-17 矩形花键连接的画法

渐开线花键连接的画法和图样上的标注如图 8-18 所示（详见 GB/T 3478.1—2008）。用剖视表示时，其连接部分按外花键的画法画出。

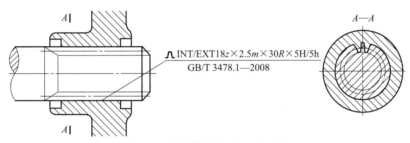

图 8-18 渐开线花键连接的画法

（3）装配图中轴承的画法

① 滚动轴承代号的构成 滚动轴承的类型很多，在各个类型中又可以制成不同的结构、尺寸、精度等级，以便适应不同的使用要求。为统一表征各类轴承的特点，便于组织生产和选用，滚动轴承采用代号表示。滚动轴承代号由基本代号、前置代号和后置代号构成，其排列顺序见表 8-1。

表 8-1　轴承代号的构成

前置代号	基本代号				后置代号
	轴承系列			内径代号	
	类型代号	尺寸系列代号			
		宽度（或高度）系列代号	直径系列代号		

前置代号用字母表示。后置代号用字母（或加数字）表示。前置、后置代号是轴承在结构形状、尺寸、公差、技术要求等有改变时，在其基本代号左右添加的代号。其代号的含义

可查阅 GB/T 272—2017《滚动轴承　代号方法》。

基本代号是轴承代号的基础。滚动轴承（滚针轴承除外）基本代号由轴承类型代号、尺寸系列代号和内径代号构成。类型代号用阿拉伯数字或大写拉丁字母表示，尺寸系列代号由轴承的宽（高）度系列代号和直径系列代号组合而成，用数字表示。

内径代号用两位数字来表示轴承内径，从"04"开始用这组数字乘以 5，即为轴承内径的尺寸。在"04"以下时，标准规定 00 表示 $d=10\text{mm}$，01 表示 $d=12\text{mm}$，02 表示 $d=15\text{mm}$，03 表示 $d=17\text{mm}$。

② 滚动轴承的画法　滚动轴承是标准件，由专门工厂生产，使用单位一般不必画出其组件图。在装配图中，可根据 GB/T 4459.7—2017《机械制图　滚动轴承表示法》的规定采用通用画法、特征画法及规定画法，其具体画法如下。

a. 根据轴承代号在画图前查标准，确定外径 D、内径 d、宽度 B。

b. 用简化画法绘制滚动轴承时，滚动轴承剖视图外轮廓按实际尺寸绘制，而轮廓内可用通用画法或特征画法绘制。在同一图样中一般只采用其中一种画法。

c. 在装配图中，只需简单表达滚动轴承的主要结构时，可采用特征画法画出；需详细表达滚动轴承的主要结构时，可采用规定画法。当滚动轴承一侧采用规定画法时，另一侧用通用画法画出。

d. 在装配图中，根据 GB/T 4459.7—2017 中的基本规定，表示滚动轴承的各种符号、矩形线框和轮廓线均用粗实线绘制，矩形线框或外形轮廓的大小应与其外形尺寸一致。在剖视图中，用通用画法或特征画法绘制滚动轴承时，一律不画剖面符号（剖面线）；在采用规定画法绘制剖视图时，轴承的滚动体不画剖面线，其各套圈等可画出方向和间隔相同的剖面线，在不致引起误解时，也可省略不画；滚动轴承的保持架及倒角可省略不画。

表 8-2 中列举了三种常用滚动轴承的画法及有关尺寸比例。

表 8-2　常用滚动轴承的画法

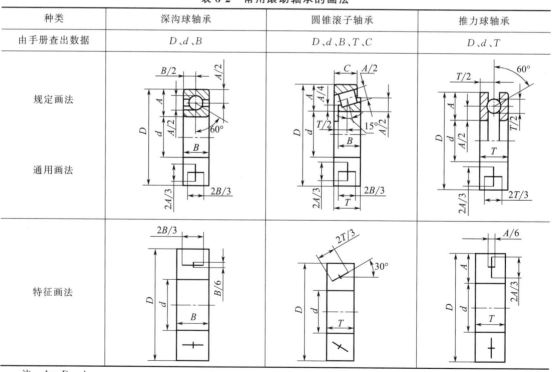

种类	深沟球轴承	圆锥滚子轴承	推力球轴承
由手册查出数据	D、d、B	D、d、B、T、C	D、d、T
规定画法 通用画法			
特征画法			

注：$A=D-d$。

绘制各种轴承时，可在 CAXA 软件的【图库】中直接调用，如图 8-19 所示，生成的轴承图符如图 8-20 所示，为采用规定画法绘制而成。

图 8-19　轴承图符的调用

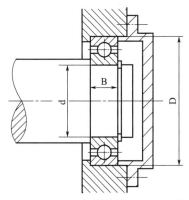

图 8-20　CAXA 直接生成轴承图符

温馨提醒

根据 GB/T 4459.7—2017，规定画法一般绘制在轴的一侧，另一侧按通用画法绘制，是由于采用规定画法时，绘图工作量比较大，为了缩减绘图工作量而这样规定的，从软件中直接调用生成则不存在这样的问题。

（4）装配图中弹簧的画法

在装配图中，被弹簧遮挡的结构一般不画出，可见部分应从弹簧的外轮廓线或从弹簧钢丝剖面的中心线画起，当弹簧钢丝直径在图形中等于或小于 2mm 时，弹簧钢丝剖面可全部涂黑或采用示意画法，如图 8-21 所示。

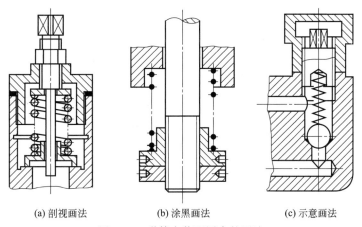

(a)剖视画法　　　　　(b)涂黑画法　　　　　(c)示意画法

图 8-21　弹簧在装配图中的画法

（5）装配图中齿轮的画法

① 圆柱齿轮啮合的画法　　一对标准齿轮啮合，它们的模数必须相等，两分度圆相切。

画图时，分为两部分：啮合区外按单个齿轮画法绘制；啮合区内在投影为圆的视图中，两个节圆（等于分度圆）相切，齿顶圆均用粗实线绘制，如图 8-22(a) 所示，也可省略不画，如图 8-22(b) 所示。

在投影为非圆的视图中，剖开时，两节线重合画成细点画线，一个齿轮的齿顶线与另一个齿轮的齿根线之间有 $0.25m$ 的径向间隙，除从动齿轮的齿顶线用虚线绘制或省略不画外，其余齿顶线和齿根线一律画成粗实线，如图 8-22(a) 所示。不剖时，两节线重合画成粗实线，如图 8-22(c) 所示。

若为斜齿或人字齿的齿轮啮合时，其投影为圆的视图画法与直齿齿轮啮合画法相同，非圆的外形视图画法如图 8-22(d) 所示。

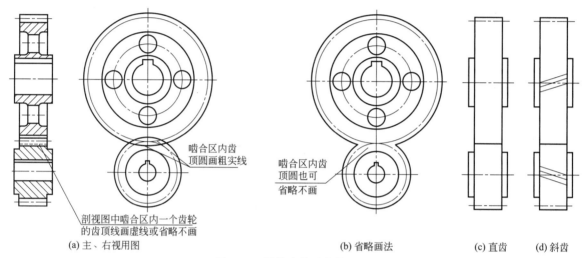

(a) 主、右视用图   (b) 省略画法   (c) 直齿   (d) 斜齿

图 8-22 圆柱齿轮啮合的画法

② 圆锥齿轮啮合的画法　剖视图及外形图上啮合区画法均与圆柱齿轮相同，投影为圆的视图基本上与单个锥齿轮画法一样，但被小圆锥齿轮所挡的部分图线一律不画，如图 8-23 所示。

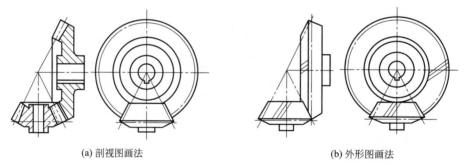

(a) 剖视图画法   (b) 外形图画法

图 8-23 圆锥齿轮啮合的画法

（6）装配图中圆柱蜗轮、蜗杆的画法

蜗轮、蜗杆啮合的剖视画法如图 8-24(a) 所示，蜗杆齿顶圆用粗实线绘制，蜗轮齿顶圆被遮住部分不用绘出。在蜗轮反映圆的视图中，啮合区作局部剖视，用粗实线绘制蜗杆的齿顶圆、齿根圆和蜗轮的喉圆。蜗轮外圆、喉圆被蜗杆遮住部分不画。节圆和节线相切。

蜗轮、蜗杆啮合的不剖切画法如图 8-24(b) 所示，在蜗轮反映圆的视图中啮合区内，

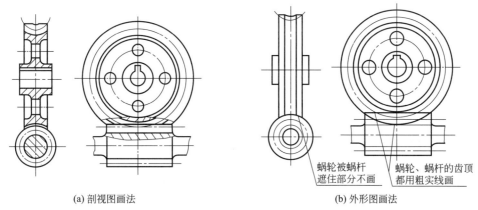

(a) 剖视图画法   (b) 外形图画法

图 8-24　蜗杆、蜗轮啮合的画法

蜗杆的齿顶圆和蜗轮的外圆均用粗实线绘制，齿根圆均不绘制。平行于蜗轮轴线的视图中，蜗轮被蜗杆遮住部分不绘制。节圆和节线相切。

（7）装配图中带轮的画法

在装配图中，带轮往往采用简化画法，如图 8-25 所示，在图中可标出主动轮和从动轮的中心距。

（8）装配图中链轮的画法

在装配图中，链轮往往采用简化画法，如图 8-26 所示，在图中可标出主动轮和从动轮的中心距。

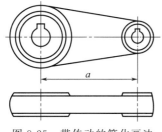

图 8-25　带传动的简化画法

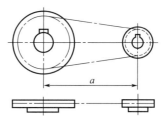

图 8-26　链条传动的简化画法

8.1.4　装配图其他规定和特殊画法

（1）拆卸画法

当零件在某一视图中遮住了其他需要表达的部分时，可假想沿零件的结合面剖切或假想将某些零件拆卸后再画出该视图，这种方法称为拆卸画法。需要说明时，在相应视图上方应加标注"拆去××等"，如图 8-27 中的左视图，是拆了零件 1、2、3、4、5 后的视图。

（2）单个零件的表达方法

在装配图中，当某个零件的形状未表达清楚而对理解装配关系、工作原理等有影响时，允许单独画出该零件的某个视图（或剖视图、断面图等），但必须进行标注。如图 8-27 中，用局部视图单独画出了零件 9，主要表明其上 4 个安装孔的形状和尺寸。

（3）夸大画法

有些薄垫片、微小间隙、小锥度等，按其实际尺寸画出不能表达清楚其结构时，允许把尺寸适当加大后画出，如图 8-27 中的零件 6 内六角螺钉与零件 12 端盖孔之间的间隙，采用了夸大画法。

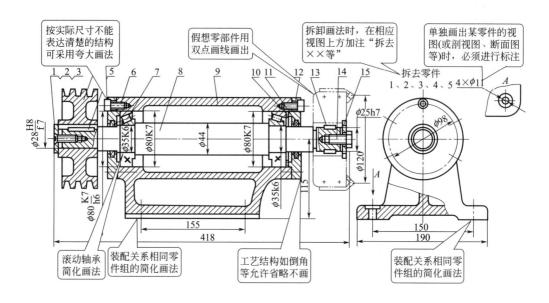

图 8-27　装配部件的特殊表达方法

（4）假想画法

为了表示运动零件的运动范围或极限位置，可先画出它们的一个极限位置，其余的极限位置可用双点画线画出，如图 8-28 中所示摇把的极限位置。

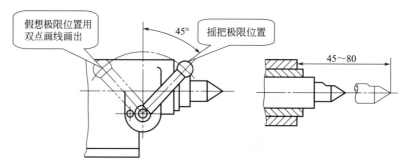

图 8-28　假想画法

有时，为了表达与本装配体有装配关系又不属于本装配体的其他相邻零部件时，也可用双点画线将其他零部件主要轮廓画出，如图 8-27 中所示的铣刀头装配图中的铣刀盘。

（5）简化画法

① 装配图中若干装配关系相同的零件组，如螺栓、螺钉等，允许较详细地画出一处或几处，其余只要画出中心线位置即可，如图 8-27 中只画出一个螺钉，其余给出了位置。

② 在装配图中，零件的工艺结构如小圆角、倒角、退刀槽等，允许省略不画，如图 8-27 中多处用直角代替了倒角。

③ 在剖视图中，表示滚动轴承时，允许画出对称图形的一半，另一半画出其轮廓，并画出垂直相交的两条线，如图 8-27 所示。

8.2 装配图中的尺寸标注

装配图中只标注与部件或装配体的性能（规格）、装配、检验、安装及使用等有关的尺寸。

（1）性能尺寸（规格尺寸）

用以表明装配体性能（或规格）的尺寸称为性能尺寸（或规格尺寸），这些尺寸在设计时就已确定，这也是设计机器及了解机器性能、工作原理、装配关系等的依据，如图 8-29 所示，$\phi120$。

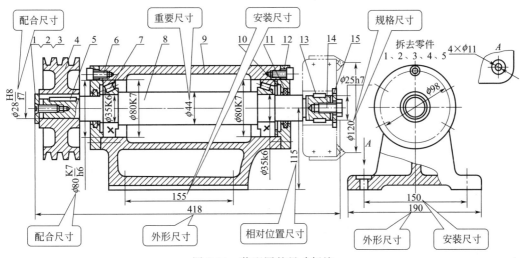

图 8-29　装配图的尺寸标注

（2）装配尺寸

① 配合尺寸　表示两个零件之间配合性质的尺寸，如图 8-29 中 $\phi28\frac{H8}{f7}$、$\phi80\frac{K7}{h6}$。

② 相对位置尺寸　表示装配机器和拆画零件图时，需要保证的零件间相对位置的尺寸，如图 8-29 中的 115。

（3）外形尺寸

它是表示机器或部件外形轮廓的尺寸，即总长、总宽、总高，这些尺寸是机器或部件包装、运输以及厂房设计和安装机器时都需要考虑的尺寸，如图 8-29 中的 418、190。

（4）安装尺寸

它是机器或部件安装在基础上或与其他机器（或部件）连接时所需要的尺寸，如图 8-29 主视图中的 155 和左视图中的 150。

（5）其他重要尺寸

包括在设计中经过计算确定或选定的尺寸，但又未包括在上述几类尺寸之中，如图 8-29 中的 $\phi44$。

必须指出，以上五类尺寸，每张装配图上并不一定都具备，而且有时同一尺寸有几种含义，应根据实际情况具体分析。

8.3 装配尺寸链

8.3.1 装配尺寸链的概念

为了解决装配的某一精度问题，要涉及各零件的许多有关尺寸。例如齿轮孔与轴配合间隙 A_0 的大小，与孔径 A_1 及轴径 A_2 的大小有关，如图 8-30(a) 所示；又如齿轮端面和机体孔端面配合间隙 B_0 的大小，与机体孔端面距离尺寸 B_1、齿轮宽度 B_2 及垫圈厚度 B_3 的大小有关，如图 8-30(b) 所示；再如机床溜板和导轨之间配合间隙 C_0 的大小，与尺寸 C_1、C_2 及 C_3 的大小有关，如图 8-30(c) 所示。

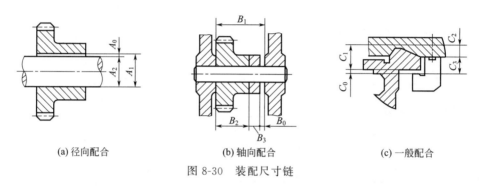

(a) 径向配合   (b) 轴向配合   (c) 一般配合

图 8-30 装配尺寸链

如果把这些影响某一装配精度的有关尺寸彼此顺序地连接起来，就能构成一个封闭的尺寸组，这个由各有关装配尺寸所组成的尺寸链称为装配尺寸链。

8.3.2 尺寸链的术语、组成及分类

（1）尺寸链的基本术语

尺寸链：在机器装配或零件加工过程中，由相互连接的尺寸形成封闭的尺寸组，称为尺寸链。

环：列入尺寸链中的每一个尺寸称为环，A_0、A_1、A_2、A_3 等都是环。

封闭环：尺寸链中在装配过程或加工过程后自然形成的一环，称为封闭环。

组成环：尺寸链中对封闭环有影响的全部环，称为组成环。

增环：尺寸链中某一类组成环，由于该类组成环的变动引起封闭环同向变动，该类组成环为增环。

减环：尺寸链中某一类组成环，由于该类组成环的变动引起封闭环反向变动，该类组成环为减环。

补偿环：尺寸链中预先选定某一组成环，可以通过改变其大小或位置，使封闭环达到规定的要求，该组成环为补偿环。

（2）尺寸链的组成

尺寸链由每一个环组成，如图 8-31 中的 A_0、A_1、A_2、A_3、A_4 和 A_5。按环的不同性质可分为封闭环和组成环两种。

① 封闭环 一个尺寸链只有一个封闭环。封闭环的精度是由尺寸链中其他各环的精度决定的。正确地确定封闭环是尺寸链计算中的一个重要问题，必须根据封闭环的定义来确定

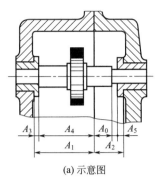
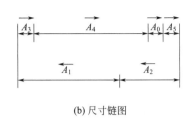

(a) 示意图　　　　　　　　　　　(b) 尺寸链图

图 8-31　齿轮装配尺寸链

尺寸链中哪一个尺寸是封闭环。封闭环用下标"0"表示，如图 8-31 中的 A_0。

② 组成环　其中任一环的变动必然引起封闭环的变动。长度环用大写斜体拉丁字母 A、B、C 等表示；角度环用小写斜体希腊字母 α、β 等表示。数字表示各组成环的序号，如图 8-31 中的 A_1、A_2、A_3、A_4 和 A_5。

根据组成环的尺寸变动对封闭环的影响，可把组成环分为增环和减环。

对比解析

增环：该组成环增大时，封闭环也增大；该组成环减小时，封闭环也减小。

减环：该组成环增大时，封闭环减小；该组成环减小时，封闭环增大。

增环用符号"→"标注在拉丁字母上方，如图 8-31 中的 $\vec{A}_3$、$\vec{A}_4$ 和 $\vec{A}_5$。

减环用符号"←"标注在拉丁字母上方，如图 8-31 中的 $\overleftarrow{A}_1$ 和 $\overleftarrow{A}_2$。

（3）尺寸链的分类

① 按尺寸链的应用场合不向，可分为以下三类。

零件尺寸链：全部组成环为同一零件设计尺寸所形成的尺寸链，如图 8-32 所示。

装配尺寸链：全部组成环为不同零件设计尺寸所形成的尺寸链，如图 8-31 所示。

工艺尺寸链：全部组成环为同一零件工艺尺寸所形成的尺寸链。

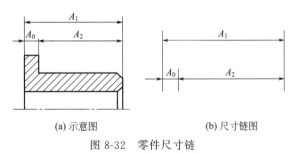

(a) 示意图　　　　　　　(b) 尺寸链图

图 8-32　零件尺寸链

温馨提醒

设计尺寸指零件图上标注的尺寸。

工艺尺寸指工序尺寸、定位尺寸与基准尺寸等。

装配尺寸链与零件尺寸链统称为设计尺寸链。

---

② 按尺寸链中环的相互位置，可分为以下三类。

直线尺寸链：全部组成环平行于封闭环的尺寸链。

平面尺寸链：全部组成环位于一个或几个平行平面内，但某些组成环不平行于封闭环的尺寸链。

空间尺寸链：全部组成环位于几个不平行平面内的尺寸链。

温馨提醒

平面尺寸链或空间尺寸链，均可用投影的方法得到两个或三个方位的直线尺寸链，再求解平面或空间尺寸链。

---

③ 按尺寸链中各环尺寸的几何特征，可分为以下两类。

长度尺寸链：全部环为长度尺寸的尺寸链。

角度尺寸链：全部环为角度尺寸的尺寸链。

8.3.3 计算封闭环公差和极限尺寸

（1）尺寸链图

要进行尺寸链分析和计算，首先必须画出尺寸链图。在画尺寸链图时，由任一尺寸开始沿一定方向画单向箭头，首尾相接，直至回到起始尺寸，形成一个封闭的形式。

温馨提醒

尺寸链图是指由封闭环和组成环构成的一个封闭回路图。绘制尺寸链图时，可从某一加工（或装配）基准出发，按加工（或装配）顺厅依次画出各个环，环与环之间不得间断，最后用封闭环构成一个封闭回路。

用尺寸链图很容易确定封闭环及判定组成环中的增环或减环。

对比解析

在尺寸链图上，对于不易判别增环与减环的尺寸链，可按箭头方向判别。

增环：与封闭环箭头方向相反的环。

减环：与封闭环箭头方向相同的环。

（2）尺寸链解算类型和方法

解尺寸链，就是计算尺寸链中各环的公称尺寸、公差和极限偏差。从解尺寸链的已知条件和目的出发，尺寸链可分为校核计算和设计计算两种情况。

校核计算：是按给定的各组成环的公称尺寸、公差或极限偏差，求封闭环的公称尺寸、公差或极限偏差。校核计算主要用于检验设计的正确性，即按各组成环的极限尺寸验算封闭环的变动范围是否符合技术要求的规定。

设计计算：是按给定的封闭环的公称尺寸、公差或极限偏差和各组成环的公称尺寸，求解各组成环的公差或极限偏差。这种计算常用于产品设计，根据机器的使用要求，合理地分配有关尺寸的公差或极限偏差。

解尺寸链的基本方法主要有极值法（完全互换法）和概率法（大数互换法）。

完全互换法：从尺寸链各环的极限值出发来进行计算，能够完全保证互换性。完全互换法不考虑实际尺寸的分布情况，装配时，全部产品的组成环都不需挑选或改变其大小和位置，装入后即能达到封闭环的公差要求。

大数互换法：将组成环的公差适当加大，装配时有少量的组件、部件或零件不合格，留待以后分别处理。大数互换法在保证封闭环精度的前提下，扩大了组成环公差，有利于零件的经济加工，部分零件需进行返修，多用于组成环较多，生产节奏不很严格的大批量生产。

（3）封闭环公差和极限尺寸的计算

① 封闭环公差　封闭环的公差 T_0 等于所有组成环公差之和。

$$T_0 = \sum_{i=1}^{n} T_i$$

② 封闭环极限尺寸　封闭环的上极限尺寸 $A_{0\max}$ 等于所有增环的上极限尺寸之和减去所有减环的下极限尺寸之和；封闭环的下极限尺寸 $A_{0\min}$ 等于所有增环的下极限尺寸之和减去所有减环的上极限尺寸之和。

$$A_{0\max} = \sum_{i=1}^{n} \vec{A}_{i\max} - \sum_{j=n+1}^{m} \overleftarrow{A}_{j\min}$$

$$A_{0\min} = \sum_{i=1}^{n} \vec{A}_{i\min} - \sum_{j=n+1}^{m} \overleftarrow{A}_{j\max}$$

───────────────── 温馨提醒 ─────────────────

在尺寸链分析和计算时，还常用到封闭环的公称尺寸和极限偏差。

───────────────────────────────────────

③ 封闭环公称尺寸　封闭环的公称尺寸 A_0 等于所有增环的公称尺寸之和减去所有减环的公称尺寸之和。

$$A_0 = \sum_{i=1}^{n} \vec{A}_i - \sum_{j=n+1}^{m} \overleftarrow{A}_j$$

④ 封闭环极限偏差　封闭环的上极限偏差等于所有增环的上极限偏差之和减去所有减环的下极限偏差之和；封闭环的下极限偏差等于所有增环的下极限偏差之和减去所有减环的上极限偏差之和。

$$ES_0 = \sum_{i=1}^{n} ES_i - \sum_{j=n+1}^{m} EI_j$$

$$EI_0 = \sum_{i=1}^{n} EI_i - \sum_{j=n+1}^{m} ES_j$$

式中，n 为增环环数；m 为组成环环数；i 为增环序号；j 为减环序号。

8.4　零件序号和明细表

装配图上对每种零件或部件都必须编注序号，并填写明细表，以便统计零件数量，进行生产的准备工作。同时，在看装配图时，也可根据零件序号查阅明细表，用以了解零件的名称、材料和数量等，有利于看图和图样管理。

8.4.1　零件序号的注写

为了图样的统一，GB/T 4458.2—2003《机械制图　装配图中零、部件序号及其编排方法》对装配图中零件序号的注写作了如下规定。

① 装配图中每一种零件或组件都要进行编号。

　　② 序号应尽可能注写在反映装配关系最清楚的视图上。并应从所指部分的可见轮廓内用细实线向外画出指引线，在指引线的引出端画一小圆点，如图 8-33 所示。若所指部位很薄或剖面涂黑不宜画小圆点时，可将指引线的引出端画成箭头，指向该部分的轮廓，如图 8-34 所示。

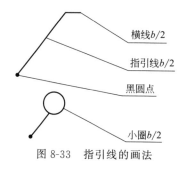

图 8-33　指引线的画法

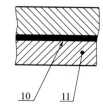

图 8-34　引出端画成箭头

　　③ 编号的形式通常有三种，如图 8-35 所示。但在同一张装配图中编号的形式应一致。

　　④ 在指引线的水平线（细实线）上或圆（细实线）内注写序号，序号字高比该装配图中所注尺寸数字高度大一号或两号；并按顺时针或逆时针方向，顺序整齐地排列在水平线或垂直线上。

　　⑤ 装配关系清楚的紧固件组，可以采用公共指引线，如图 8-36 所示。

　　⑥ 指引线应尽可能分布均匀，不可彼此相交。

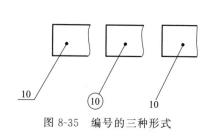

图 8-35　编号的三种形式

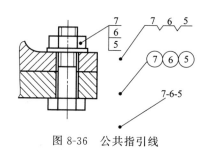

图 8-36　公共指引线

　　⑦ 零件序号的编制方法一般有两种：一种是一般件和标准件混合在一起编制，如图 8-37

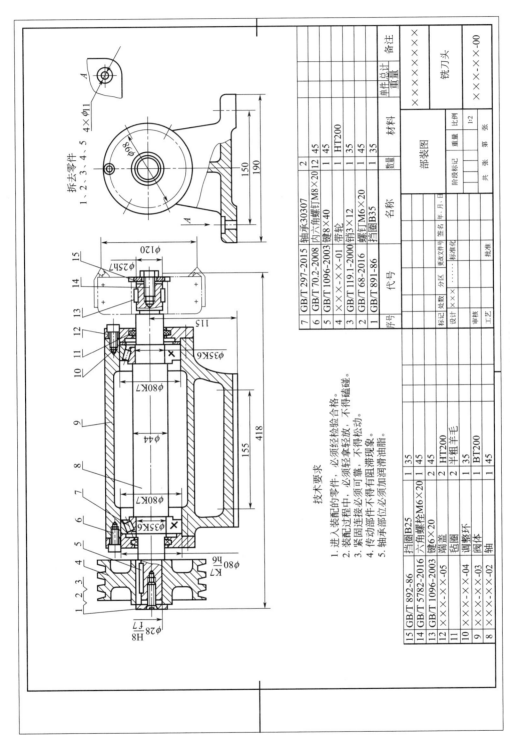

图 8-37 装配图的标准样式

15	GB/T 892-86	挡圈B25	1	35
14	GB/T 5782-2016	六角螺栓M6×20	1	45
13	GB/T 1096-2003	键6×20	2	45
12	×××-××-05	端盖	2	HT200
11		毡圈	2	半粗羊毛
10	×××-××-04	调整环	1	35
9	×××-××-03	阀体	1	BT200
8	×××-××-02	轴	1	45

7	GB/T 297-2015	轴承30307	2	
6	GB/T 70.2-2008	内六角螺钉M8×20	12	45
5	GB/T 1096-2003	键8×40	1	45
4	×××-××-01	带轮	1	HT200
3	GB/T 119.1-2000	销3×12	1	35
2	GB/T 68-2016	螺钉M6×20	1	45
1	GB/T 891-86	挡圈B35	1	35
序号	代号	名称	数量	材料	单件 总计	备注

部装图

阶段标记	重量	比例		
		1:2		
共 张	第 张			

设计	×××	标准化		×××
标记	处数	分区	更改文件号	签名	年·月·日
审核				
工艺		批准		

单件总计重量 ×××××××××

铣刀头

×××-××-00

技术要求

1. 进入装配的零件，必须经检验合格。
2. 装配过程中，必须轻拿轻放，不得碰碰。
3. 紧固连接件必须可靠，不得松动。
4. 传动部件不得有阻滞现象。
5. 轴承部位必须加润清油脂。

拆去零件
1、2、3、4、5

$4×\phi 1$
$\phi 98$

150
190

$\phi 120$
$\phi 25H7$
$\phi 35K6$
$\phi 80K7$
$\phi 44$
$\phi 80K7$
$\phi 35K6$
$\phi 80 \frac{K7}{h6}$
$\phi 28 \frac{H8}{f7}$

115
155
418

15 14 13 12 11 10 9 8 7 6 5 4 3 2 1

所示；另一种是只将一般件编号填入明细表中，而将标准件直接在图上标注出规格、数量和图标代号或另列专门表格。前者称为隶属编号法，后者称为分类编号法。

8.4.2 零件明细表的编制

如图 8-37 所示，装配图的明细表位于标题栏上方，外框为粗实线，内格及最上面外框为细实线，若明细表的栏数较多，可折行在标题栏的左方。明细表中，零件序号编写顺序自下而上，以便增加零件时，可继续向上画格。在实际生产中，明细表也可不画在装配图内，而在单独的零件明细表中按零件分类和一定格式填写。

从图 8-37 中可以看到，明细表中包括零件的序号、代号、名称、数量、材料、备注等。采用 CAXA 软件绘图时，在注写视图中的零件序号时，会自动生成明细表中的零件序号，因此两者存在一一对应的关系。而明细表中的零件代号、名称、数量、材料、备注等，在注写视图中的零件序号时，如选择"填写"，则一边生成零件序号，一边填写明细表中的零件代号、名称、数量、材料、备注等；如选择"不填写"，则在生成一个零件序号的同时，生成一行只有零件序号的空白明细表，全部注写完所有的零件序号后，再向空白的明细表内集中填写零件代号、名称、数量、材料、备注等。

如图 8-38 所示，当点击【生成序号】 $\text{/}^{1,2}$ 按钮时，在绘图区的左下角会弹出生成零件序号和明细表的立即菜单，立即菜单的第 5 项、第 6 项为零件明细表填写用。图 8-38(a) 所示为"填写"明细表，图 8-38(b) 所示为"不填写"明细表。

(a) 边注写序号边填写明细表

(b) 先注写序号后集中填写明细表

图 8-38　生成零件序号和明细表的立即菜单

填写明细表时，是标准、外购件的，在"代号"栏内填写标准件的标准号、型号，在"名称"栏内填写标准、外购件的名称和规格；是自制件的，在"代号"栏内填写零件图号，在"名称"栏内填写自制零件的名称。

标准、外购件及有些零件的重要参数（如齿轮的齿数、模数等），可填入备注栏内。

────────── 温馨提醒 ──────────

由图库中生成的标准件，会在明细表的"代号"栏内自动生成标准件的标准号，在"名称"栏内生成标准件的名称和规格。

8.5　装配图中的其他技术要求

装配图中不便使用符号或尺寸标注的其他技术要求等，可用文字注写在标题栏附近的"技术要求"中，包括零部件的性能要求、装配工作要求、运行使用要求、检验试验要求，以及涂饰、运输、包装等要求。

零部件的性能要求指机器或部件的规格、参数、清洁度等；装配工作要求一般指装配的方法和顺序，装配时的有关说明，装配时应保证的精确度、密封性等要求；运行使用要求是对机器或部件的操作、维护和保养等有关要求。

　　编制装配图中的技术要求时，可参阅同类产品的图样，根据具体情况确定。技术要求中的文字注写应准确、简练，也可另写成技术要求文件作为图样的附件。

　　具体如下。

　　① 进入装配的零件及部件（包括外购件、外协件），必须经检验合格后方能进行装配。

　　② 零件在装配前必须清理和清洗干净，不得有毛刺、飞边、氧化皮、锈蚀、切屑、油污、着色剂和灰尘等。

　　③ 螺钉、螺栓和螺母紧固时，严禁打击或使用不合适的旋具和扳手。紧固后螺钉槽、螺母和螺钉、螺栓头部不得损坏。

　　④ 规定拧紧力矩要求的紧固件，必须采用力矩扳手，并按规定的拧紧力矩紧固。

　　⑤ 有相对运动的零件装配后，应运动自如，不得有阻滞、松紧不均等现象。

　　⑥ 容器、管道类，装配后必须进行泄漏试验、要求压力的耐压试验等。

　　⑦ 有性能试验要求的，要注明试验的方法和指标。

　　⑧ 有表面涂饰要求的，要注明涂饰的详细要求。

　　⑨ 设备中包含有电路、电气控制柜的，必须注明防潮、防水、防雨等措施要求。

　　⑩ 需要经运输的，要注明有关运输的包装、放置等要求和注意事项。

8.6　零件目录与标准、外购件清单

　　绘制装配图后，编制零件目录和标准外购件清单是一项非常重要的工作，它们是组织生产工作的重要依据。

　　图 8-39 所示为一款废弃食物处理机的零件目录，可以看到，零件目录包括零件的图号、名称、数量、材料等。

　　图 8-40 所示为一款废弃食物处理机的标准、外购件清单，可以看到，标准、外购件清单包括标准、外购件的代号、名称、数量、材料等。在"代号"栏中是标准件的填写标准件的标准号、型号，是外购件的填写外购件的规格、型号；在"名称"栏中，是标准件的要填写标准件的名称和规格。

　　CAXA 绘图软件中，可以从装配中输出、生成零件目录和标准、外购件清单。在【图幅】菜单项中，点击子菜单【明细表】的【输出明细表】按钮，弹出如图 8-41 所示的【输出明细表设置】对话框，进行相关设置后就可以输出。输出时可以进行分类输出，选择哪些输出，哪些不输出，便可以分别生成零件目录和标准、外购件清单。

　　此时，输出的零件目录和标准、外购件清单文件是电子图板的图形文件格式，可以进行编辑修改。

　　如要输出 Excel 表格，在【图幅】菜单项中，点击子菜单【明细表】的【数据库操作】按钮，弹出如图 8-42 所示的【数据库操作】对话框，选中"输出数据"，点击"数据库路径"的按钮，在弹出图 8-43 所示的【指定数据库】对话框中，设置选择存储位置，填写文件名称，点击【打开】按钮，回到【数据库操作】对话框；在"数据库表名"后面的空白栏内填写表名，此时，最下面一行的【确定(o)】按钮变色，点击【确定(o)】按钮，即可

12	FWD01-10-02	镶嵌铜螺母	3	H62			
11	FWD01-10-01	支承上座	1	聚丙烯			
10	FDW01-10-02	镶嵌铜螺母	4	H62			
9	FWD01-09	上壳	1	聚丙烯			
8	FWD01-08	旋紧压盘	1	ZL109			
7	FWD01-07	旋紧密封圈	1	橡胶			
6	FWD01-06	旋紧并帽	1	塑料			
5	FWD01-05	密封纸圈	1	硬质纸			
4	FWD01-04	橡胶密封圈	1	橡胶			
3	FWD01-03-00P	投料管	1	组件			
2	FWD01-02	橡胶罩	1	橡胶			
1	FWD01-01	顶盖	1	塑料			

借(通)用件登记 / 序号 / 图号 / 名称 / 数量 / 材料 / 单件 总计 重量 / 备注

旧底图总号 / 底图总号 / 零件目录 / 江苏大学工业中心

标记 处数 分区 更改文件号 签名 年、月、日

签字 / 设计 张应龙 2005.12.20 标准化 / 废弃食物处理机

日期 / 校对 / 阶段标记 数量 重量 比例

档案员 日期 / 审核 / S / 1:1 / LJ-FWD01-1

工艺 / 批准 / 共 张 第 张

图 8-39 零件目录（部分）

12	GB 818-85H型	十字头螺钉M4×16	1	镀锌			
11	KBU810	整流桥(超载断流)	1				
10	GB 818-85H型	十字头螺钉M4×10	2	镀锌			
9	外径30×内径15×高度7	骨架多唇油封	1	氟橡胶			
8	GB 896-86 d=11	转轴轴用开口挡圈	1	弹簧钢			
7	GB 818-85H型	十字头螺钉M6×10	2	45镀锌			
6		油性填料		油、棉絮			
5	15×8×6	炭刷	2	石墨			
4	GB 6170—86	螺母M4	2	不锈钢			
3	GB 862.1—87	外齿锁紧垫圈φ4	2	碳素弹簧钢			
2	GB 818—85	十字头螺钉M4×16	4	不锈钢			
1	GB 93—87	弹簧垫圈φ4	4	不锈钢			

借(通)用件登记 / 序号 / 代号 / 名称 / 数量 / 材料 / 单件 总计 重量 / 备注

旧底图总号 / 底图总号 / 标准、外购件 / 江苏大学工业中心

标记 处数 分区 更改文件号 签名 年、月、日

签字 / 设计 张应龙 2005.12.20 标准化 / 废弃食物处理机

日期 / 校对 / 阶段标记 数量 重量 比例

档案员 日期 / 审核 / S / 1:1 / WG-FWD01

工艺 / 批准 / 共 张 第 张

图 8-40 标准、外购件清单

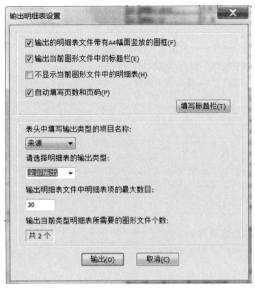

图 8-41 【输出明细表设置】对话框

输出 Excel 电子表格，进行编辑修改后，分别生成零件目录和标准、外购件清单及所需要的其他表格。

图 8-42 【数据库操作】对话框

图 8-43 【指定数据库】对话框

参 考 文 献

［1］ 张应龙 . 机械工人识图一本通 . 北京：机械工业出版社，2013.

［2］ 刘小年，王庙有，林新英 . 机械制图 . 北京：机械工业出版社，2014.

［3］ 葛学滨，刘慧等 .CAXA 电子图板 2016 基础与实例教程 . 北京：机械工业出版社，2017.